How to Train
the Logical Geometry

像造梦者一样构建自己的空间帝国

如何培养几何脑

陈三霞　宫曙光◎编著

台海出版社

图书在版编目（CIP）数据

如何培养几何脑 / 陈三霞, 宫曙光编著. -- 北京：台海出版社, 2017.4

ISBN 978-7-5168-1313-3

Ⅰ. ①如… Ⅱ. ①陈… ②宫… Ⅲ. ①几何－普及读物 Ⅳ. ①O18-49

中国版本图书馆CIP数据核字(2017)第080123号

如何培养几何脑

编　　著：陈三霞　宫曙光

责任编辑：王　艳　　装帧设计：久品轩
版式设计：阎万霞　　责任印制：蔡　旭

出版发行：台海出版社
地　　址：北京市东城区景山东街20号　邮政编码：100009
电　　话：010－64041652（发行，邮购）
传　　真：010－84045799（总编室）
网　　址：www.taimeng.org.cn/thcbs/default.htm
E － mail：thcbs@126.com

经　　销：全国各地新华书店
印　　刷：北京楠萍印刷有限公司
本书如有破损、缺页、装订错误，请与本社联系调换

开　　本：710×960　1/16
字　　数：354千字　　印　张：24.75
版　　次：2017年7月第1版　　印　次：2017年7月第1次印刷
书　　号：ISBN 978-7-5168-1313-3

定　　价：39.80元

版权所有　　翻印必究

前言 PREFACE

几何，就是研究空间结构及性质的一门学科。它是数学中最基本的研究内容之一，与分析、代数等具有同样重要的地位，并且关系极为密切。我们在日常生活中处处都离不开几何，都会遇到判断物体形状和空间的情况。不论是神秘的光谱、古老的金字塔、刺激的过山车，还是简单的搭积木、跳房子、分披萨……都能用几何知识来阐释。

我们的世界就是由各种各样的几何图形组合而成，掌握几何这种逻辑思维方式，将从本质上影响我们的生活。

德国哲学家恩斯特·卡西尔说："空间和时间是一切实在与之相关联的构架。"拥有良好的几何空间感知力，你也可以像《盗梦空间》里的造梦者一样建立自己的空间帝国！

几何学并不是一门枯燥的学问，而是充满了美丽的风景、奇妙的故事、大胆的猜想、巧妙的论证和匪夷所思的解题步骤。

几何世界远比我们想象的广阔和奇妙。成熟的蒲公英是一个毛茸茸的圆球，这个聚集了上百个果实的圆球，让种子能够飞向四面八方，避免争夺同一块土地；自然界的杰出建筑师蜜蜂，建造出由众多正六边形的巢室组成的蜂巢，用最少的材料获得最大的空间；人们把多个路口交汇的地方设计成环岛，每条路以切线的形式通向环形路，车辆就不必像经过十字路口那样停下……

《如何培养几何脑》将几何之美、趣味与实用性充分展现了出来，有助于激发人们的好奇心和兴趣。而在与生活的联结中学习几何，大家就能极大地开阔眼界和思路，在主动发现和探索的过程中，学会联想着、创造性地思考问题，从而更科学地认识世界、理解世界。

本书精选了许多经典的几何思维训练题，经过精心设计编排，难度层层递进，答案解说详细，全面锻炼你的思维能力！

第一辑 识别图形，培养几何脑

第二辑　勇闯迷宫，培养几何脑

第三辑　拼搭七巧板，培养几何脑

第四辑　移动火柴，培养几何脑

第五辑　转动眼球，培养几何脑

第一辑

识别图形，培养几何脑

图形游戏是一种借助点、线、面来进行娱乐的符号游戏，具有鲜明的抽象表现形式和智力启蒙特征，能提高人的形象思维能力、空间推理判断能力和识别规律的能力。

图形游戏是一种借助点、线、面来进行娱乐的符号游戏。这种游戏已有二百年的历史，它是伴随着工业信息技术和实用设计技术而生成和发展的。图形游戏既不同于图像游戏、图画游戏，也不同于视觉游戏。虽然三者都有图的属性，但图形游戏却是完完全全的图形符号系统的排列和演绎，具有极其鲜明的抽象表现形式和智力启蒙特征。

考察世界文明史，我们可以发现，在一般情况下，开发智力是所有民族都十分重视的头等大事。而在开发智力的各种手段和项目中，空间智力的开发又是重中之重。在这重中之重中，要想成功地开发空间智力，图形便是最为实用和有效的工具。

关于这个命题，首先滥觞于美国。

1983 年，美国哈佛大学心理学家霍华德·加德纳博士向全世界的心理学界和智力工程学界提出了他振聋发聩的“多元智能理论”，第一次提出了人类的智能应该有八种，即语文智能、音乐智能、逻辑数学智能、空间智能、肢体运作智能、人际智能、内省智能和自然观察智能。这其中的空间智能，加德纳认为就是指一个人对空间信息的知觉能力，亦即对图形的感知能力，如果一个人能够善于解析图形，驾驭图形，那么，这个人一定是空间智能发达，亦即右脑发达。

加德纳的理论，由于富有开拓性和创造性，因此，自从它诞生的那天起，便传遍了全世界。特别是他所倡导和推出的空间智能以及它的表现形式——图形认知理论，因为此前从未有人将其当成人的重要智能提出而备受关注。于是，依照他的理论，全世界很多国家的智力研究人员和机构，便开始了全方位的对图形的研究，诸如图形的形式、分类、表象以及它的益智功能。也就在这席卷全球的图形智能风暴中，图形游戏作为图形的娱乐、解码在悄无声息地流传了百余年之后，粉墨登场了，成为欧美、日韩以及中国很多人所青睐的游戏，并且还被赋予了颇具现代意义和时尚意义的内涵和价值。

由于图形家族的包罗万象，纷纭博杂，图形符号也就变化多端，种类纷杂，其游戏的元素亦更加富于变幻，形式多元。然而，这充满神奇与趣味的图形世界却极大地刺激和启发了世界上许许多多的逻辑学家和图形设

计师，他们设计出了大量的图形游戏，既作为空间智能的检测，又作为一种智能游戏的娱乐，同时又让这种游戏来充当开发右脑的发动机，乃至考量人推理能力的化验师。

据资料记载，图形游戏分为多个门类，每个设计者和设计机构各有一套自己的体系，它们的玩法也多有不同，往往英美的相似，日韩的相似。中国流行的与国外的相比也是同与不同各占千秋。编者在对中外图形游戏的梳理过程中，亦深感其中的麻烦和杂乱，便统而总结为十大类型，其内容如下：

一、逆顺时针图形游戏

这类图形游戏往往是先在左边画上4个图形，让它们呈现一定的规律性，然后在右边安排4个备选答案图形，玩者只需要在备选答案中选出一个最合适的图形作为答案，就算完成游戏。这类游戏一般有一个规定，就是答案只有一个。因为此类图形的规律顺序基本上都是按顺时针或逆时针的方向来运动，故而才有此名。

二、相似相差图形

这类图形游戏一般是以两套图形和可供选择的4个图形为题目，其中两套图形为一组3个图形，另一组为2个图形和一个问号。它的玩法就是要求玩者从4个可供选择的图形中选择最适合取代问号的一个。这类型的图形游戏一般具有某种相似性，或存在某种差异性。

三、纸板折叠图形游戏

这类图形游戏一般是给出一个平面纸板图形，然后再给出4个用纸板折叠而成的图形，让玩者选出4个当中的一个是由平面纸板折叠而成。此类型的图形游戏比较简单，只要玩者具备一定的立体判断能力，就可以顺利地完成。

四、九宫问号图形游戏

这类图形游戏一般是先画出一个3×3的九宫格，或不画格的九宫格。在其中的8个格中填好图形，留下右下角的空格放置问号。之后再给出4个可供选择的图形，让玩者从这4个当中选择一个最适合的图形填在九宫格的问号处，使之九格圆满。这类图形游戏较常见，无论是外国还是中国，都有很多人在玩。

五、元素组合图形游戏

这类图形游戏一般是先提供一个由若干个元素组成的图形放置左边，然后再给出 4 个备选图形放置右边，让玩者从这 4 个备选图形中选出一个由组成左边图形的元素组成的新图形。此类游戏一般只能有一个答案，在组成新的图形时，必须是在一个平面上，但它的方向和位置可能出现变化。

六、寻找特殊图形游戏

这类图形游戏一般是给出一组 5 个或 6 个图形，组成一个序列。这个序列往往各个图形之间呈现着一定的规律性，但这组序列之中会有一个图形例外，不具有其他图形所形成的规律性。玩者必须把它找出来。

七、两图例外图形游戏

这类图形游戏一般是给出一组（以 8 个为最少）图形，组成一个序列。这个序列的各个图形之间一般呈现着一定的规律，但有两个图形例外，不具有其他图形所形成的规律性，玩者必须把这两个图形找出来。此类游戏基本上是上一种游戏的延续，玩好上一种游戏，就能玩好此种游戏。

八、左拼右状图形游戏

这类图形游戏一般是先给出 4 个比较简单的图形放在左边，然后给出 4 个较为复杂或边多的图形，让玩者判断左边的 4 个图形可以拼成右边的 4 个图形中的哪一个。这类图形游戏一般是以图形的外部结构为准绳。

九、两图对接图形游戏

这类图形游戏一般是先给出一个图形，然后再给出 4 个或 5 个图形作为备选，让玩者从备选的 4 个或 5 个图形中选出一个，使之与先给出的那个图形重合，对接上，以组成一个完整的图形。这类图形游戏往往都是组合成正方形或菱形。

十、两两对应图形游戏

这类图形游戏一般是先给出 8 个图形，并且指出第一个图形与第二个图形存在着或相反或相对的对应关系，然后让玩者从第四个至第八个图形中选出一个与第三个图形有相反或相对的关系，使之两两对应。这种图形

游戏相对较难，但最为刺激，是图形游戏里面的至高境界和至高段位。

图形游戏的这十种类型，基本上涵盖了现在世界上所有国家所流行的图形样式，它们的直接作用和游戏价值也都通过这十种游戏的玩乐得到了最准确的反映。无论是提高人的形象思维能力、空间推理判断能力，还是创造性的能力、识别规律的能力，这十种类型游戏在任何一个国家都得到了认同。有的还发挥得淋漓尽致，并受到了最大程度的尊宠。

正因为图形游戏的智力启发针对性强，激活右脑的功效最为恰当，所以，很多国家在将其用来提升智力、开发右脑的同时，亦将其作为学生进行健脑减压的娱乐工具。这方面以日本最为盛行。

1996 年，被誉为“日本右脑开发第一人”的儿玉光雄博士，独创出了图形脑力理论，并开发出了近千个图形游戏。他把他的图形游戏拿到了日本一所著名的中学进行推广，希望这所中学的学生都能通过玩图形游戏来提升右脑，增长智力。

正如他所设想的那样，这所学校的学生对这些图形游戏情有独钟，青睐有加，全都用它来锻炼集中力和空间想象力。在这些学生当中，以好动与善长动脑筋的学生最为热心，他们认为久坐书桌前既了无生趣，又缺乏创造力，同时总有一种莫名的压力感在心头缠绕，而自从玩了图形游戏之后，原来的乏味感开始变得越来越少，自己的创造力一天一天地在提升，智力也明显地在增长。这些学生的感悟立刻就引起了学校高层的重视，于是，学校便把图形游戏作为学生每天 30 分钟必做的功课，以此来健脑减压。而作为发明人的儿玉光雄博士见到图形游戏在这所学校的成效如此之大，便专门成立了一家图形游戏研究所，开始在全日本各所中小学校进行图形游戏的推广。仅仅几年时间，图形游戏便已布满了日本的每一座中小学及每一张书桌。

与此同时，日本的许多企业亦开始发现图形游戏的招聘价值，于是，便开始用图形游戏来检测和甄选企业的办公室人才，客观上又为人们对图形游戏的喜爱添了一把干柴。

日本的图形风潮很快便传到了韩国、美国、欧洲以及东南亚和中国的台湾，据资料显示，这些国家和地区，图形游戏也已成为了中小学生们多种健脑游戏中的一种。有的国家和地区，它的流行甚至已成了一种时尚风潮。

令人遗憾的是，国外甚嚣尘上，国内却是不甚了了。国内许多学生还没有领悟到图形游戏的价值，虽然国内的一些学生也在玩着一些图形游戏，或是以此来进行简单的逻辑和空间训练，但还远远没有形成规模，远远没有被数以亿计的中小学生所青睐，并认识到它的独特价值，尤其是没有认识到这种游戏的减压功效。

为此，编者在此呼吁：中国的中小学生们，从现在开始，玩玩图形游戏吧！相信玩了之后，一定会给你的书桌铺上一片充满智慧、充满色彩的美丽图案！

001 橘子瓣

你能将下面这个橘子瓣，用两条直线分成六部分吗？

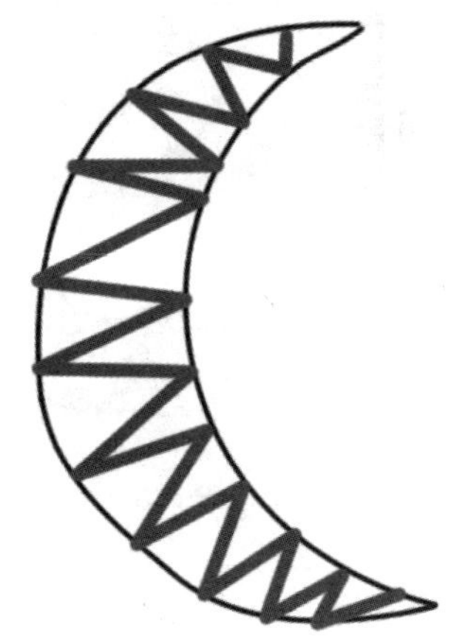

002 三棱柱的展开图

下面四个图中哪一个图形是左面图形的展开图。

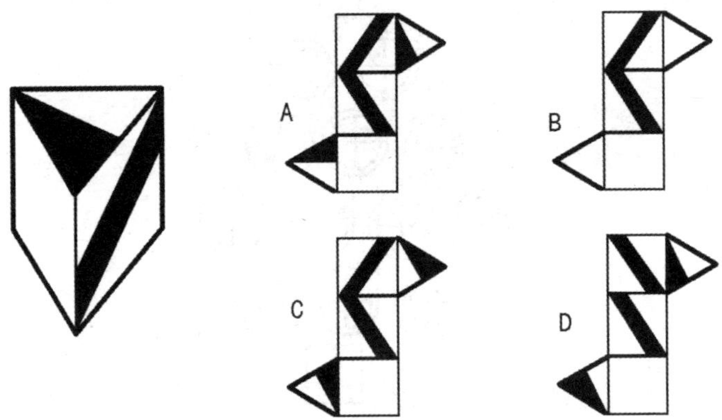

003 旗帜升降

这是一组排列紧密的齿轮，转动齿轮可以控制旗帜的升降。仔细观察这个齿轮，如果最下面的齿轮按逆时针方向旋转，那么最上方的旗帜会升高还是会下降呢？

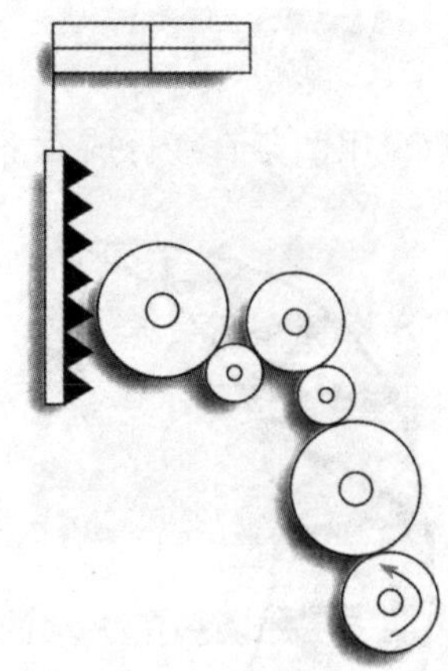

004 渡河

渡过小河唯一的办法就是小心翼翼地踩着一块块石头，一旦踩错了石头，就会掉进河里。河里可有好多鳄鱼哦！

从A开始，每一排只能踩一块石头，你会沿着什么顺序走呢？

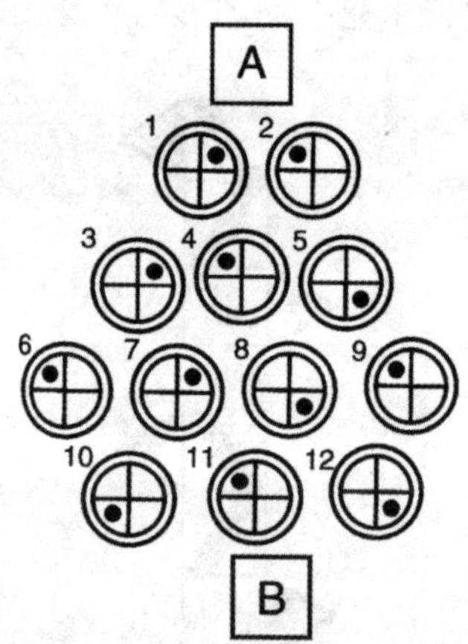

005 笼子的设计

有四种动物被放在如图所示的笼子里的A、B、C、D四个地方，这四种动物之间可能互相造成伤害，可是粗心的管理员将它们的食物放在了离它们很远的地方a、b、c、d处，你能为它们在这个笼子里各开一条通道，使得它们彼此都不相见、安全地吃到自己的食物吗？

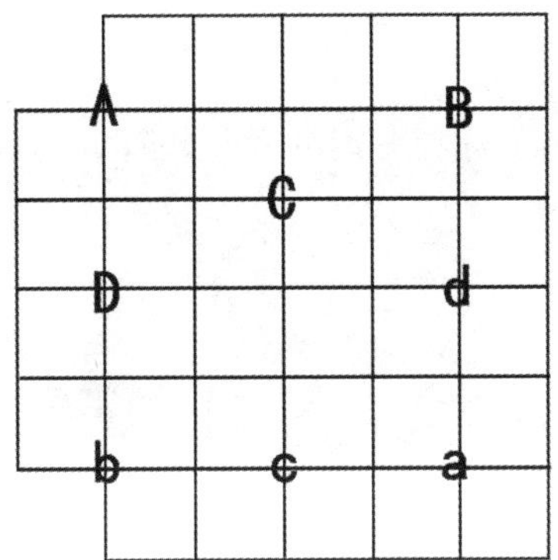

006 四边形

下面的图形中有多少个四边形？

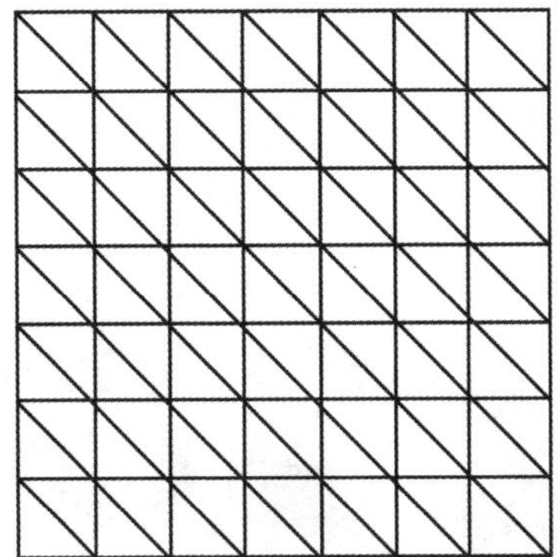

007 斜切的纸杯

一个斜切的纸杯，其侧面展开图是什么样的呢？

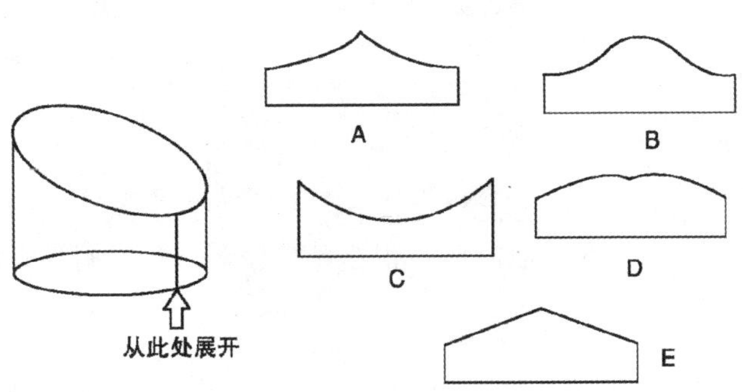

008 相应图形

这组图形的排列顺序有着一定的变化规律，请你在 A、B、C 三处画出相应的图形。

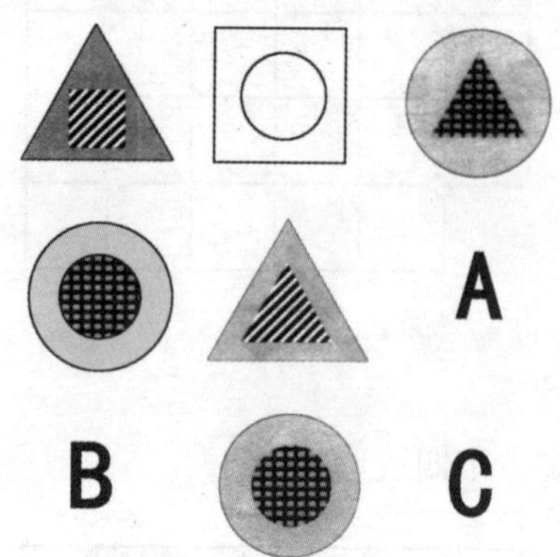

009 请查查砖墙缺砖

如下图所示，这面墙一共少了几块砖？

010 谁是罪犯

一个罪犯溜进了一家美容理发店。当公安人员根据线索前去拘捕时，发现镜子里有三个人像。他们掏出相片进行核对，在他们没有拘捕前，你能认出哪个是罪犯吗？

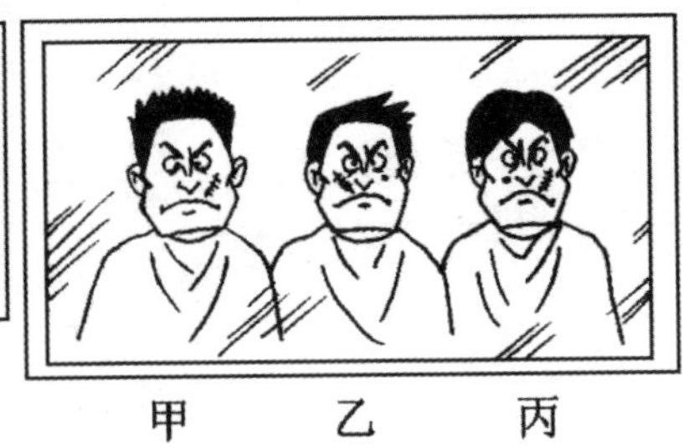

011 旅行

伊柯西安游戏是娱乐几何的一个杰作。它由数学家 W.R. 哈密尔顿 1859 年发明。哈密尔顿的原型使用的正十二面体，是一个有着 12 个五边形面的三维结构。但下面所示的二维图表上也可以玩这个游戏，这个图表在拓扑学上与正十二面体是一样的。

玩的时候，沿着白色的路径从一个圆移动到另一个圆。随便你从哪个圆开始都行，但你只能经过每个圆一次，你也必须回到出发点。为了搞清楚你已经经过了哪些圆，你可以用连续数字的标牌（就像左下角的那种）来标记每个经过的圆。

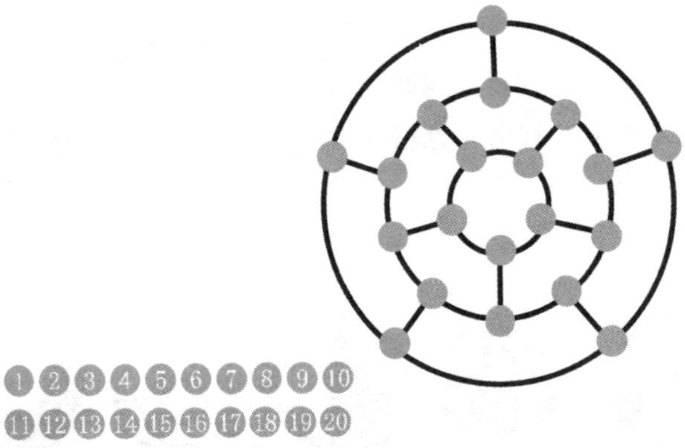

这样的图将三维的问题降到二维平面上，从而使它们更容易被解决。这种图称为施莱格尔图表。

哈密尔顿自己发明了数学的一个分支来解决类似的问题，即在二维平面上的画路径问题。他称这个分支为伊柯西安微积分。

你会玩这个游戏吗？怎样才能每个圆都经过一次，还能回到出发点？

012 一次现身

下面哪个盒子是由这个模板做成的？任意一个符号在盒子的面上只出现一次。

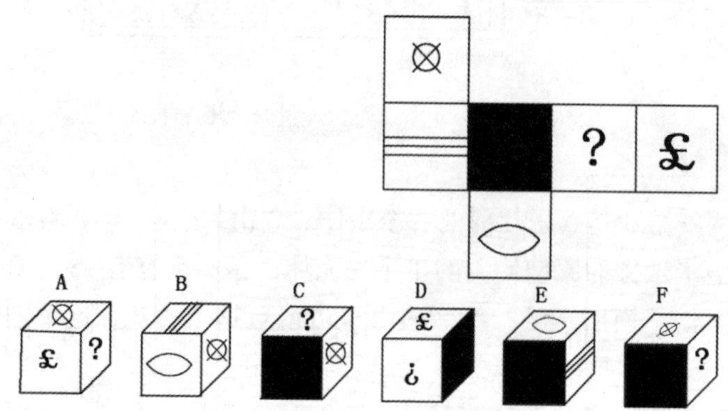

013 字母舞蹈班之家

随着时代的发展，LOGO 开始成为一种必不可少的标志，它抽象、美丽、千奇百怪且创意十足，让人过目不忘。其实，单论 LOGO 的构造，并不复杂，主要由图形、字母、数字、三维标志和颜色的排列组合而成，然而，与普通物品不同，它凝聚了创意，因此显得十分夺目。LOGO 的最基本设计，便是利用字母的变形来达到出人意料的双关甚至多关作用，如图 1、图 2、图 3、图 4、图 5 等。请看图 6，下面几个选项为一个公司的系列设计，请问你能从 A、B、C、D 中找出不符合变化规律的一项吗？

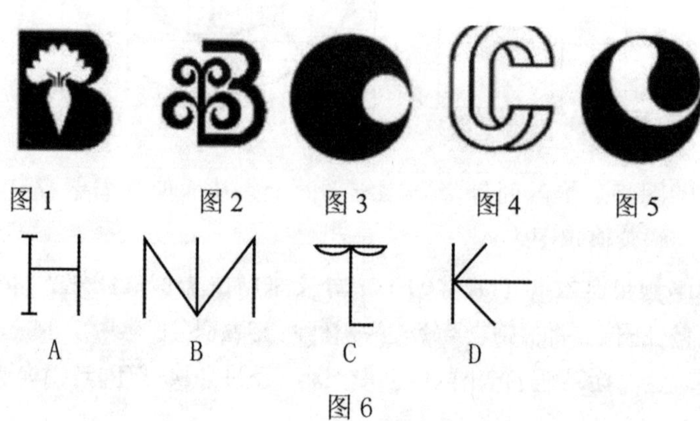

014 欧拉的解答

在 18 世纪的哥尼斯堡城里有七座桥（四座分别从两岸连接一个小岛，两座分别从两岸连接一个半岛，还有一座连接小岛和半岛）。当时有很多人想要一次走遍七座桥，并且每座桥只能经过一次，这就是世界上很有名的哥尼斯堡七桥问题。哥尼斯堡七桥问题可以追溯到 1736 年瑞士数学家欧拉的解答，他采用了今天人们称为网络的拓扑学知识。请问，你能根据欧拉的提示试着一次走遍这七座桥，而又不重复吗？

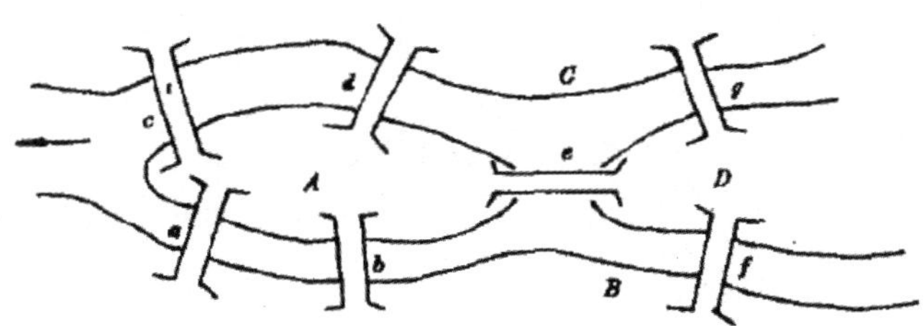

015 三只大象

你能给黑象补上耳朵，并在两头白象上加一笔，让它变成三头大白象吗？

016 立体招牌

约翰在玩具店里看到了一个构思奇特的立体招牌。回到家中，他想让父亲猜猜这个招牌的形状，于是向他描述道：“从前面看，这个立体招牌是十字形，横着看是正方形，从上面俯视呈现工字形。”

究竟这个招牌是什么形状的呢？约翰的父亲思索了片刻，很快画出了它的形状，结果和约翰看到的形状相同。那么，你能根据约翰的描述想象出这个奇特的招牌吗？

017 分割钟面

如果要用一条直线，将时钟的钟面分成两半，让这两半的数字各自相加起来的总和相等，我们可以把这条直线像下图这样画。

而假若我们要让两边数字各自相加的总和，呈一比二的比例，则这条直线应该如何画才好？

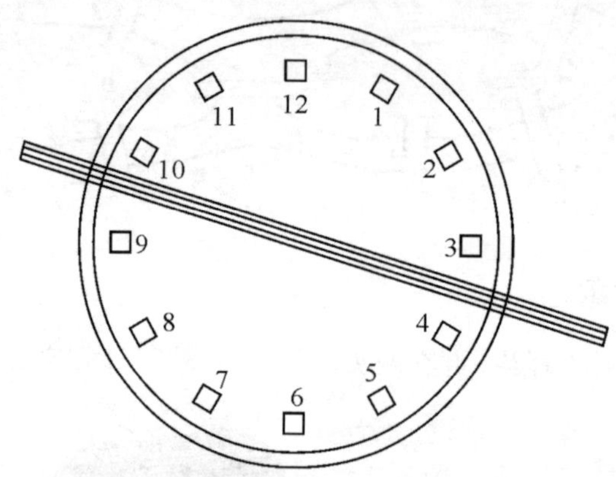

018 迷路

一只小虫迷路了，它要怎样回家呢？

019 独树一帜

找出一个独特的：

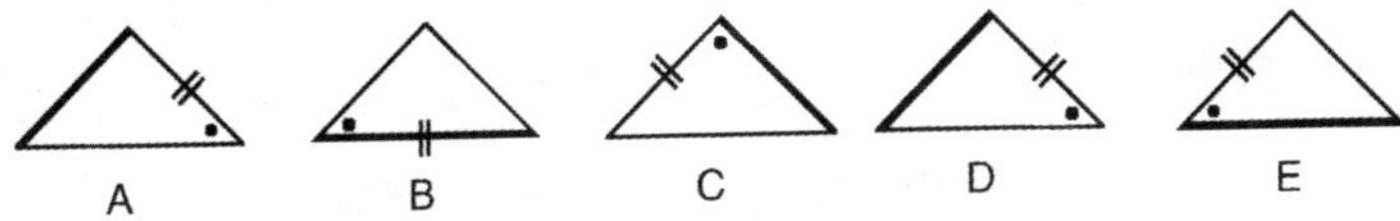

020 朝上的点

附图是骰子的展开图。现把它放在桌面上，让 3 点朝上，右面是 5 点。接下来把它向后转两个 90 度（离开观察者），向右转一个 90 度，再向前转一个 90 度（靠近观察者）。应该是哪个点朝上？为什么？

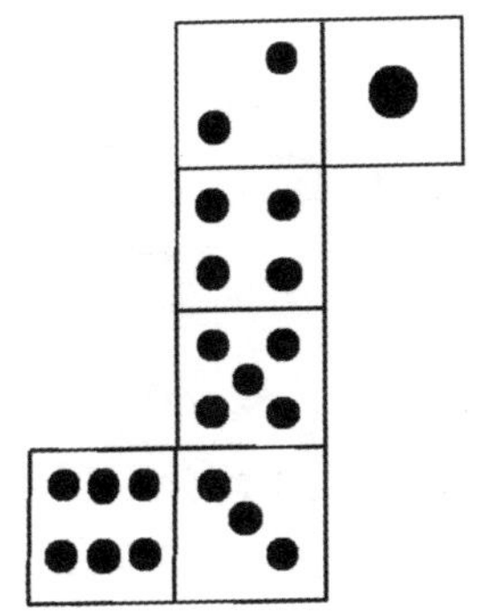

021 中字变成正方形

如图是用剪刀剪成的一个纸片"中"字，能否再剪两刀，拼成一个正方形？

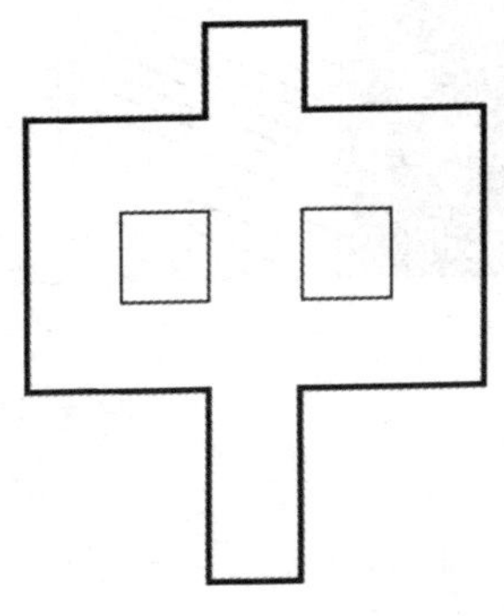

022 最少的路程

古老的阿斯伯里·帕克电车路线共有12站，由17条1千米的铁轨相连接。巴顿·科鲁尔是铁轨的巡视员，他每天都要检查这17条铁轨。检查的时候，他总是不止一次路过某些铁轨。那么，你能为巴顿设计出最佳的检查路线，使他每天在巡视时走最少的路程吗？最短可减少到多少千米？

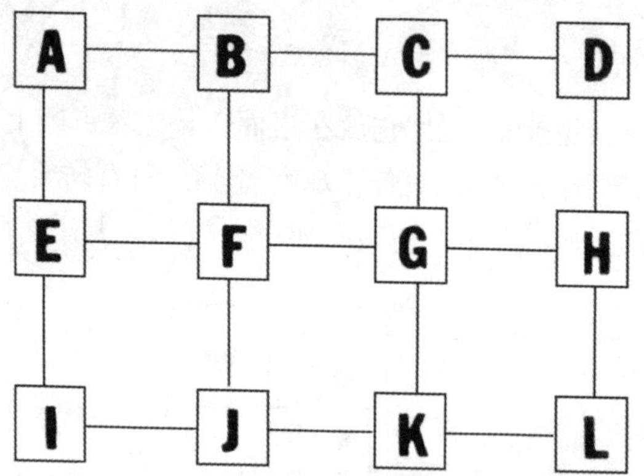

023 制作不同的旗帜

一个人决定制作旗帜。因为他不想让三种色彩的墨水相互渗透弄混，所以如图中画线区隔出不同的色彩。请问在同色不相邻的原则下，这个人可以制作出几种旗帜呢？

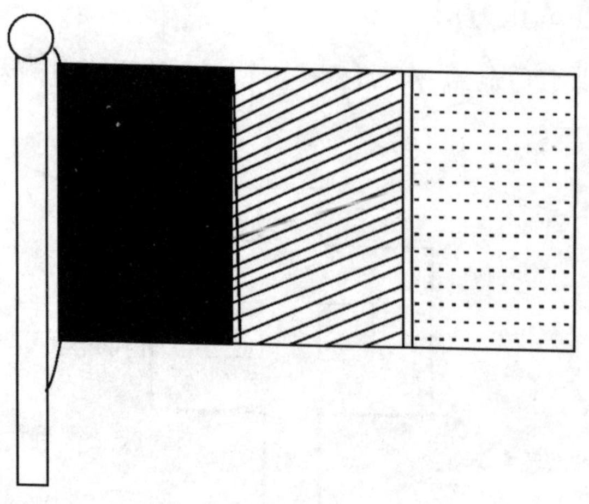

024 六角帐篷有问题

露营帐篷是户外旅游的一个好帮手，可以让人在夜间有个好的休息。其中最为常见的帐篷，便是三角形帐篷和六角形帐篷了。六角形帐篷一般采用三杆或四杆交叉支撑，也有的采用六杆设计，加强了帐篷的稳固性，是高山帐篷中最为常见的款式。有个登山初学者打算亲自做帐篷，于是请教了一下登山好手亚伦，亚伦告诉了他大致需要什么东西，他就开始着手做了。第一个做的，就是六角帐篷：这顶帐篷有 7 个角落，6 个着地，1 个悬空，几何形状是一个正六棱锥。当他把图纸拿给亚伦时，亚伦几乎把腰都笑弯了。请你帮这个初学者看看他的帐篷图（如下图）有什么毛病呢？

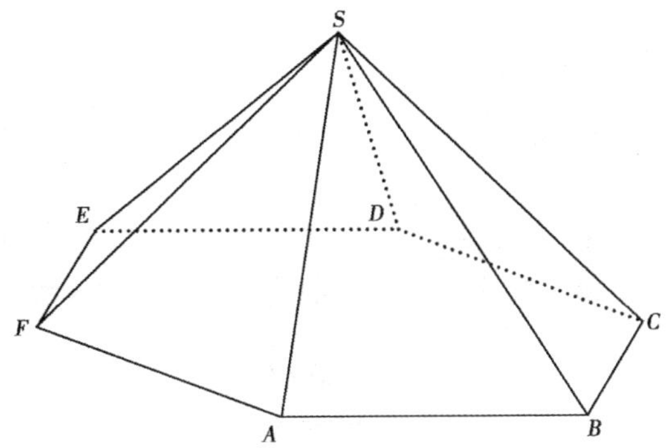

025 远近

下图中的黑点表示支点。如果将 A 点和 B 点移近，C 点和 D 点会接近些还是离远些？

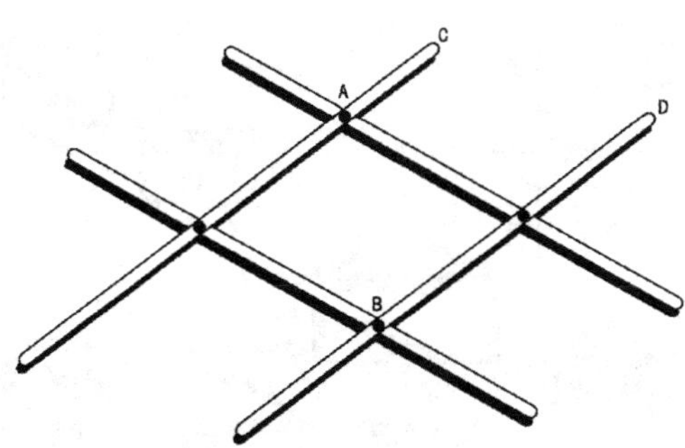

026 路径

追逐曲线是两点运动过程中一点总是指向另一点运动所形成的曲线形式，最为常见的便是导弹追逐飞机的轨迹。实际上，被追逐的飞机不仅是在三维空间中运动，而且它的速度和飞行轨迹是在不断变化的，特别是当它要摆脱导弹追逐时会做出各种机动，因此随着飞机和导弹的相对位置的不同，相应的追逐曲线也不同，十分复杂。为了简化这一形势，我们用赫本所玩的一个游戏来表现。

赫本有四条小狮子狗，在经过了一番驯养之后变得十分聪明可人。一次，小狮子狗们因为被调皮的主人在尾巴上绑了不同颜色的彩带而开始互相追逐相邻小狗的尾巴。恰巧，它们是从正方形的四个角上出发，那么，你认为这四条小狮子狗所跑的路径会是什么样子的呢？

027 燕子李三

燕子李三是个劫富济贫的侠盗，现在正要在如下图所示的一片富人区挨家挨户盗取财物，你能不能帮他设计一条路线，能使他这次行动一家不漏？

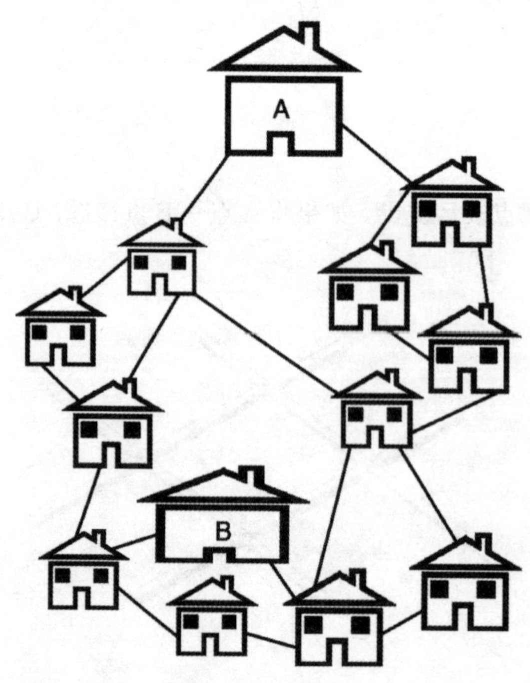

028 只剩一角

下面这幅图是一个被切掉了一角的蛋糕吗？其实是只剩了一角的蛋糕，你知道怎么看出的吗？

029 布置花坛

一个摆好的花坛架上要放红色、黄色、蓝色和绿色的花，并要求：

1. 每种颜色的花至少有 3 盆。
2. 每盆绿色花都正好和 3 盆红色花相邻。
3. 每盆蓝色花都正好和 2 盆黄色花相邻。
4. 每盆黄色花都至少和 1 盆红色、绿色和蓝色花相邻。

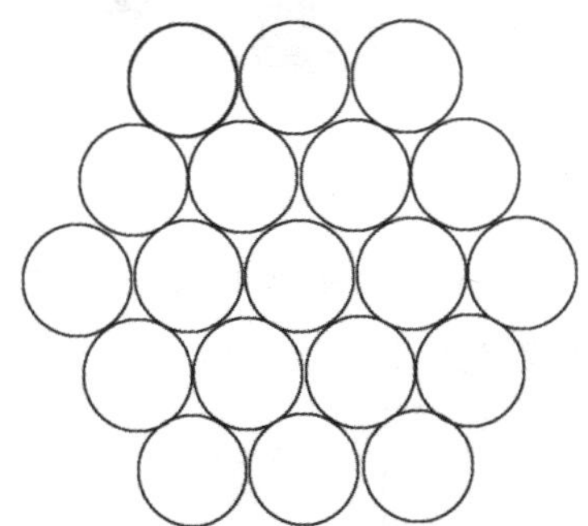

030 空白面积

下列两幅图，哪个空白面积大？

031 六子联方

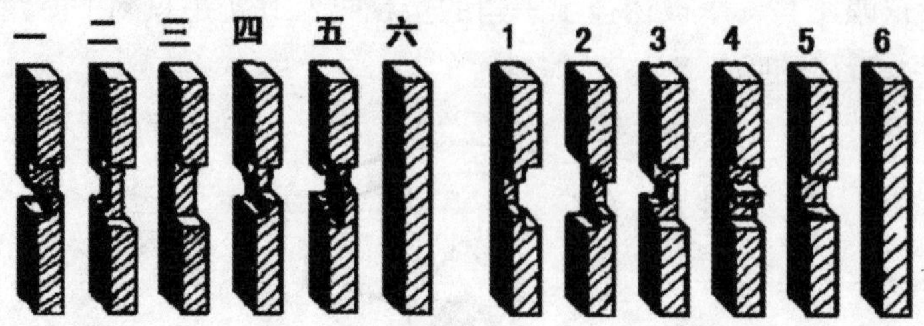

能不能将小竹条（见上图）每两根作一组，交叉镶嵌，装配成一个三组互相垂直的立体玩具（如下图）。

032 照明灯

有一个照明灯，灯上罩了一个伞状的罩子，如图把灯固定在墙壁上，请问墙壁的哪些部分无法被光照到？

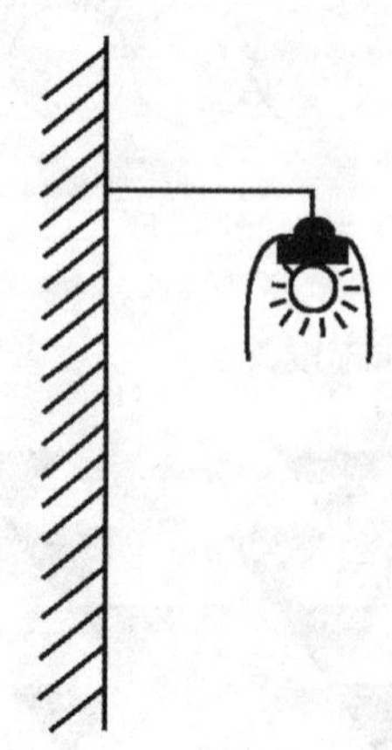

033 观图转化

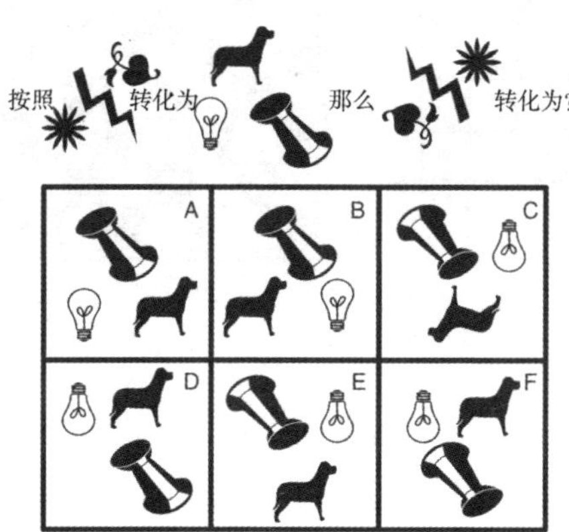

034 寻找字母排列路

从下面这个图形左上角的字母“Z”出发，寻找出字母间排列的规律，找到出去的路。注意了，前进时只能水平或垂直运动，不能斜着穿过方格，而且每个方格只能走一次。

Z	T	S	V
Y	X	R	Z
L	M	N	A
H	G	F	B

035 “周游的骑士”

“周游的骑士”是一道很有名的数学谜题。

“骑士”这个棋子的走法，只能往前后左右移动一格后，再往斜方向移动一格（如左图）。

用“骑士”将8×8西洋棋盘上的每一格都恰好走过一次，然后回到原点。同一格不可停留两次。怎么走？

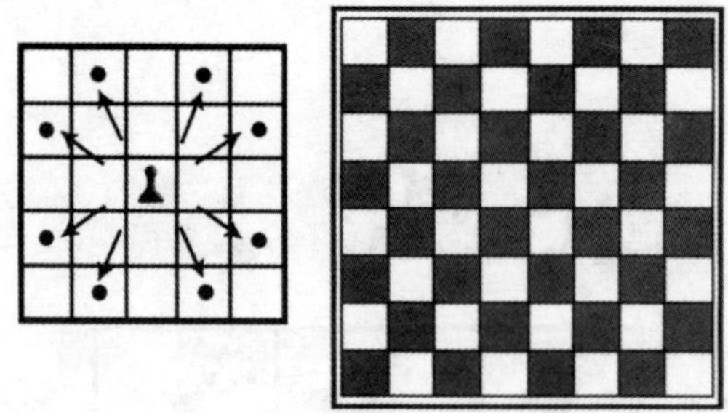

036 展览厅

有一个展览厅总共有81个展室，每一个展室都有门与其他的展室相通，如果必须通过图中标注的几道门，而且每一个展室都要走过，你知道该怎么走吗？

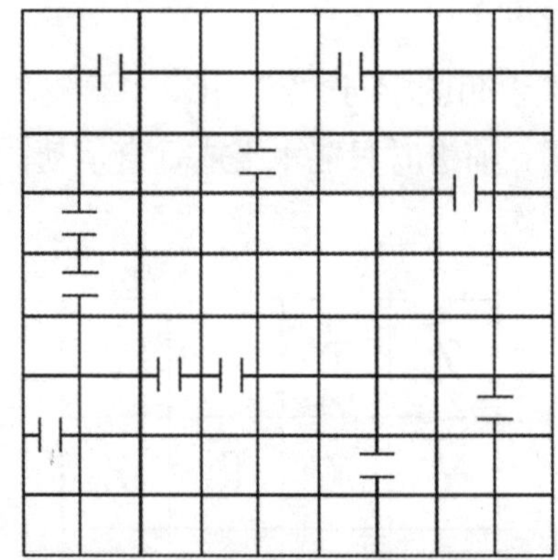

037 绳结

一条绳子按以下规律变化，那么问号处应填入哪一个？

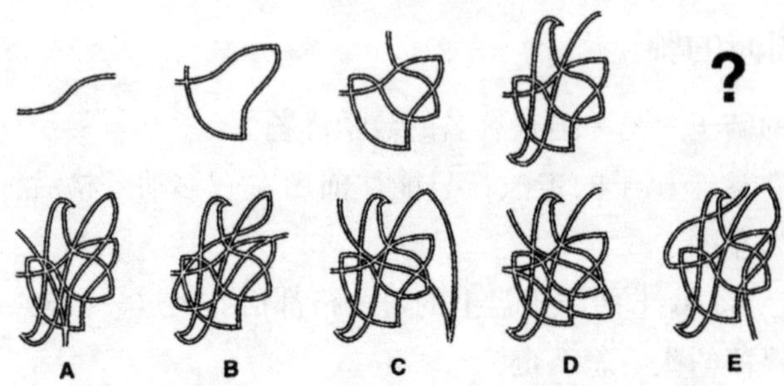

038 八角形迷宫

能够带你穿越下面这座八角形迷宫的路线总共有多少条呢？从起点到终点，你只能沿箭头所指的方向前进。

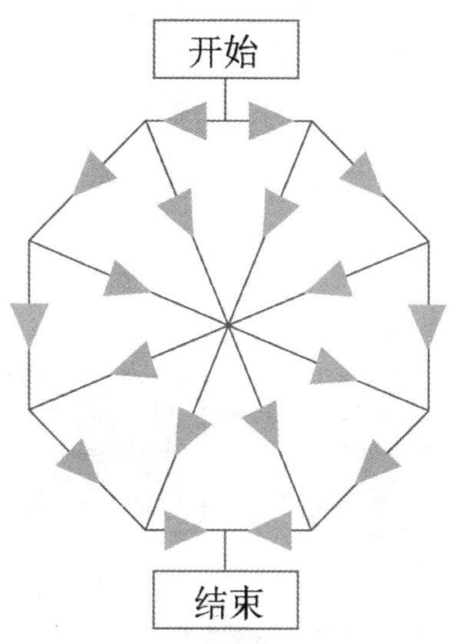

039 比长短

下图是两块木板的素描图，如果说“B 木板”比“A 木板”长，你知道是怎么回事吗？

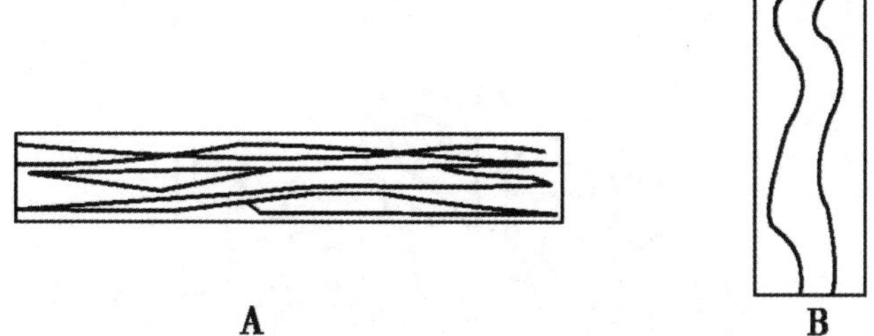

040 特制模具

请你设计一个能紧密穿过这个三角形厚木板上 3 个小孔（如下图所示）的模具。设圆的直径与正方形、十字形边长相等。

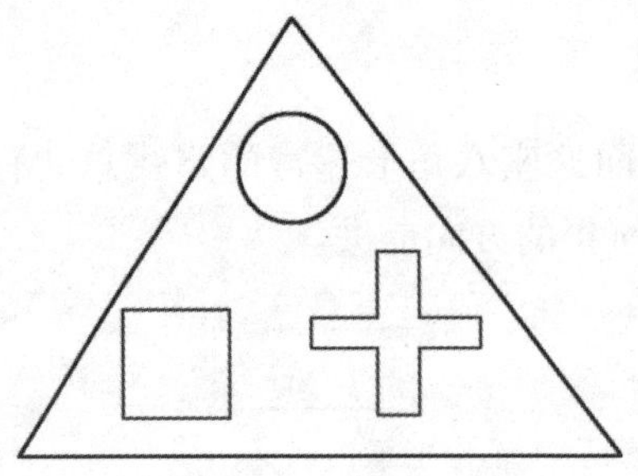

041 单词

下图所示的单词是什么?

042 巧穿数字

下面是由数字组成的迷宫图，如何从进口处走到出口处?

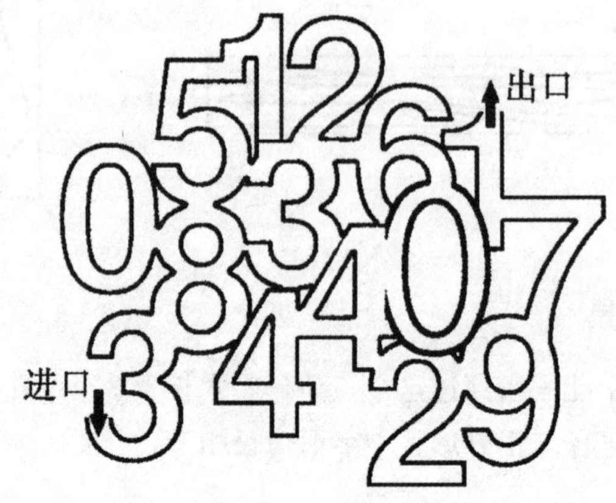

043 标符号

如图所示，下面的三个小方格的画面与整个画面中的哪个相同呢？在括号中填上数字标号。

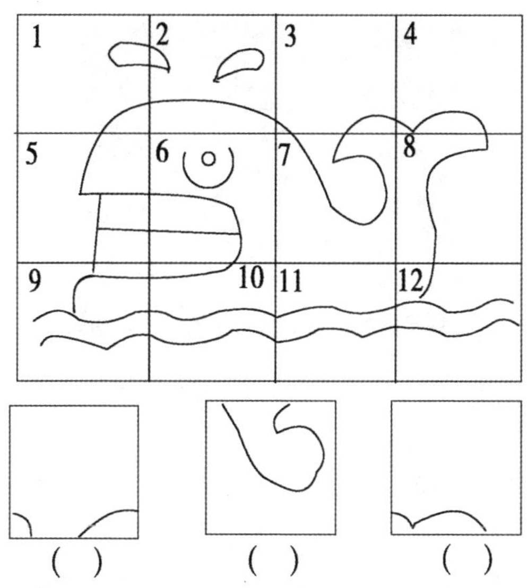

044 正方形智慧比拼

下面的大正方形是由 25 个小正方形图案组成的，旁边还有 5 块不同形状的图案。请你把这 5 块图案拼成一个大正方形，而且要和前面的大正方形中的图案一致。

045 藏宝图

某人得到一张藏宝图，宝物藏在迷宫内，如图所示，你必须得到宝物后从出口逃出迷宫。如果得到这张藏宝图，你能够找到宝物吗？

046 执法人员

如图，每间房里有一个囚犯，法官下令审问所有的囚犯。现有8个入口，要求执法人员不走重复路线（每间房只允许进去一次，且不允许从同一扇门进出）分别审问所有的囚犯后，从A口出来。请问执法人员应该如何走？

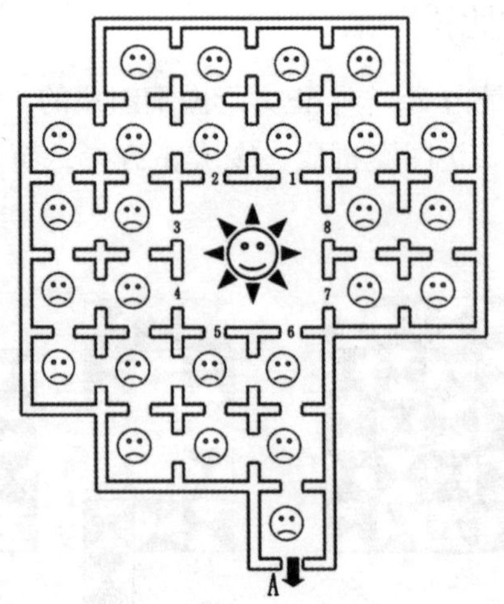

047 展开图形

下图中哪个立方体上的图案与平面展开图形上的图案完全相同？

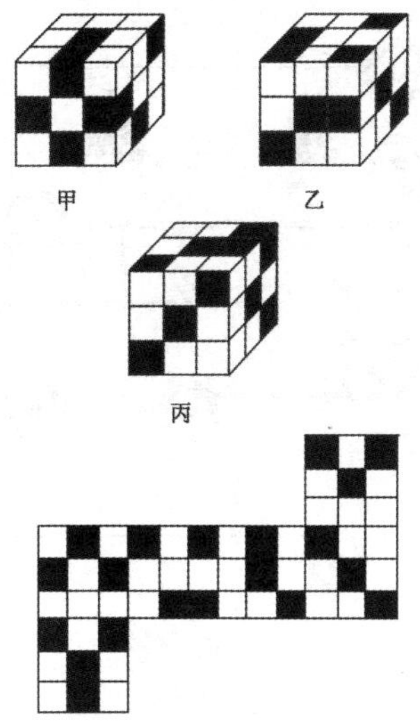

048 找不同

下面各图中，哪一项是与众不同的？

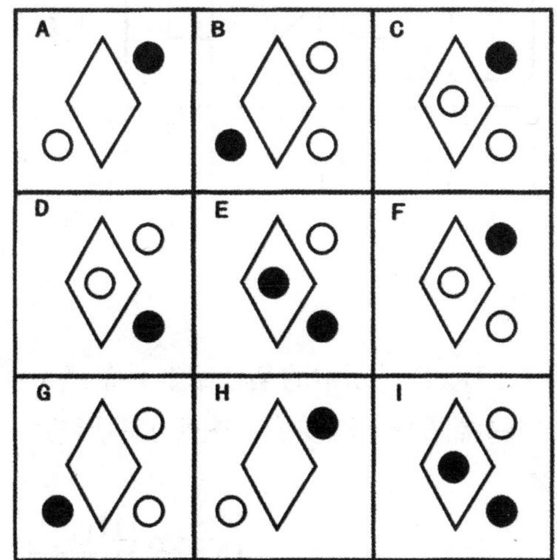

049 滑轮升降

在下面一组杠杆、齿轮和转轮的组合中，黑色的点是固定支点，灰色的点是不固定的支点。如果如图示转动摇把，上端 A 和 B 的物体哪一个上升哪一个下降？

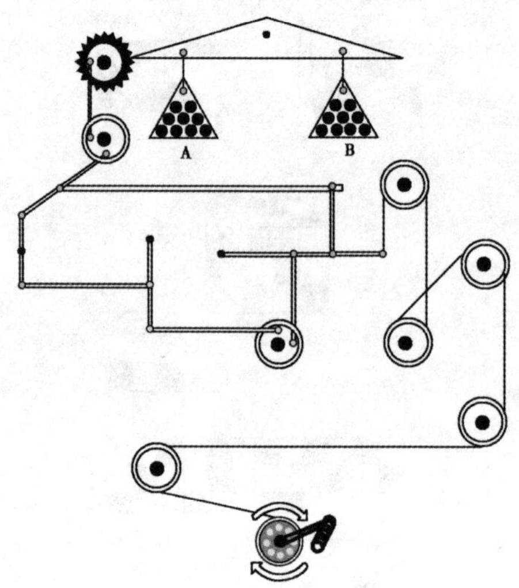

050 最合适的图

A、B、C、D、E 几个图形，哪一个填入图中的问号处比较合适？

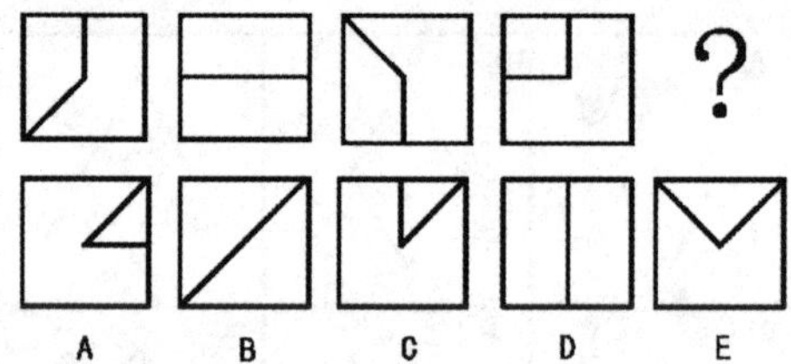

051 添上一条线

如果在 A、B、C、D、E 各图中的某处添上一条线（任何形状的线皆可，但线条不能重叠），哪幅图案能够变成左图所示的形态？

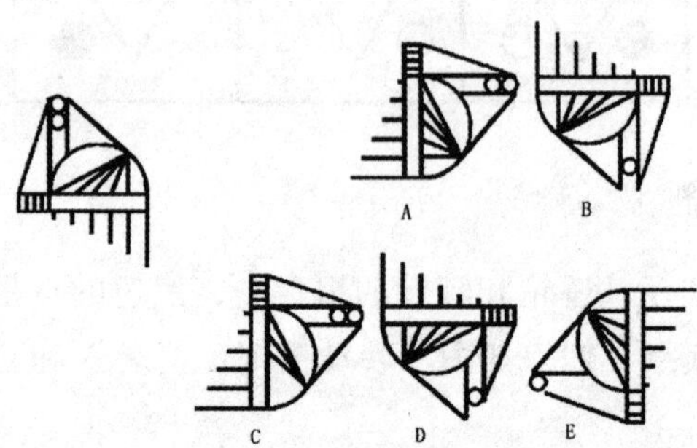

052 起点与终点

从标有“起点”的圆到标有“终点”的圆只有一条路允许走，这条路要求走过偶数个路段。你能找出可以走的最短路径吗？

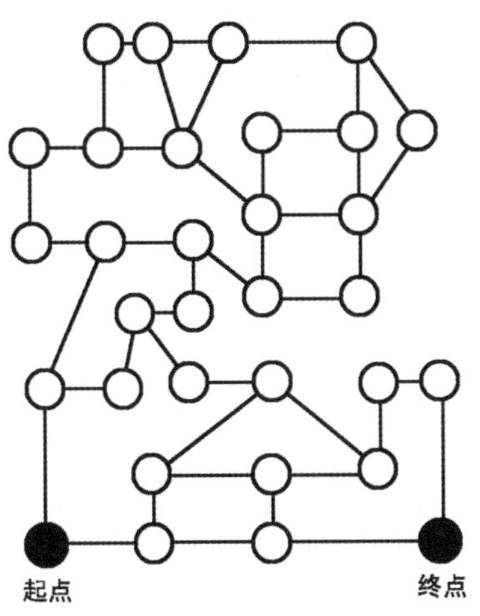

053 旋转

下面的表格被分成了多个不同的图形，每个图形的中心都有一颗星星，而且所有这些图形都是中心对称的——旋转 180 度图形保持不变。这些图形分别是什么样的？

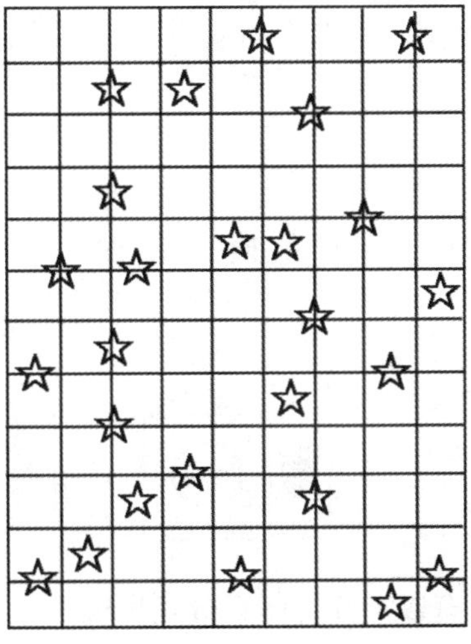

054 国际象棋

我们知道，在国际象棋中，“车”可以向方格的四个方向移动，而“王后”可向八个方向移动。在国际象棋的棋盘上最多只能摆8个“王后”，才能避免她们互相厮杀。有一种六边形的棋盘（如下图），但它的“王后”只能沿六个边向六个方向移动。你能在这种六边形的棋盘上最多放多少个“王后”，才能避免她们相互厮杀？共有几种方法？

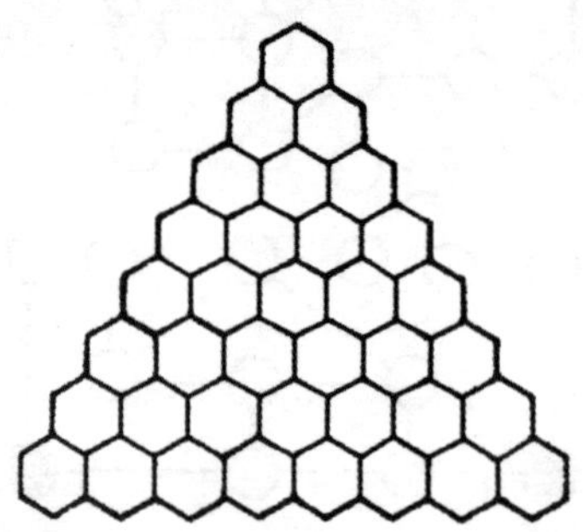

055 轮子

图中最后一个轮子缺的应是哪一块？

056 底部的图案

以下三个图形，是同一个立方体由于三种不同的放置所呈现出来的三种不同的视面。

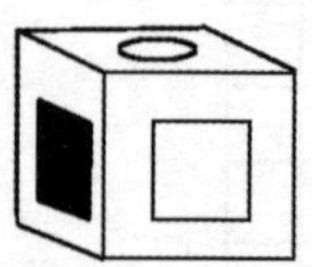 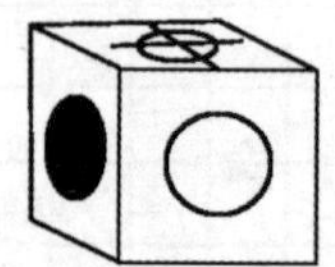 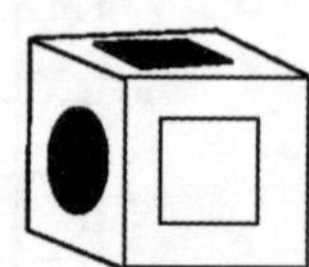

从图中可以看到，有以下5种图案分别出现在立方体的各个侧面：

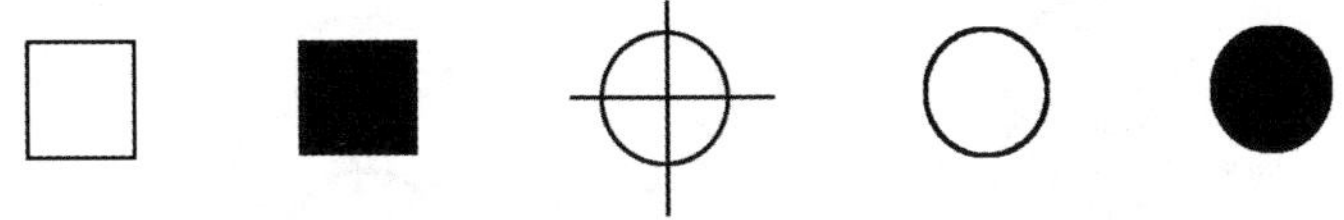

立方体的六个侧面都有图案，而出现在立方体的各个侧面上的图案，总共只有这5种，也就是说，有一种图案出现了两次。如果我们进一步知道，上述三种视面中，位于底部的图案，都不是出现两次的图案，那么，哪个图案出现了两次？

057 找不同（1）

下列图形中，哪一幅图有别于其他的图？

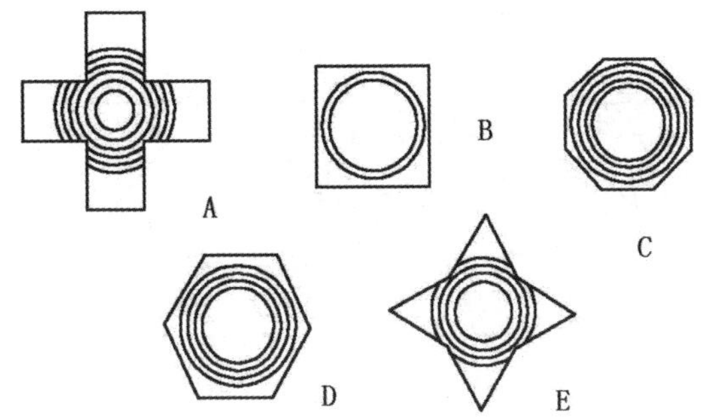

058 找不同（2）

下列哪个图形是与众不同的？

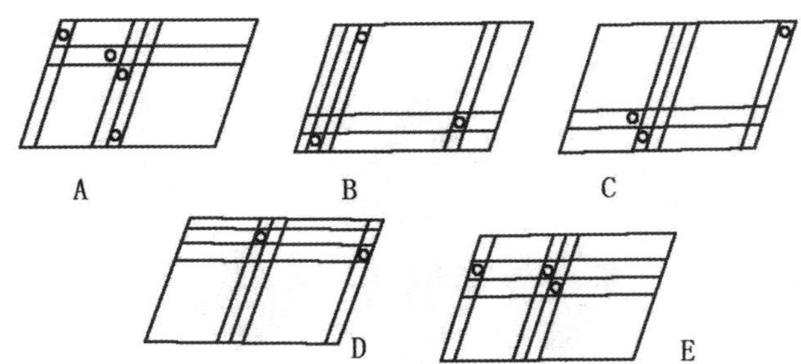

059 找不同（3）

下列哪个图形是与众不同的？

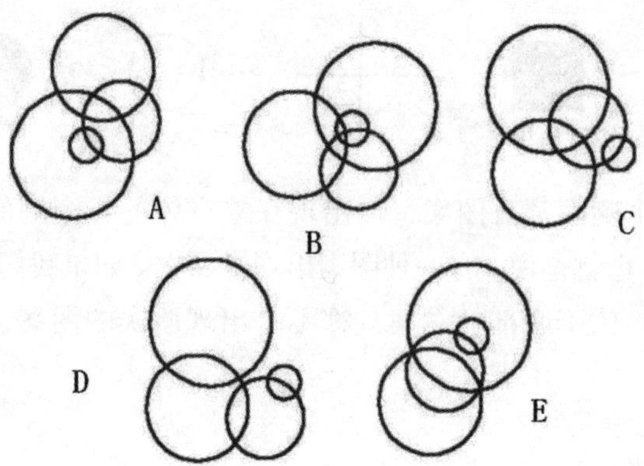

060 找不同（4）

下列哪个图形是与众不同的？

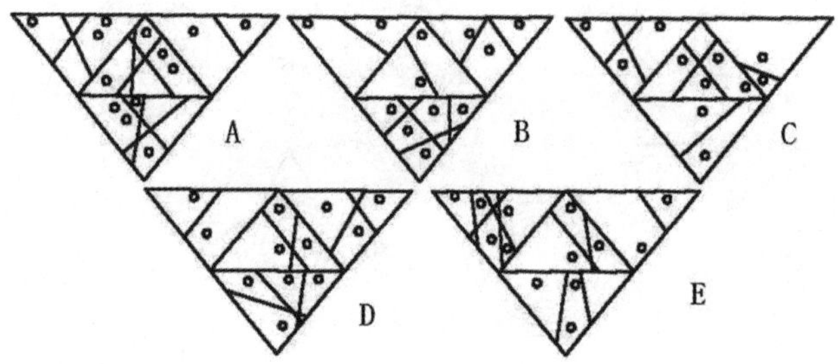

061 组菱形图

下图中的 A、B、C、D、E 五幅图中，哪个可以和上图中的图形组合成一个菱形图？

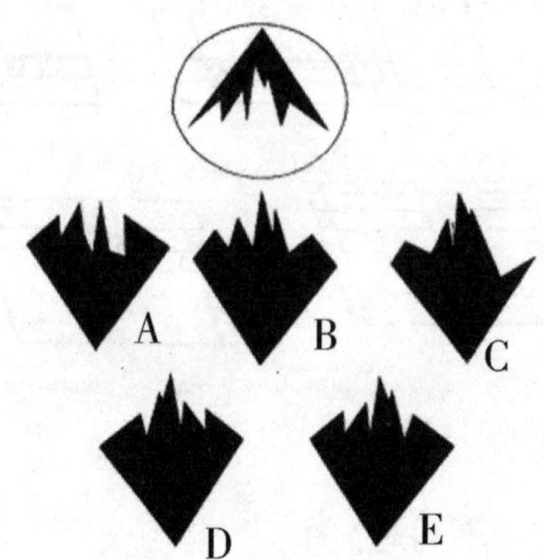

062 组正方体图

上图中的正方体，是由下图中的哪一幅展开图组成的？

063 找对应图（1）

下图 8 个图形中，如果图 A 对应于图 B，那么，图 C 会对应于图 D、E、F、G、H 当中的哪一个？

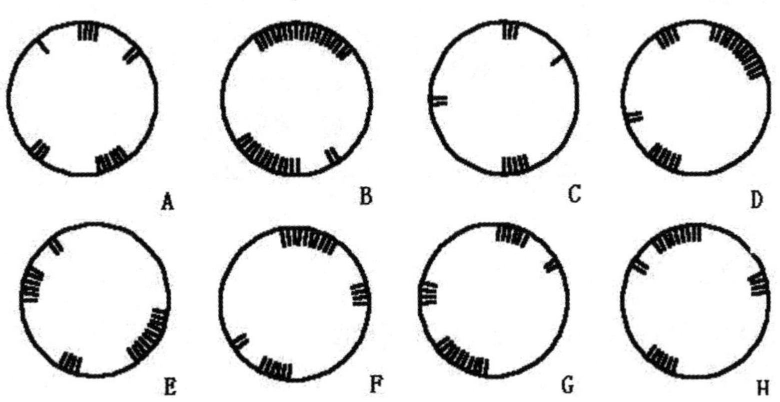

064 找不同（5）

下面5个图形中，哪个与众不同？

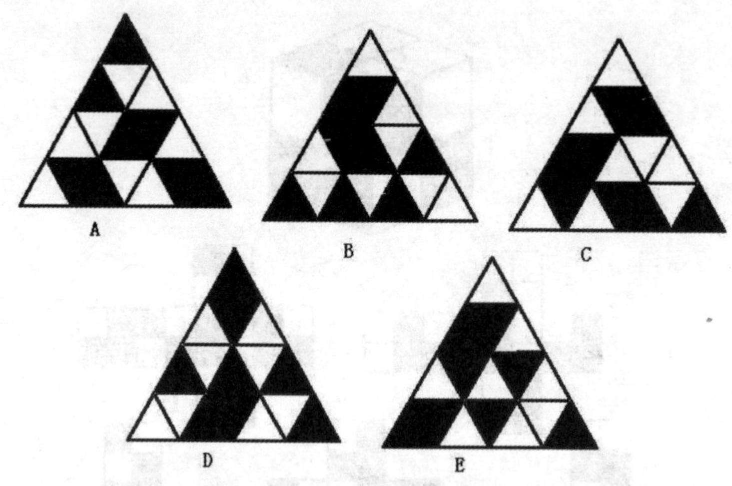

065 找不同（6）

下列5个图形中，哪个与众不同？

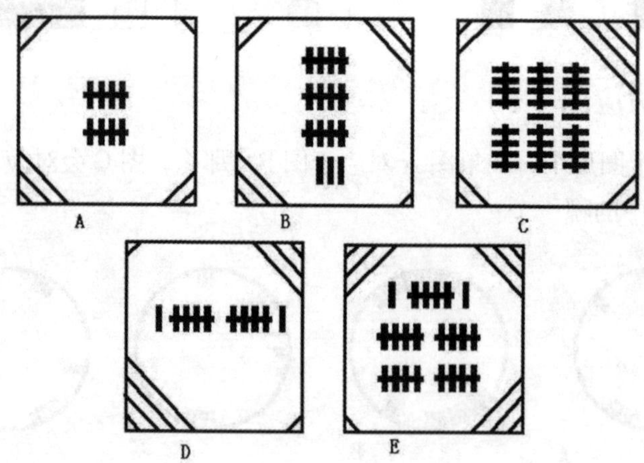

066 组正方形图

下图中的A、B、C、D、E五个图形的哪一个，可以和上边的这个图形组成一个正方形？

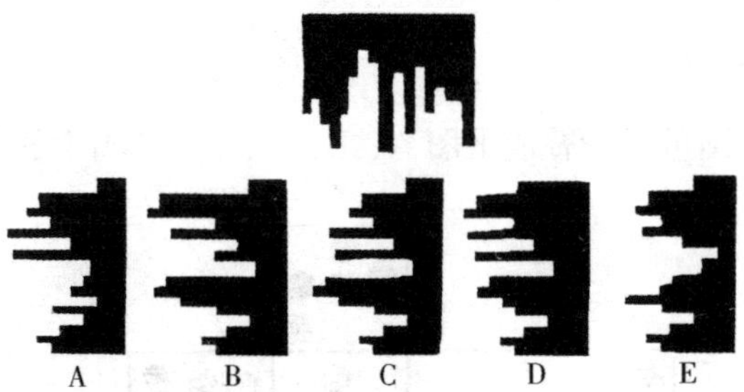

067 完成序列（1）

下图 A、B、C、D、E 当中的哪一个图形，可以延续上图的序列？

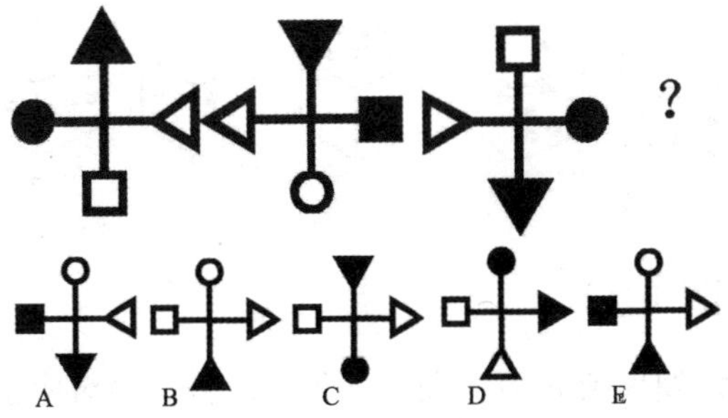

068 找平面吻合图

A、B、C、D、E 五个立方体中，哪一个展开后会与上面的平面图相吻合？

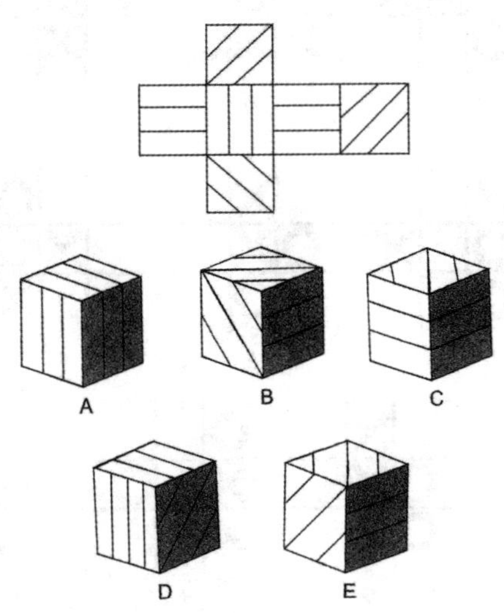

069 找折叠图

上图的平面图可以折叠成下图 A、B、C、D、E 当中的哪一个？

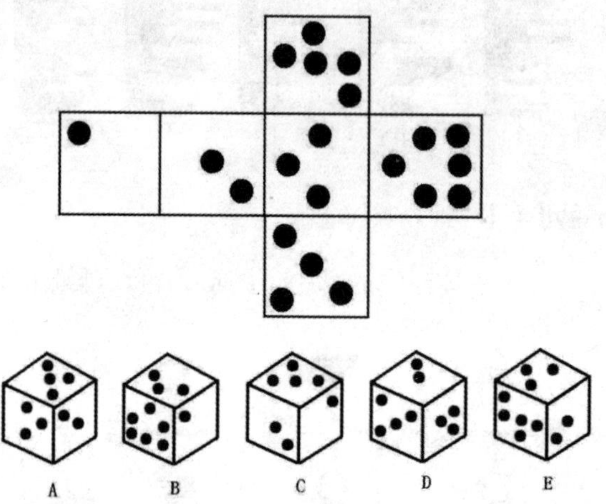

070 找对应图（2）

下列图形中，如果图 A 对应图 B，那么，图 C 会对应于 D、E、F、G、H 当中的哪一个？

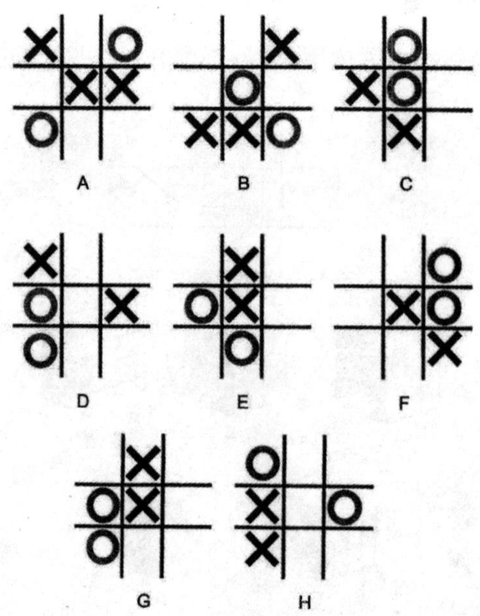

071 找不同（7）

下列图形中，哪一个图形有别于其他图形？

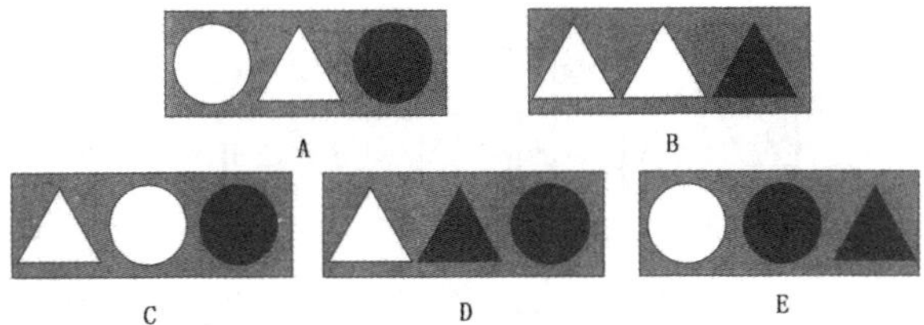

072 找不同（8）

下列图形中，哪一个图形与众不同？

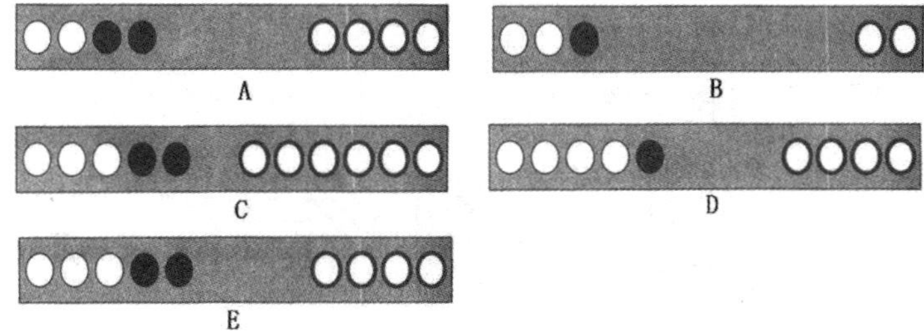

073 找不同（9）

下列图形中，哪一个图形与众不同？

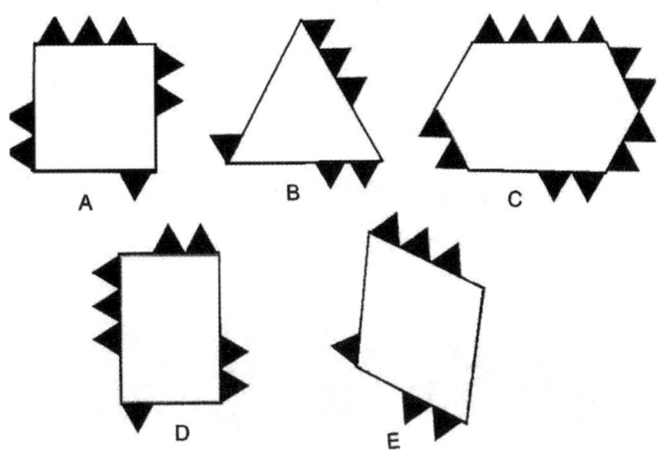

074 找对应图（3）

如果图A对应图B，那么，图C会对应于D、E、F、G、H当中的哪一个？

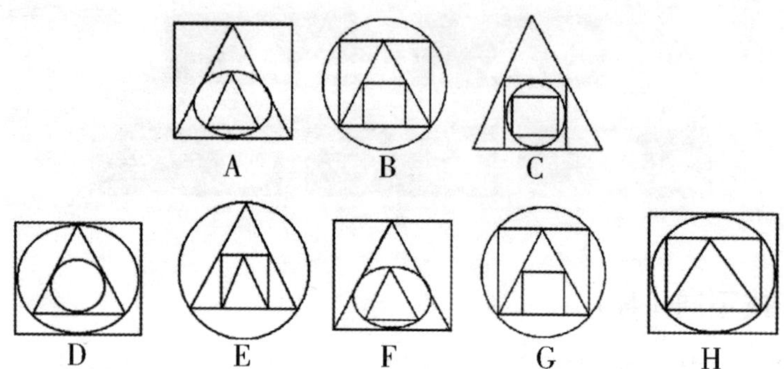

075 找对应图（4）

如果图A对应图B，那么，图C会对应于D、E、F、G当中的哪一个？

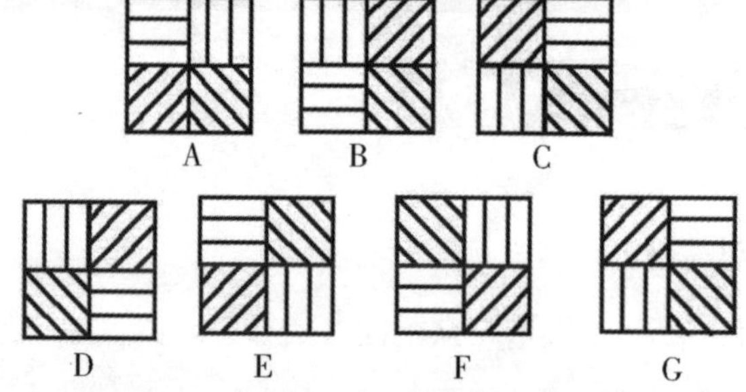

076 找对应图（5）

如果图A对应图B，那么，图C会对应于D、E、F、G、H当中的哪一个？

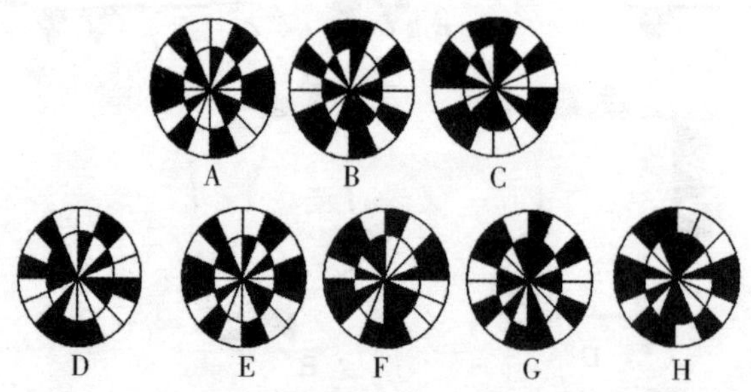

077 找不同（10）

下列图形中，哪一个图形与众不同？

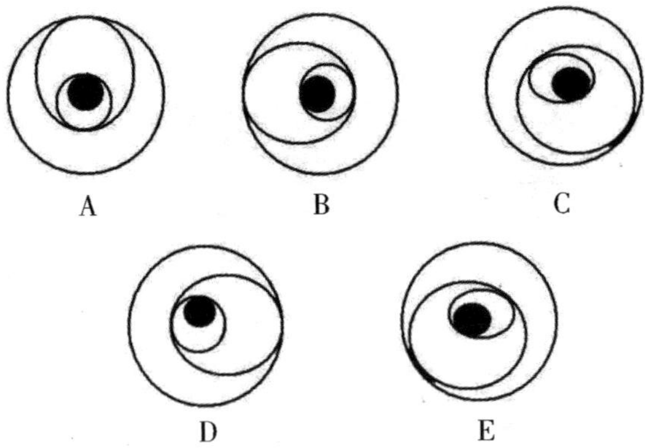

078 找不同（11）

下列图形中，哪一个图形与众不同？

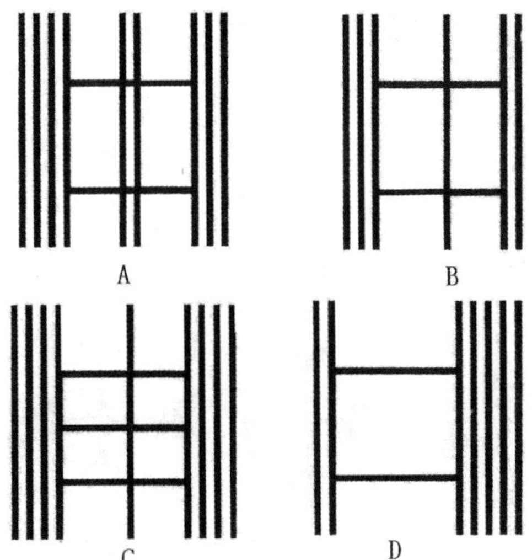

079 完成序列（2）

请从 A、B、C、D、E 五个图形中选择一个图形填入问号处，以完成上面的图形序列。

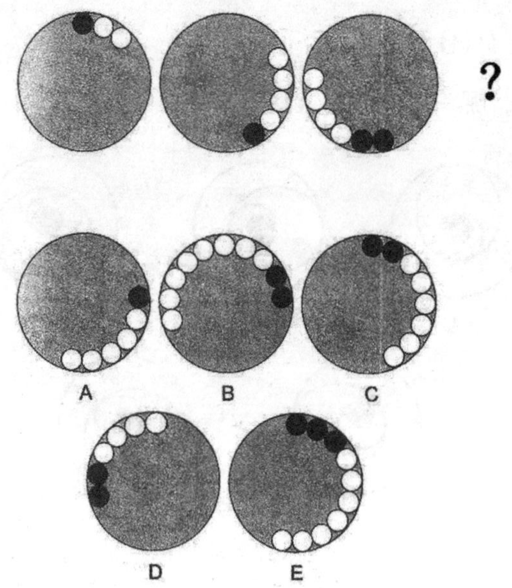

080 完成序列（3）

请从 A、B、C、D、E 五个图形中选择一个图形填入问号处，以完成上面的图形序列。

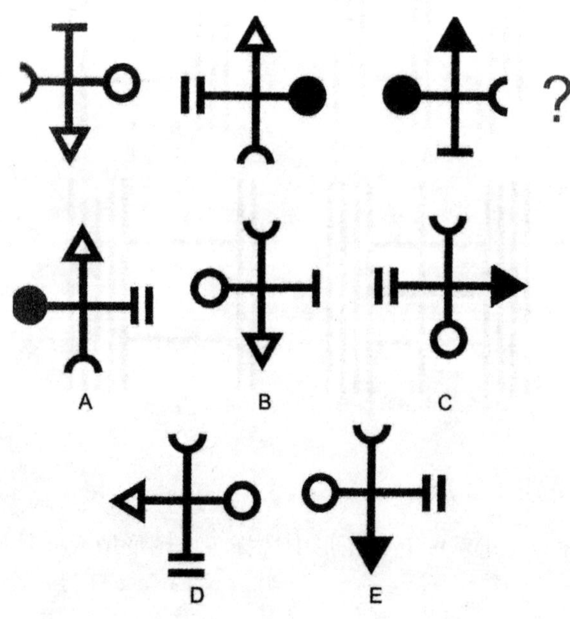

081 完成序列（4）

下面问号处缺失的是哪个图形？请从 A、B、C、D 四个图形中选出。

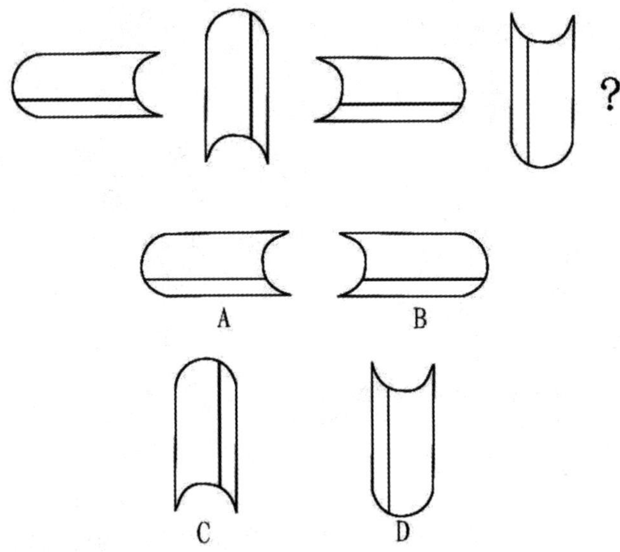

082 找不同（12）

下列图形中，哪一个图形有别于其他图形？

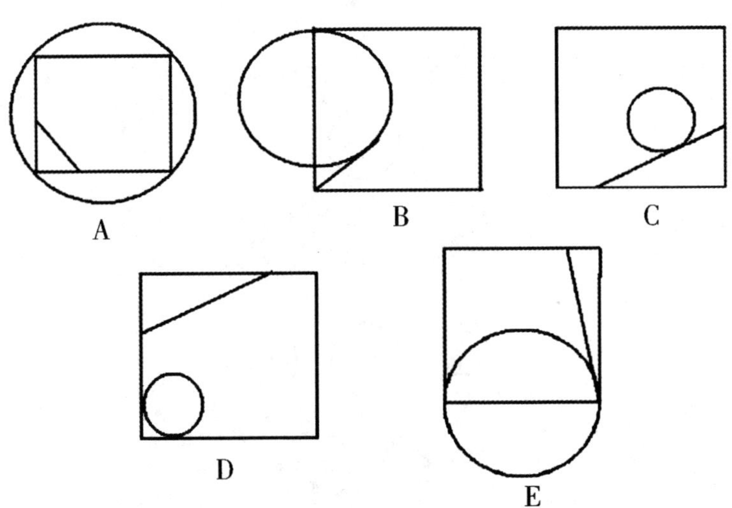

083 完成覆盖图

用下面给出的10个图形，覆盖上图相应的部分，使得图中所有符号都被相同的符号所覆盖。请不要改变下面10个图形各自的方向，注意，并不是上图中的所有连线都要被覆盖。

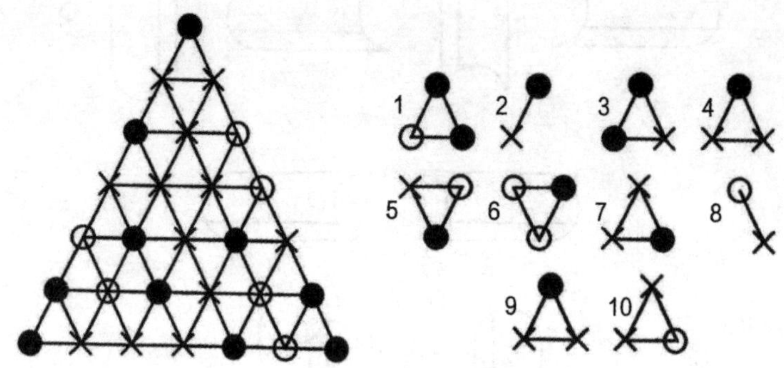

084 完成运行图

外围四个圆中的图案将根据下列规则传递到中心圆内：如果某种图案在外面的四个圆中出现一次，它将被传递到中心的圆；两次，它可能会被传递；三次，它将被传递；四次，它不会被传递。请问，中心圆内的图案会是下面的哪一个？

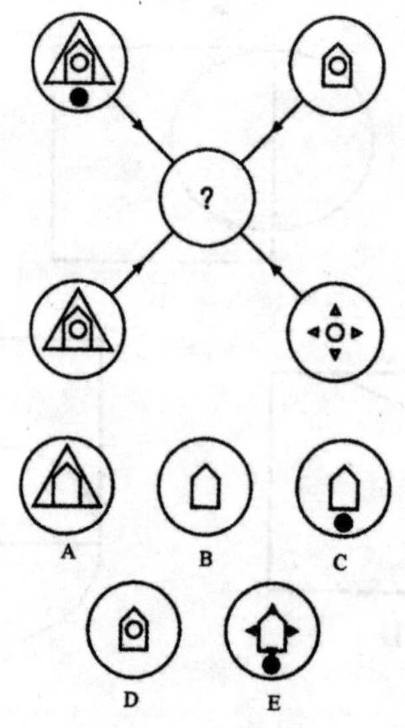

085 选出错误图案

下图有9个格，分别标有1A到3C，每个格中的图案都是它最上方的A、B、C格与左侧的1、2、3格相叠而成，如1A是1与A相叠而成的图案。有一个图案是错的，请找出来。

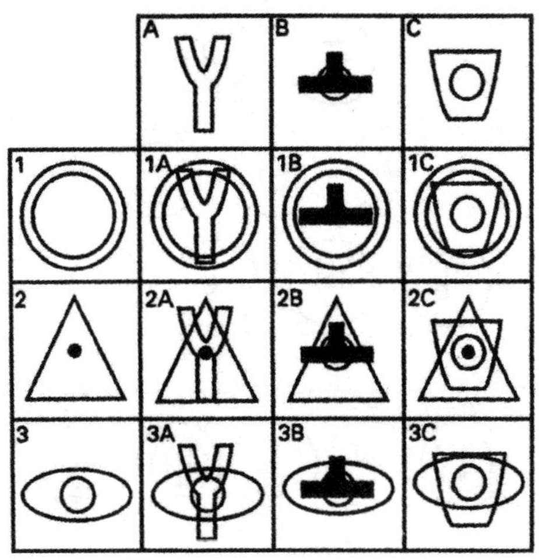

086 找出错误图案

下图从1A到3C九个格的图案，都是其上方A、B、C与左方1、2、3相叠而成，如1A是1与A相叠而成的图案。有一个图案是错的，请找出来。

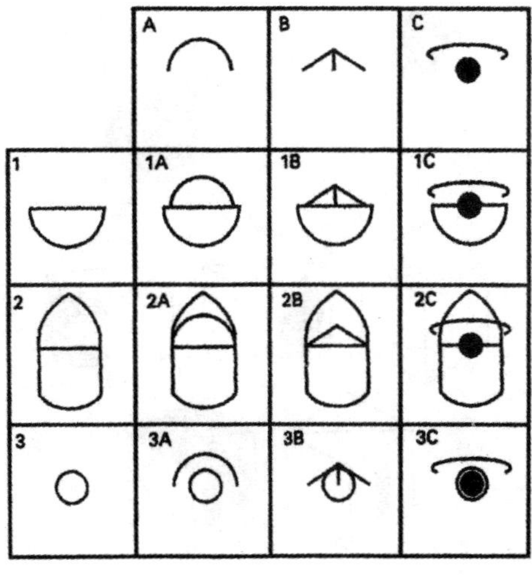

087 完成序列（5）

图中顶端所缺的图形是下列哪一个？

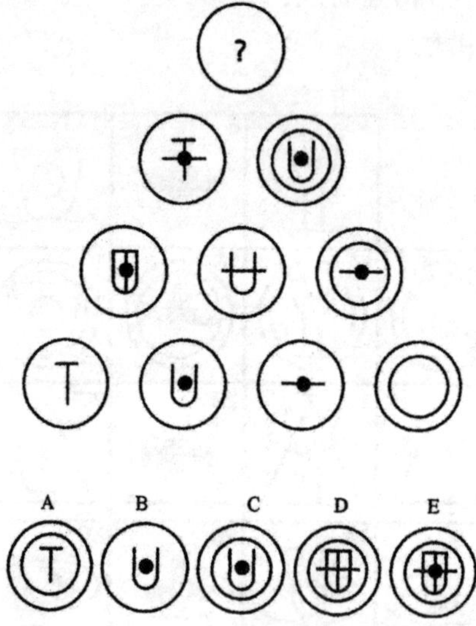

088 找立方体（1）

将上图折叠成一个正方体，会是下列哪一个？

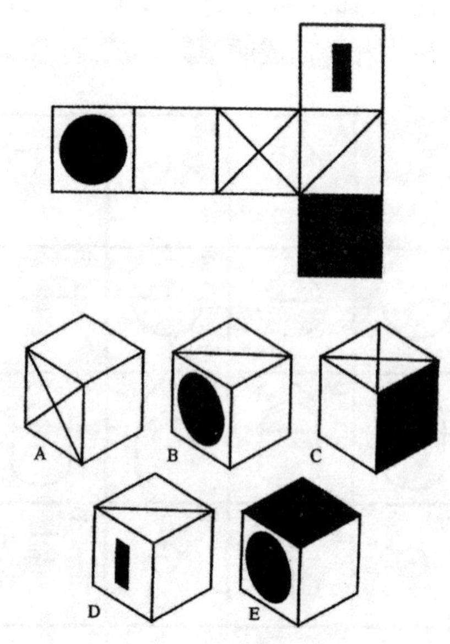

089 完成序列（6）

先按水平方向，再按垂直方向，观察左面的图形，判断右列图形中哪一个是左面所缺的？

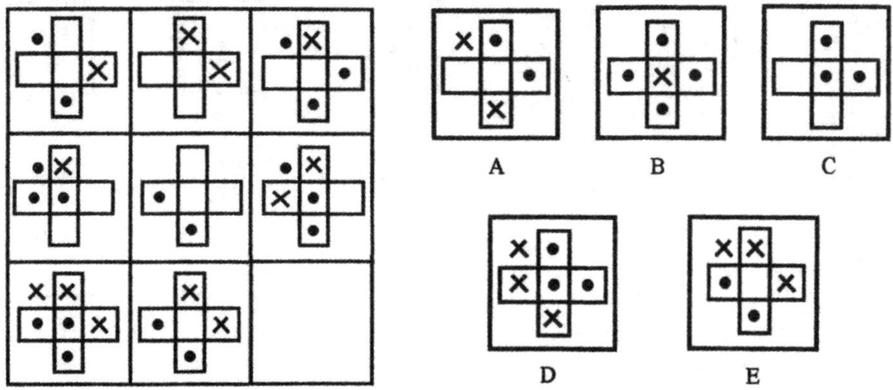

090 完成序列（7）

先按水平方向，再按垂直方向，观察上面的图形，判断下列图形中哪一个是上面所缺的？

091 完成序列（8）

从所给的六个图形中，选出一个适当的图形填入空格：

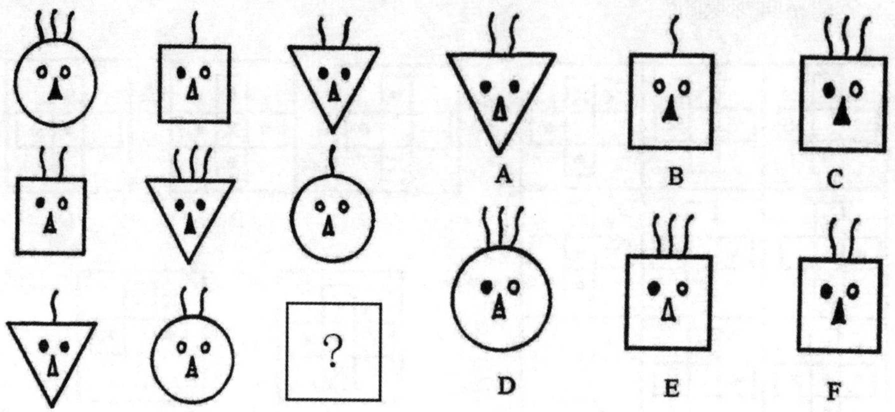

092 完成序列（9）

从所给的六个图形中，选出一个适当的图形填入空格：

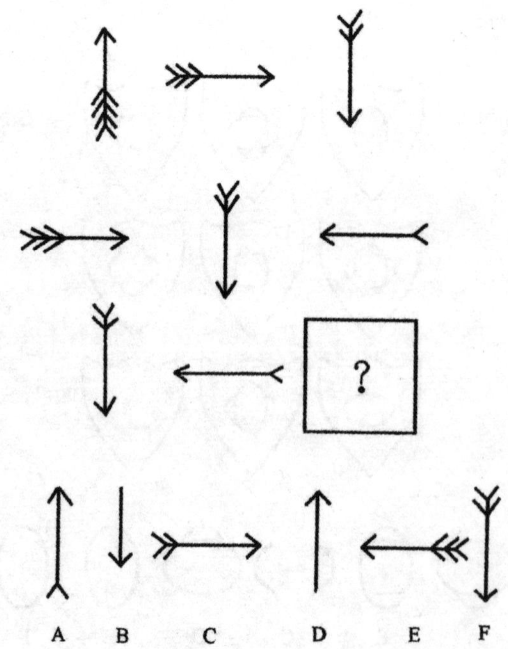

093 完成序列（10）

先按水平方向，再按垂直方向，观察上面的图形，判断下列图形中哪一个是上面所缺的？

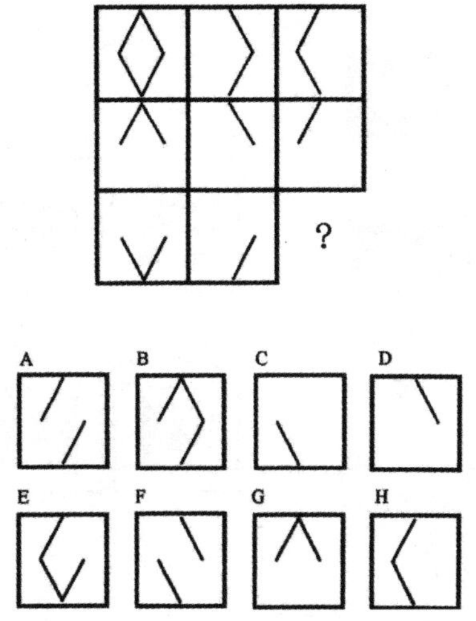

094 完成序列（11）

先按水平方向，再按垂直方向，观察上面的图形，判断下列图形中哪一个是上面所缺的？

095 完成序列（12）

先按水平方向，再按垂直方向，观察左面的图形，判断右列图形中哪一个是左面所缺的？

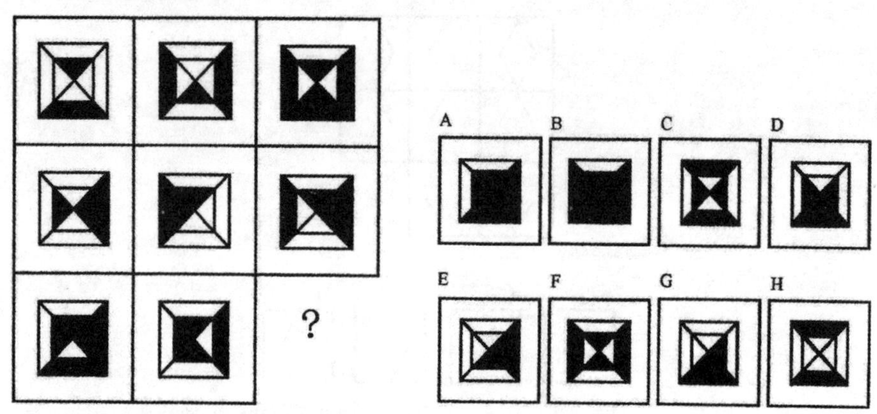

096 完成序列（13）

下列图形中哪一个延续了上列图形所表达的顺序？

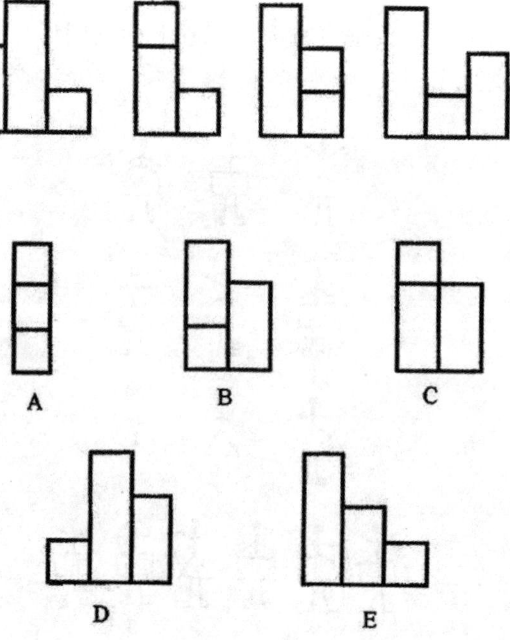

097 完成序列（14）

下列图形中哪一个延续了上列图形所表达的顺序？

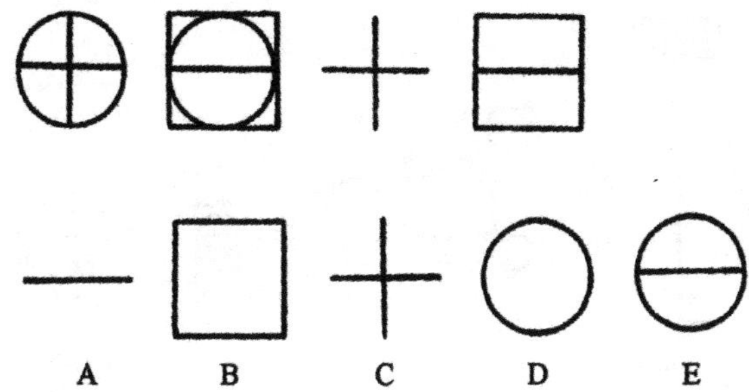

098 完成序列（15）

下列图形中哪一个延续了上列图形所表达的顺序？

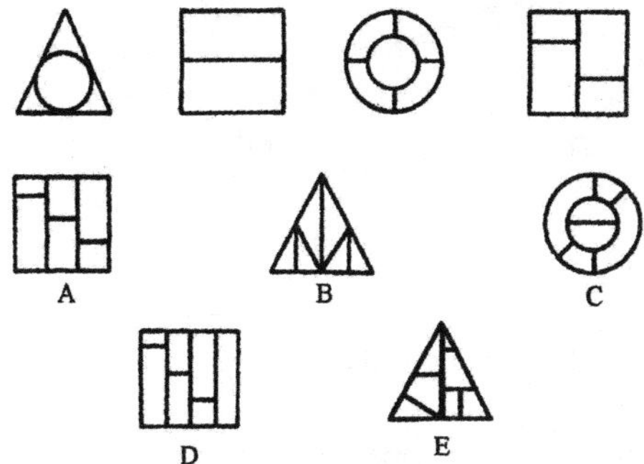

099 找不成对的图形

观察下面的 6 个图形，找出两个不成对的图形：

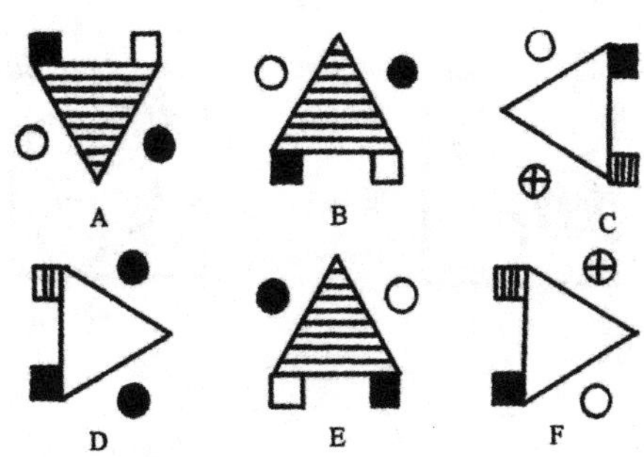

100 找不同（13）

找出一个与其他四个不同的图形：

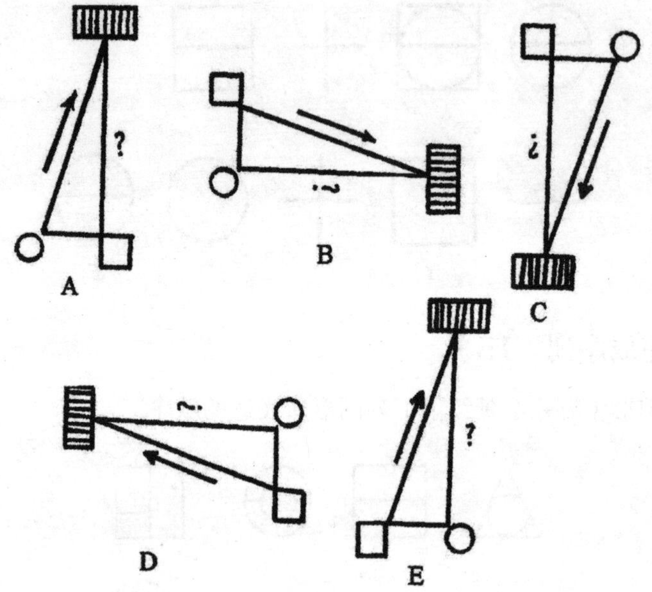

101 找不同（14）

下列图形哪一个不同于其他图形？

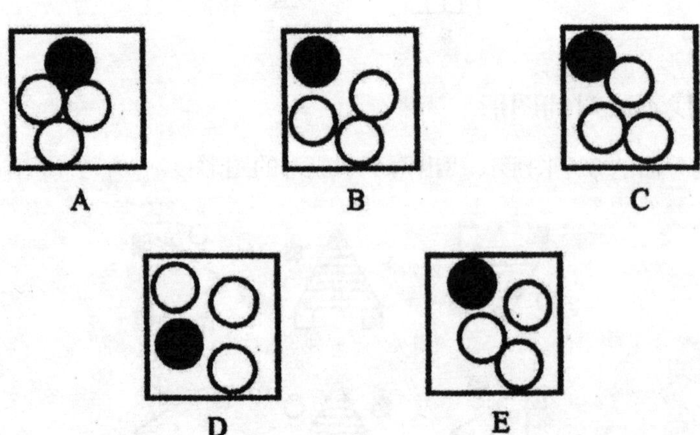

102 找不同（15）

下列图形哪一个不同于其他图形？

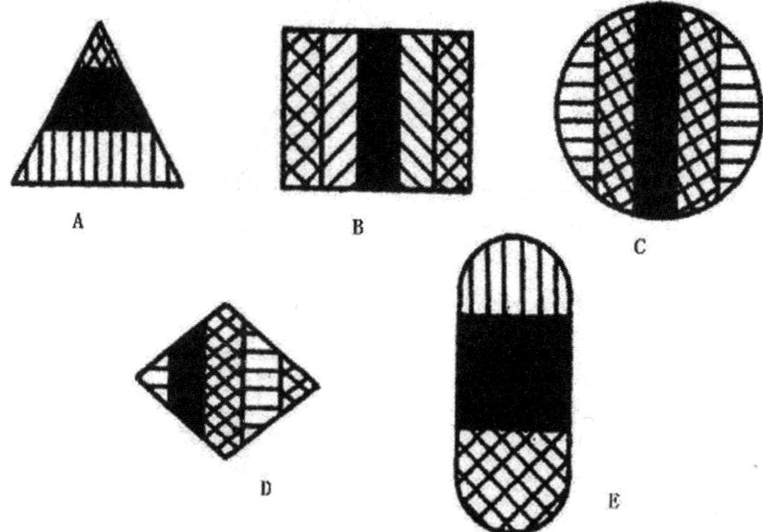

103 找不同（16）

下列图形哪一个不同于其他图形？

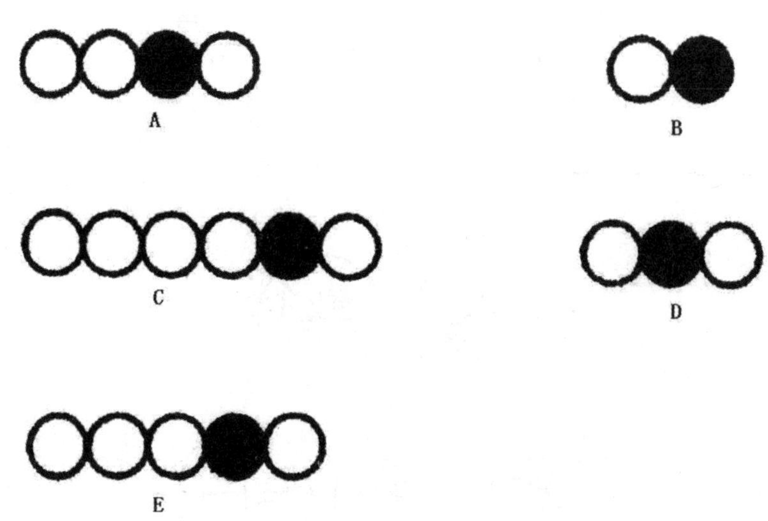

104 完成序列（16）

下面问号处缺失的是哪个图形？请从给出的 A、B、C、D 图形中选出。

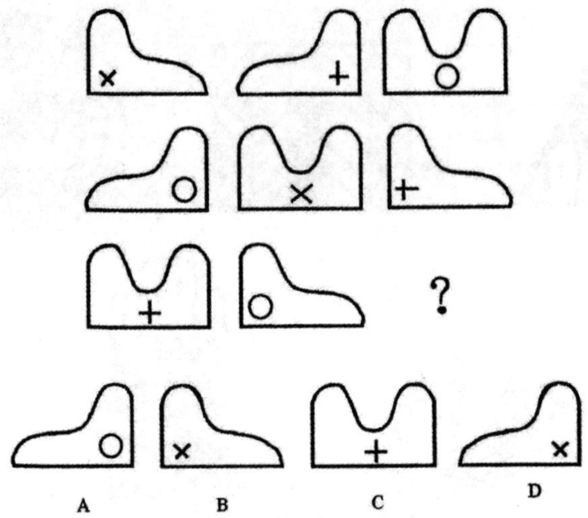

105 找对应图（6）

下面图形中，如果（1）和（2）相似，那么，（3）和下列哪一个图形相似？

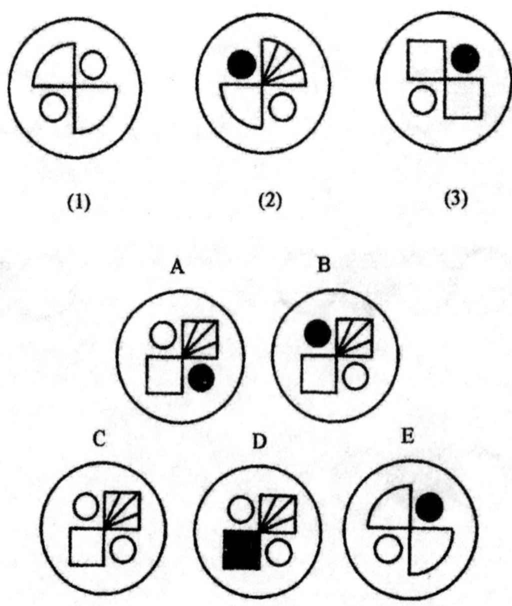

106 找对应图（7）

下面图形中，如果（1）和（2）对应，那么，（3）应该和A、B、C、D、E中的哪一个对应？

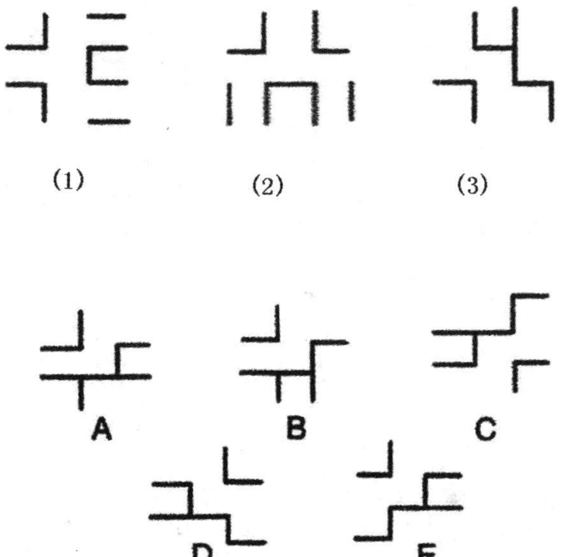

107 找对应图（8）

下面图形中，如果（1）和（2）对应，那么，（3）应该和A、B、C、D、E中的哪一个对应？

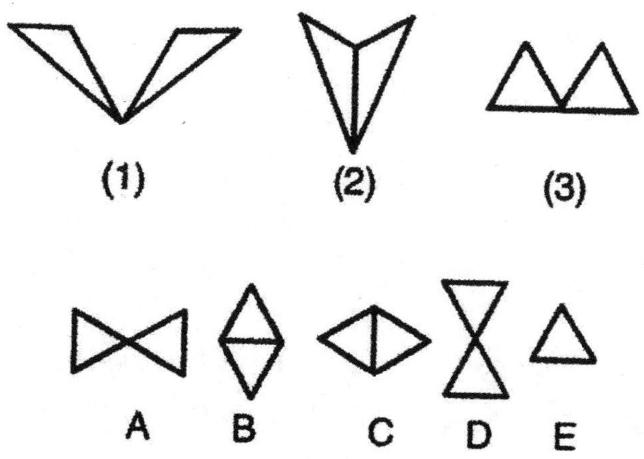

108 完成序列（17）

下面问号处缺失的是哪个图形？请从给出的 A、B、C、D 图形中选出。

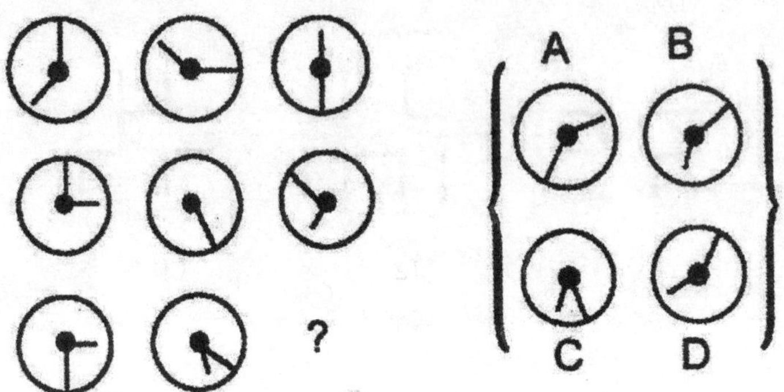

109 完成序列（18）

下面问号处缺失的是哪个图形？请从给出的 A、B、C、D、E 图形中选出。

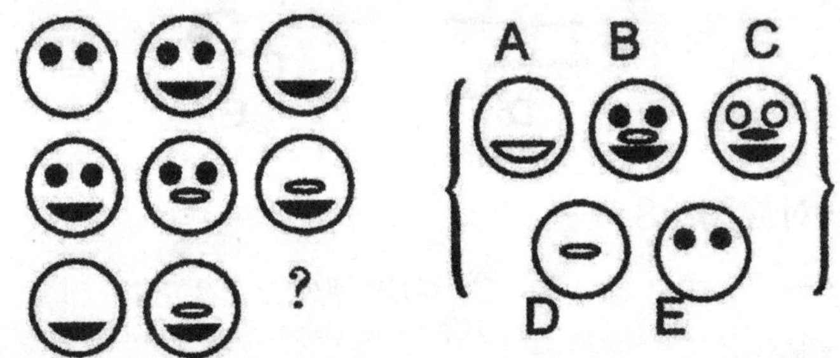

110 完成序列（19）

下面问号处缺失的是哪个图形？请从给出的 A、B、C、D、E 图形中选出。

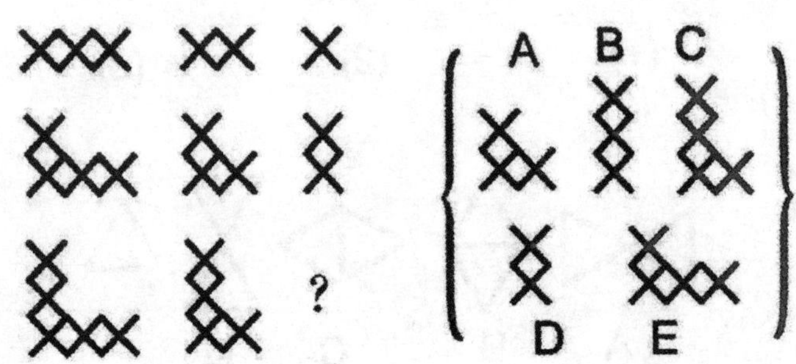

111 找相似图形（1）

在右边哪个图形中加上一个圆点可以使其具有与左边图形相似的情况。

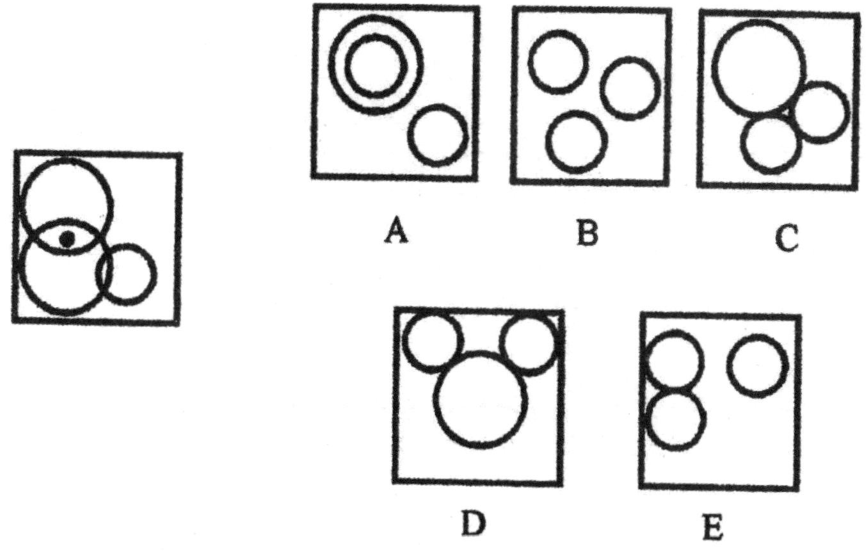

112 找相似图形（2）

在右边哪个图形中加上一个圆点，可以与左边的图形相似？

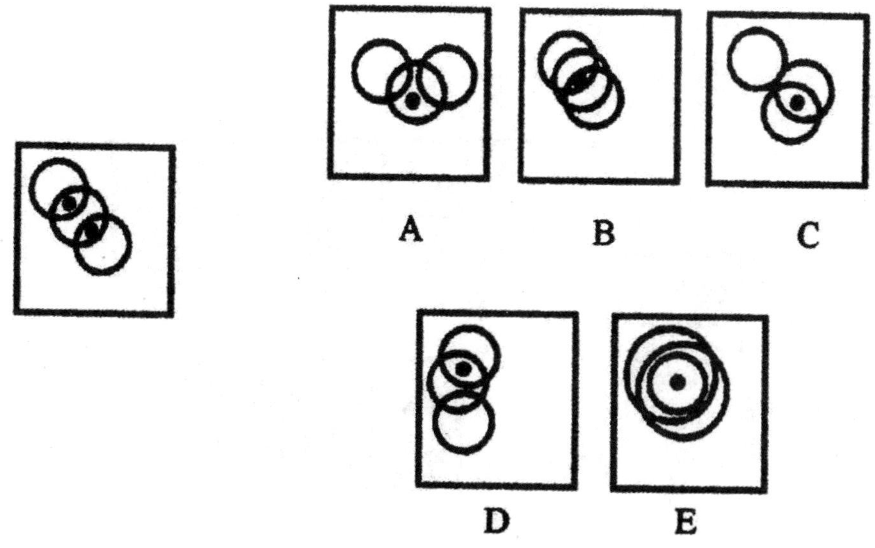

113 完成序列（20）

上图中顶端所缺失的图形是下列图形中的哪一个？

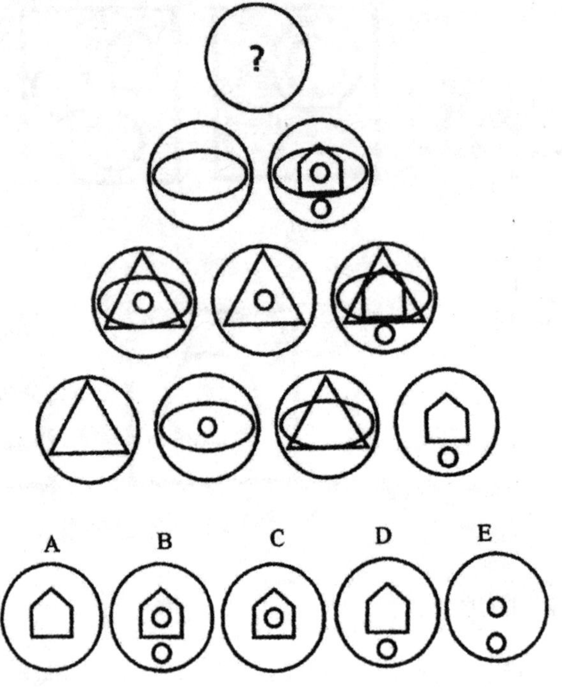

114 找相似图形（3）

右边的图形中哪个最像左边的图形？

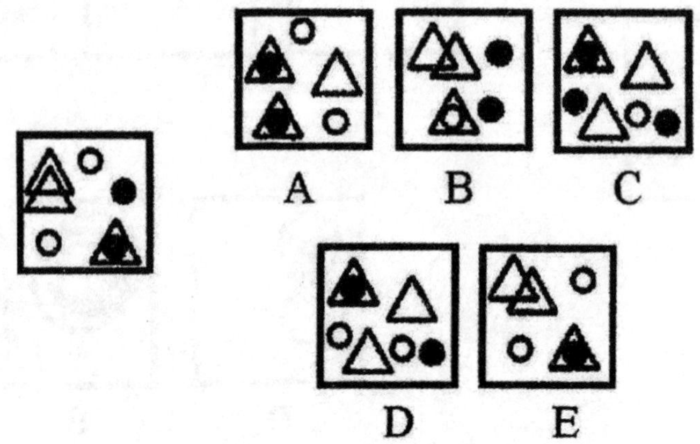

115 找相似图形（4）

右边的图形中哪个最像左边的图形？

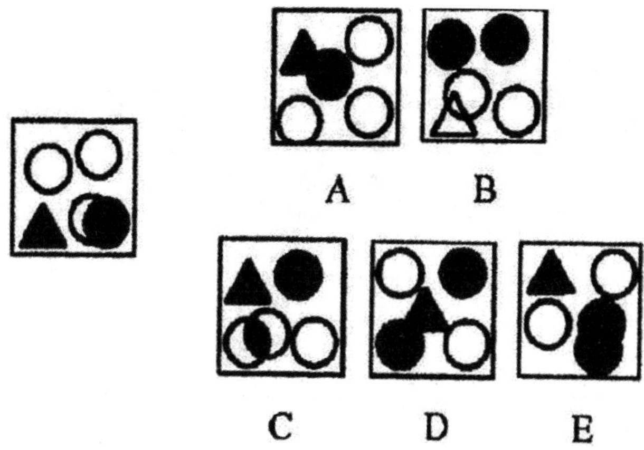

116 找立方体（2）

将上面的展开图折叠成一个正方体，会是下列哪一个？

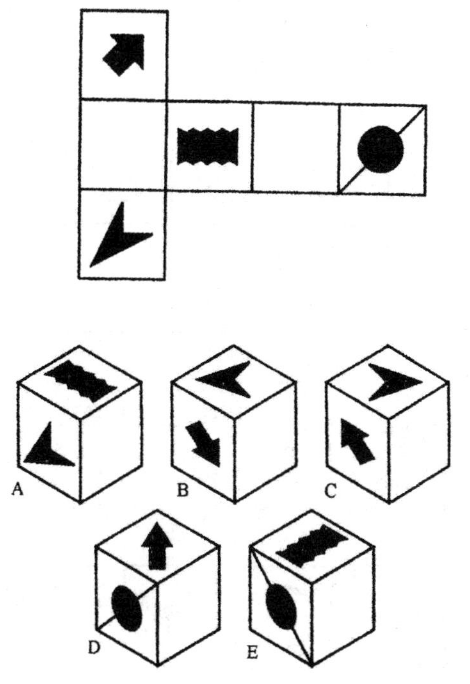

117 完成序列（21）

下图问号处所缺失的是哪个图形？请从给出的 A、B、C、D、E、F、G、H 图形中选出。

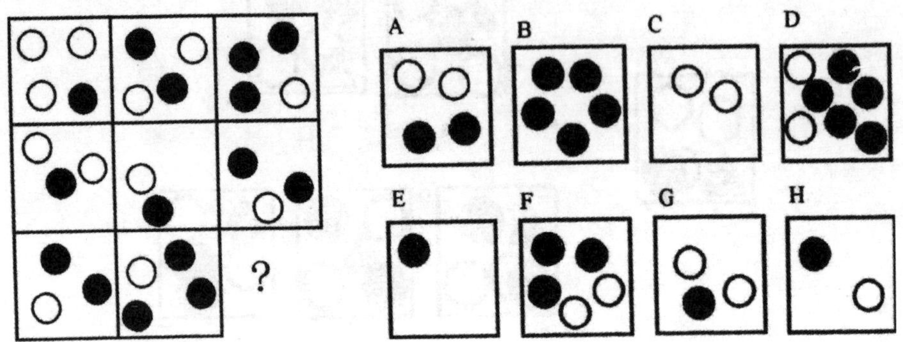

118 完成序列（22）

在问号处应该填入 A、B、C、D、E、F、G、H 中的哪一个图形？

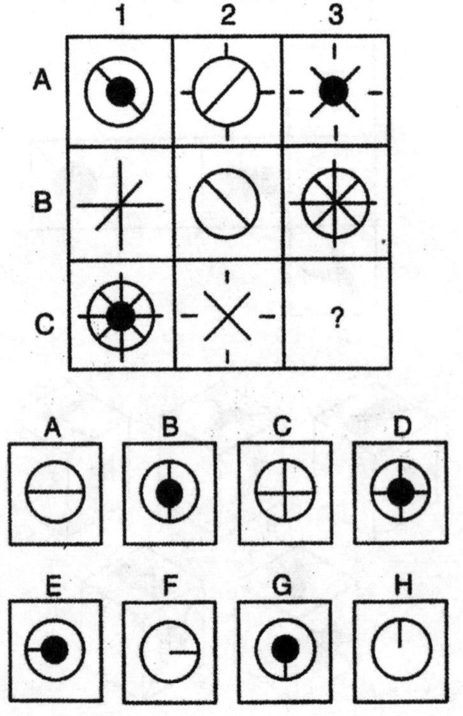

119 完成序列（23）

请从给出的 6 个图形中，选出一个合适的填入空格内：

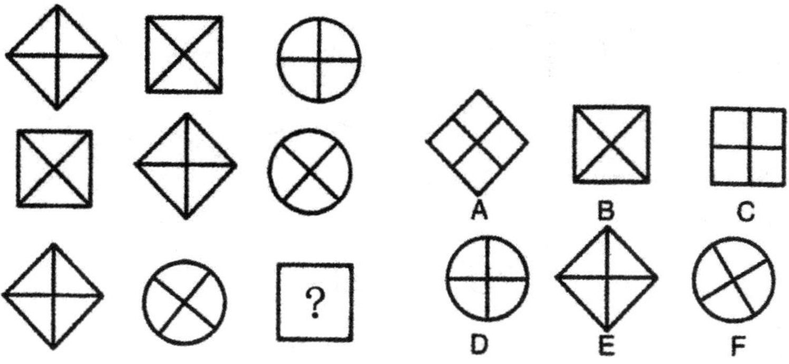

120 找不同（17）

下列图形中哪一个不同于其他图形？

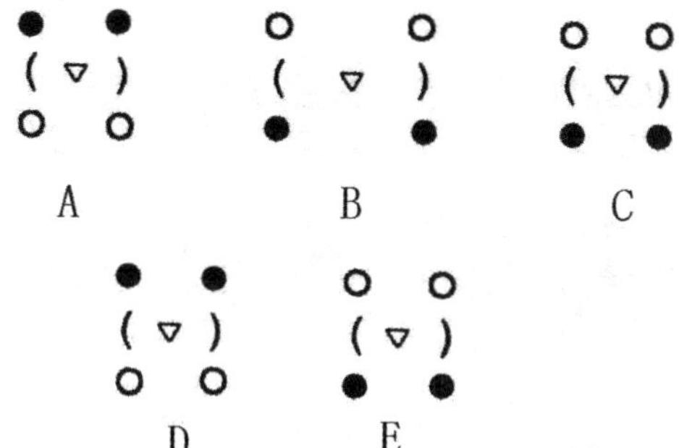

121 找不同（18）

下列图形中哪一个不同于其他图形？

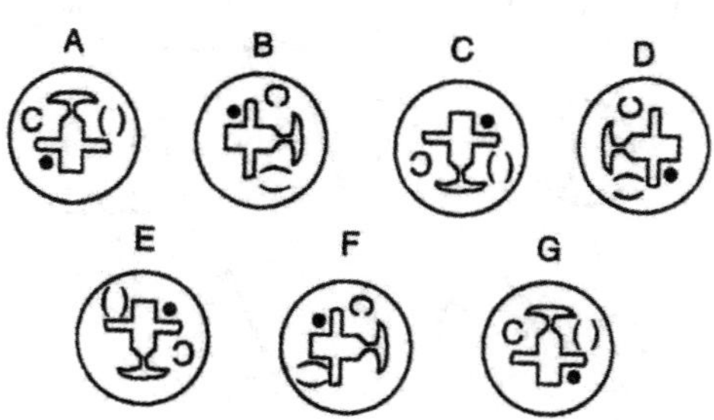

122 找不同（19）

下列图形中哪一个不同于其他图形？

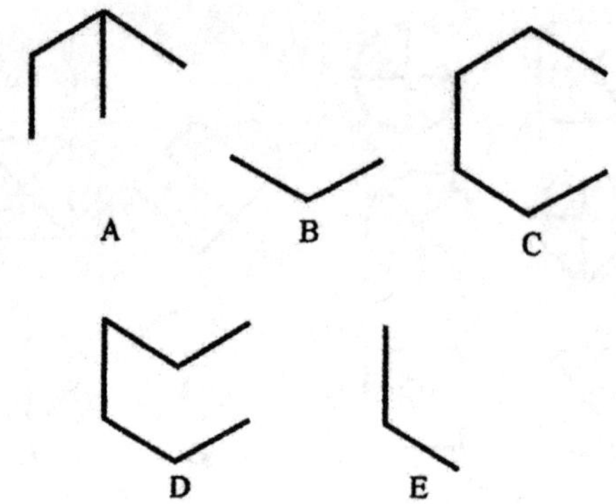

123 完成序列（24）

下列图形中哪一个延续了上列图形所表达的顺序？

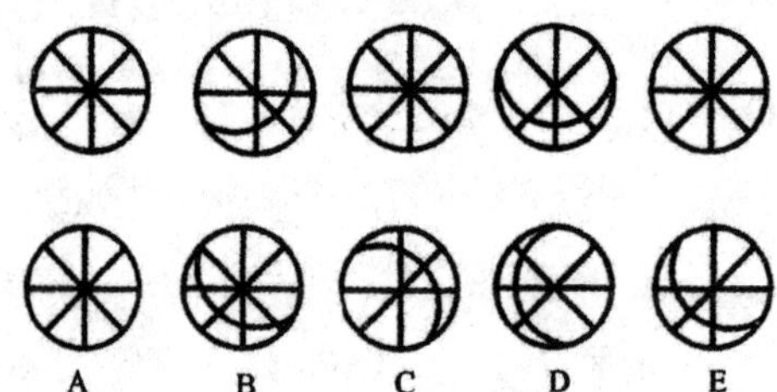

124 完成序列（25）

下列图形中哪一个延续了上列图形所表达的顺序？

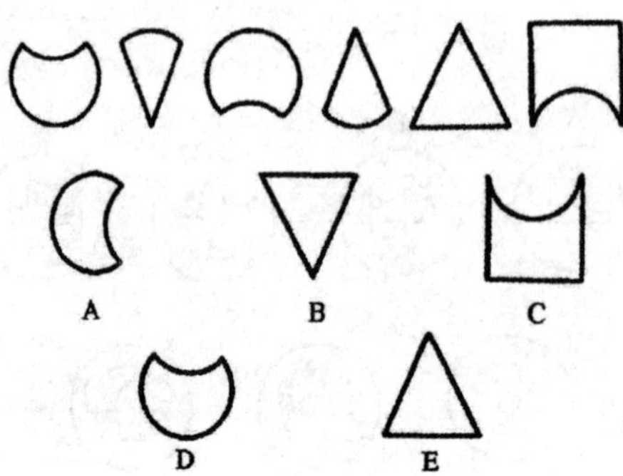

125 完成序列（26）

下列图形中哪一个延续了上列图形所表达的顺序？

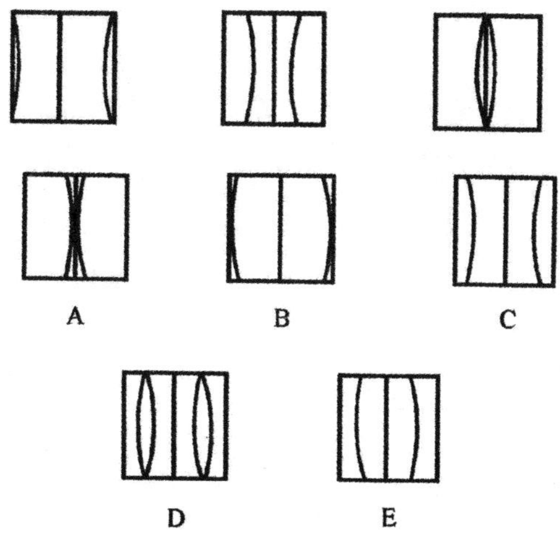

126 找对应图（9）

下面图形中如果（1）和（2）相似，那么（3）和下列 A、B、C、D、E 中的哪一个相似？

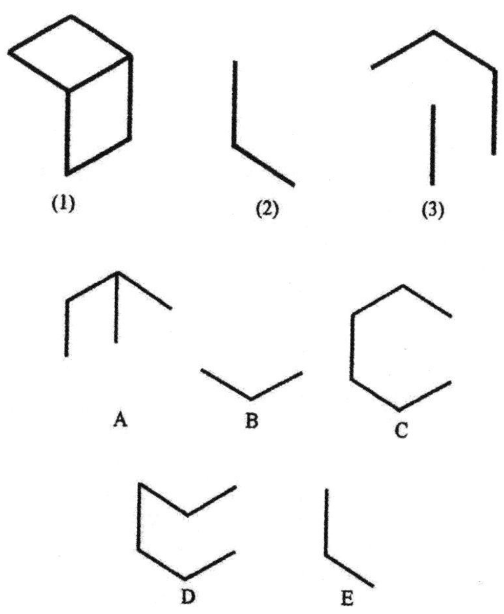

127 找对应图（10）

下面图形中如果（1）和（2）对应，那么（3）应该和A、B、C、D、E中的哪一个对应？

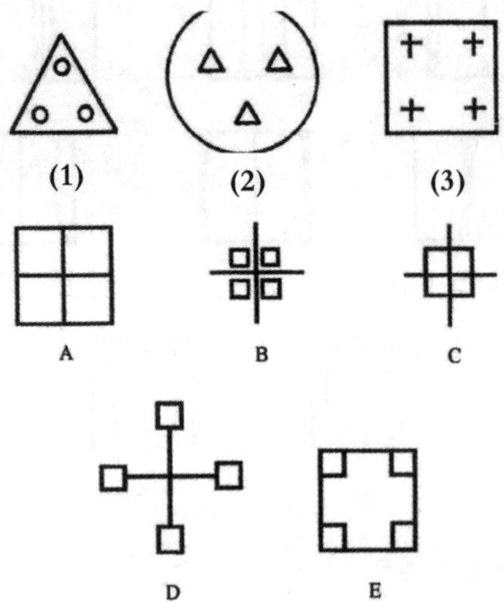

128 找对应图（11）

下面图形中如果（1）和（2）对应，那么（3）应该和A、B、C、D、E中的哪一个对应？

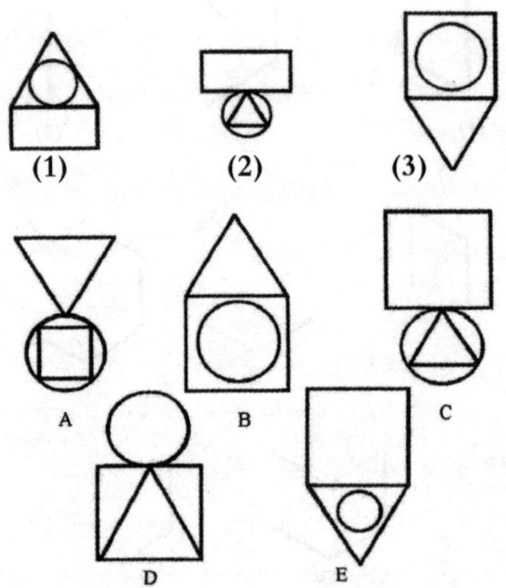

129 完成序列（27）

下图问号处所缺失的是哪个图形？请从给出的A、B、C、D、E图形中选出。

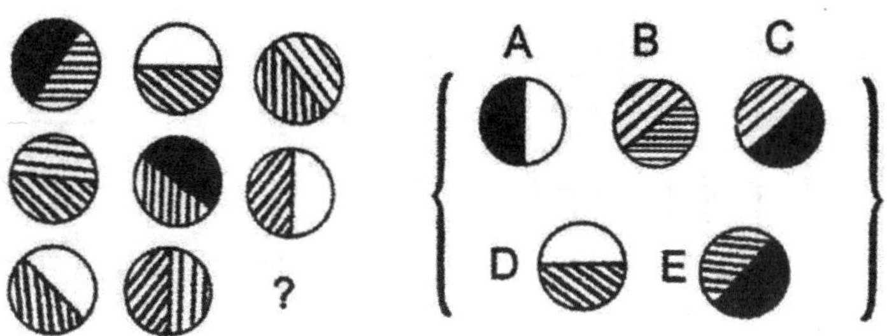

130 完成序列（28）

下图问号处所缺失的是哪个图形？请从给出的A、B、C、D、E图形中选出。

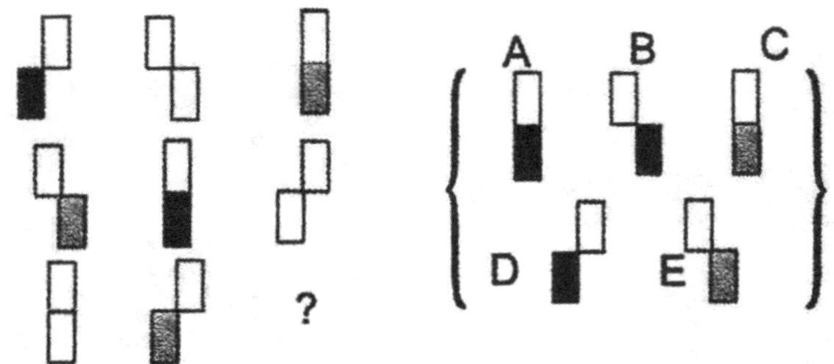

131 完成序列（29）

下图问号处所缺失的是哪个图形？请从给出的A、B、C、D图形中选出。

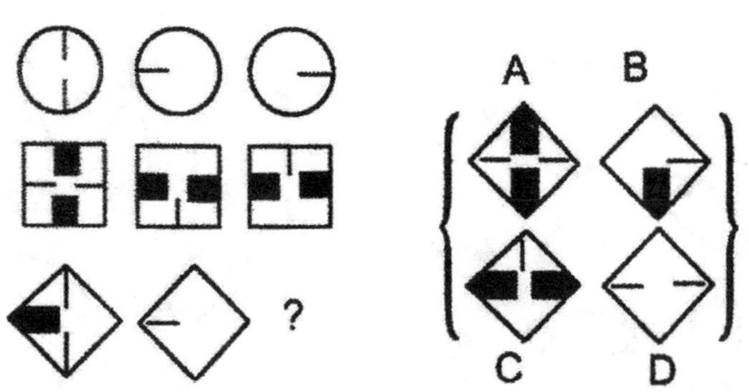

132 完成序列（30）

下图问号处所缺失的是哪个图形？请从给出的A、B、C、D、E图形中选出。

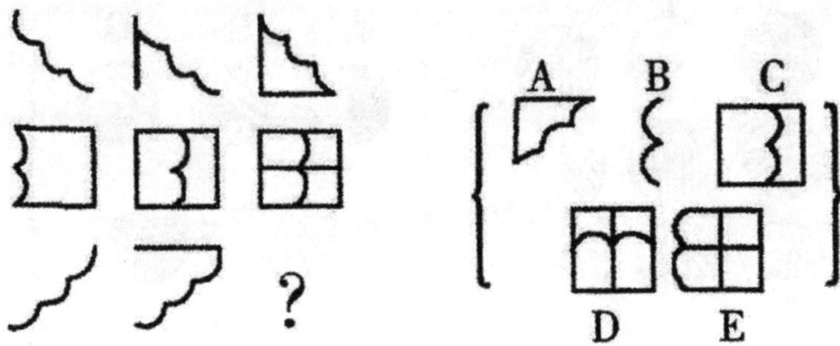

133 完成序列（31）

下图问号处所缺失的是哪个图形？请从给出的A、B、C、D图形中选出。

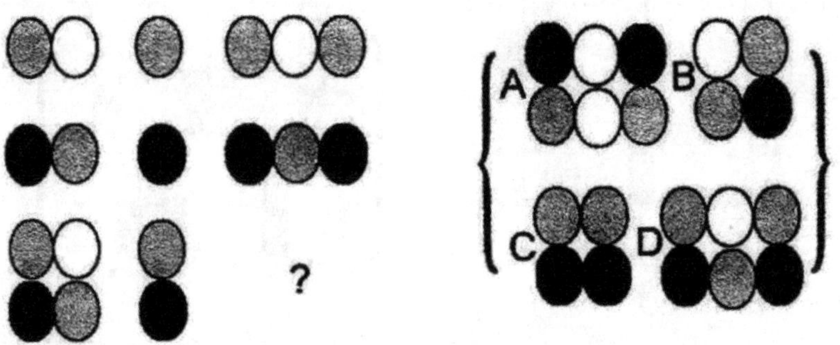

134 完成序列（32）

下图问号处所缺失的是哪个图形？请从给出的A、B、C、D、E图形中选出。

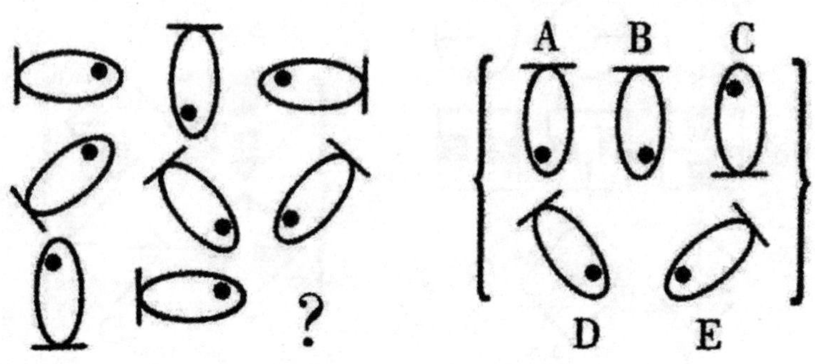

135 完成序列（33）

下图问号处所缺失的是哪个图形？请从给出的A、B、C、D图形中选出。

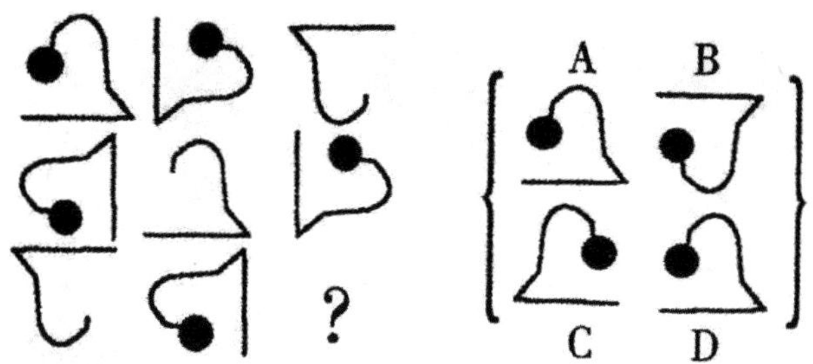

136 完成序列（34）

下图问号处所缺失的是哪个图形？请从给出的A、B、C、D、E图形中选出。

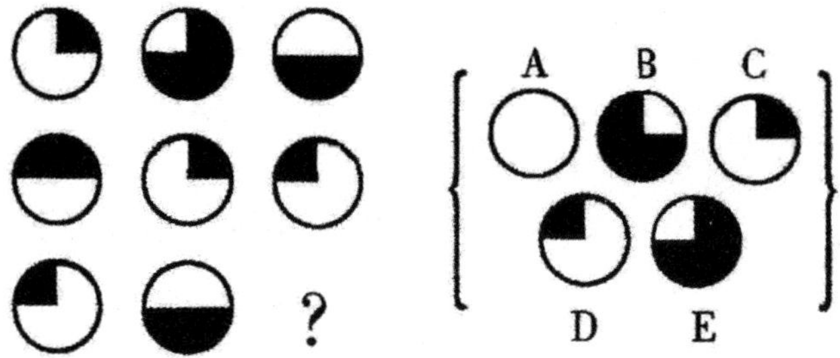

137 找对应图（12）

下面图形中，如果（1）与（2）相似，那么，（3）和下列哪一个图形相似？

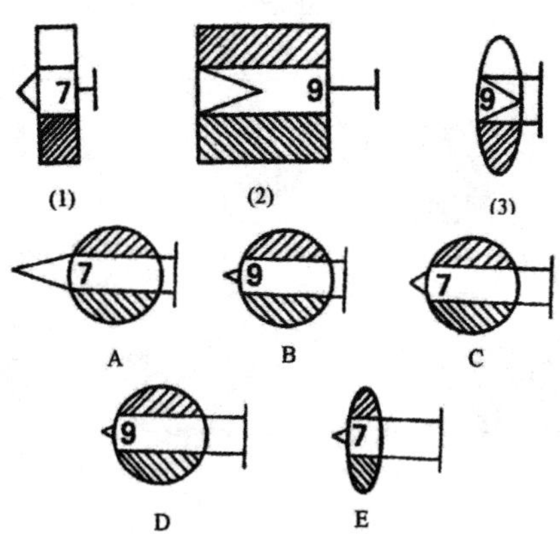

138 找对应图（13）

下面图形中，如果（1）与（2）相似，那么，（3）和下列哪一个图形相似？

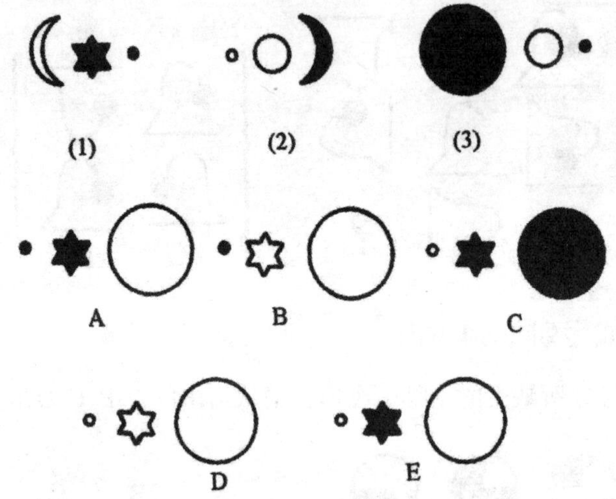

139 完成序列（35）

请从 A、B、C、D 这四个图形中选出一个图形，填入问号处。

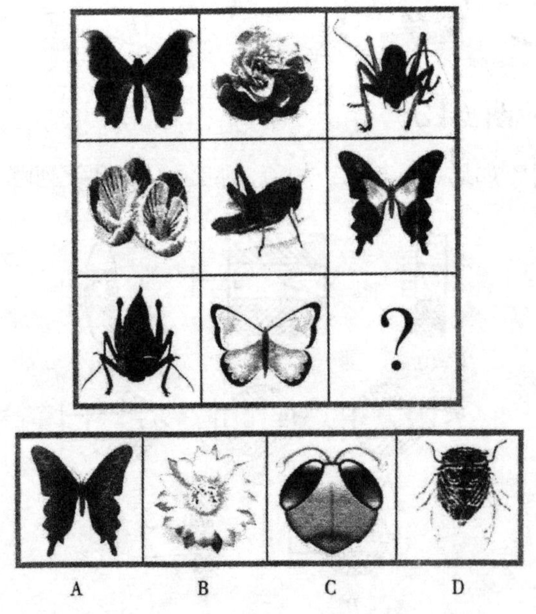

140 延续规律（1）

根据上面的图形，请从 A、B、C、D 四个图形中选出一个，延续其规律。

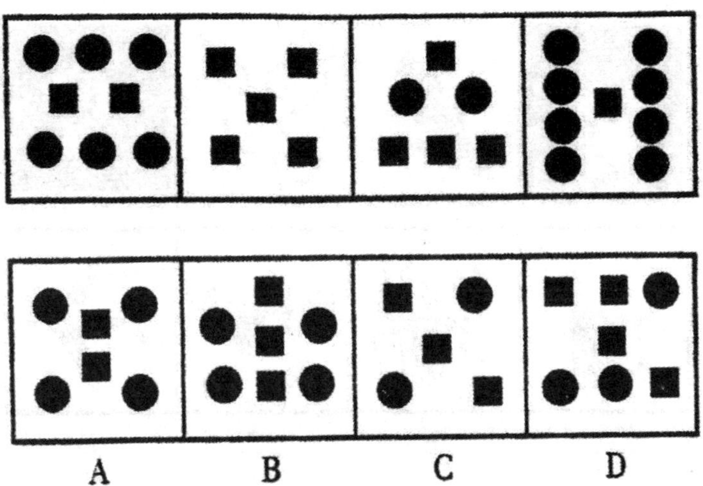

141 延续规律（2）

根据上面的图形，请从 A、B、C、D 四个图形中选出一个，延续其规律。

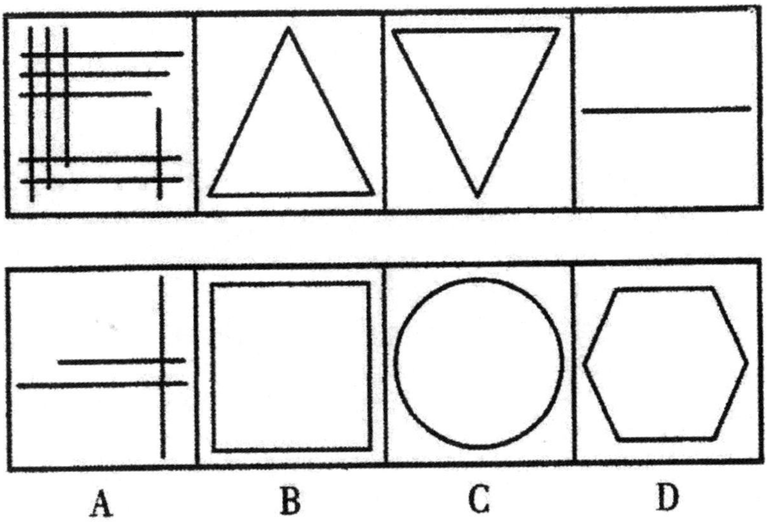

142 延续规律（3）

根据上面的图形，请从 A、B、C、D 四个图形中选出一个，延续其规律。

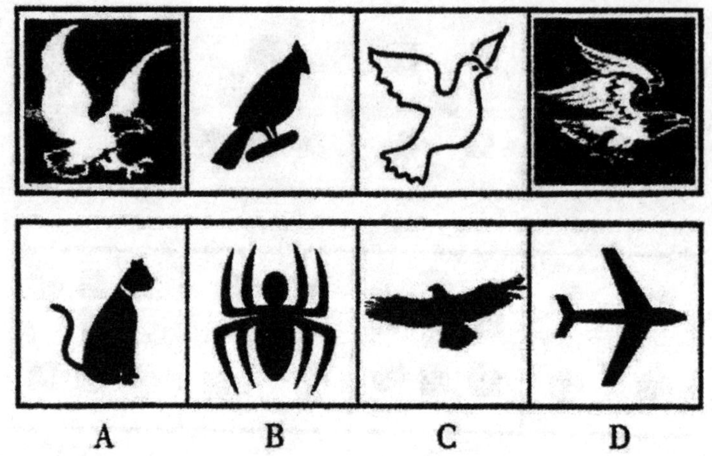

第二辑

勇闯迷宫，培养几何脑

迷宫游戏是一种寻找出路探秘路线的游戏，由入口和出口构成。玩迷宫游戏要求人们具备手眼脑并用的协调功能，有助于智力的挑战和脑力的开发。

迷宫游戏是一种寻找出路探觅路线的游戏，是由入口和出口而构成的。它是智力游戏当中独一无二的集观赏、装饰、实用、娱乐以及运动等多功能于一身的游戏。这种游戏具有极为特殊的双重属性，既有博大的户外立体建筑的物化迷宫，又有形式多样的纸上平面娱乐迷宫。这两种娱乐迷宫都在以各自不同的形态在世界上广泛地流传着，仅此物化和平面纸本的并驾齐驱共生共长，就是智力游戏家族当中极其少见的。

迷宫游戏的主体是迷宫，根据专家考证，迷宫在前，游戏在后，也就是说先有迷宫，而后才有游戏。

据著名迷宫专家吴鹤龄研究，迷宫起源于古希腊的一个著名神话故事：

古希腊有一个克里特岛，岛上有一个克里特国，这个国家的国王米诺斯娶了一位美丽的妻子帕西淮做王后。由于米诺斯在当王子之时曾为了争夺王位而许诺给海王一头白牛。可是，当米诺斯顺利当上国王后，却违背了诺言，将一头飞来的白牛圈养了起来，没有赠给海王。于是，海王便用咒语使王后爱上了白公牛，并有了身孕，结果，帕西淮生下了一个牛头人身的怪物米诺陶洛斯。国王米诺斯见状，不禁怒火横生，为了避免流言蜚语，也害怕怪物米诺陶洛斯残害生灵，便求助能工巧匠，在岛上修建了一座巨大的石头迷宫，然后把怪物米诺陶洛斯关在了里面，让其永世不能外出。这座迷宫极其错综复杂，以致连修建的工匠走进去也找不到出路。

米诺斯把怪物关进迷宫以后，许诺每年送7对童男童女进去给怪物充饥。在吃了14对童男童女之后，很快到了第三年。

这一年，著名的雅典武士忒修斯听说了此事，决心救助即将被吃掉的童男童女，便与第三批童男童女一起来到了克里特。忒修斯先悄悄地找到了修造迷宫的工匠，向其请教从迷宫逃离的方法，工匠便告诉忒修斯只需一团金线就可以顺利地逃离迷宫。

于是，忒修斯带着童男童女来到了迷宫。

他先让童男童女们在入口处原地不动，自己则一边放金线一边向迷宫深处前行。很快，他就遭遇了怪物米诺陶洛斯，只几个回合，忒修斯就杀死了怪物，然后，他顺着放出去的金线十分顺利地返回到了迷宫的入口处，

高高兴兴地带着童男童女们离开了克里特岛。

这则神话非常有名，它不仅讲述了一段惊心动魄的古希腊故事，尤为值得重视的是，故事里面首次提出了迷宫这种充满了神奇色彩的建筑。为此，西方很多人类学家、历史学家和考古学家以及迷宫研究者，在很长的时间里亦对克里特迷宫充满了兴趣。但是，无论这些人如何挖掘，始终无从下手。直到 19 世纪末，英国考古学家伊文思发现了米诺斯迷宫，才最终确定了米诺斯迷宫确有其事，证明了这则神话是千真万确的。

由此可见，迷宫从公元前 1200 年的古希腊诞生起，已有近几千年的历史了。

由于希腊神话的巨大影响力，迷宫很快便被欧洲人所接受。从 13 世纪开始，在欧洲尤其是西欧和北欧，共计诞生了大大小小 1 万余座迷宫。有很多迷宫建筑很大，造型奇特，并带有浓厚的宗教色彩。到了 18 世纪，迷宫不仅仅是为了建筑而建筑，它开始被许多贵族用作庭院的装饰和供人游乐，大量的贵族子弟开始用迷宫进行各种各样的户外游戏。此时，在整个欧洲，迷宫的户外娱乐与迷宫本身一样，几乎成了欧洲人的最大娱乐运动。

20 世纪初，迷宫建筑开始传到美国，富有创造性的美国人在进行户外迷宫的玩乐之时，开始将其引入到了平面的纸张上，并对迷宫的功能进行了挖掘，将其注入了智力测验的因子。

1913 年，美国夏威夷大学临床心理学的教授波蒂厄斯受聘到美国新泽西州南端的瓦恩兰培训学校，专门负责培训弱智儿童。为了能够准确测试学校里弱智儿童的智力情况，波蒂厄斯受已传入美国的户外迷宫娱乐活动启发，针对 3~14 岁的弱智儿童开发出了一套专门用于智力检测的纸上迷宫。经过两年的测试，取得了很好的效果，遂于 1915 年正式向世界公布，被称为“波蒂厄斯迷宫测试”。这是纸上迷宫的正式诞生，也是迷宫游戏的正式诞生。

此后，迷宫测试，或具有测试内容的迷宫纸上游戏便开始风行美国。就连美国参加 1917 年第一次世界大战招兵时，也采用了迷宫游戏进行招兵测验。由于迷宫游戏的深入人心，很快，随着世界大战的国家融合和交锋，迷宫游戏遂又传回了欧洲，传到了日本及很多国家。时间进入到了 20 世纪 70 年代，德国出现了一个专门的纸上迷宫的设计者阿德里安·费舍尔，靠着聪明才智和对迷宫的痴迷，他设计了大量的迷宫游戏，出版了大量的迷宫读物，向欧洲、美洲及日本等很多国家推销迷宫游戏。由于他的推波助澜，20 世纪 70 年代的欧洲出现了一场席卷欧洲大陆的迷宫狂潮，特别是大量的未成年人开始热衷于玩复杂的迷宫游戏来对自己进行智力的挑战和脑力的开发。

迷宫游戏是20世纪80年代末，由日本传入中国的，起初仅仅是给幼儿玩的一种智力游戏，随着受欢迎程度愈来愈高，迷宫游戏在广泛地被许多幼儿接受的同时，亦开始提高了年龄段，走进了中小学生当中，并真正地成为了目前国内流行游戏当中的一种颇为普遍而又受宠的游戏品种。

迷宫游戏，就目前流行的样式，共计有六大类，具体如下：

一、由入口到出口的迷宫游戏

这种游戏一般是给出一个图形，并标上入口和出口，让玩者用笔从入口处开始划起，寻找能够顺利前进到出口的路径，直到找到出口处将线条画出来，就算完成一次游戏。这种游戏，是迷宫纸上游戏当中最为流行的，它的分类也最多。具体的有网状迷宫游戏、主题迷宫游戏、接龙迷宫游戏、飞翔迷宫游戏、立体交叉迷宫游戏、蜂窝迷宫游戏、图像迷宫游戏、立体迷宫游戏、巡回迷宫游戏、笔直迷宫游戏、跳跃迷宫游戏、小房子迷宫游戏和组合迷宫游戏。

以上 13 种由入口到出口的迷宫游戏，都是世界上多个迷宫专家各自发明和设计的，代表了迷宫游戏这种寻路智力载体的最完备的样式和玩法。

二、由入口到中心的迷宫游戏

这种游戏一般是先给出一个图形，在图形的任何一角设立一个入口，然后再在图形的中心设立终点，玩者只要沿着起点一直能够走到位于图形中心的终点，就算完成游戏。

此种游戏目前流行的主要有两类：一是只有一个入口的迷宫，二是有多个入口的迷宫。这两种样式一般都不复杂，属于迷宫路线游戏当中的中

低档。这种游戏的特点是入口是开放的，终点是在图的中心。

三、由入口到一边的迷宫游戏

这种游戏一般是先给出一个图形，在图形的任意一边处再设置一个终点，玩者只要从入口处走进去，走到终点处就算完成游戏。

这种游戏的特点是入口处是开放的，终点处是封闭的，且在图形的边上。其难易程度较终点在中心的迷宫游戏相对复杂一些，路线更长一些。

四、由一侧到另一侧的迷宫游戏

这种游戏是全封闭的迷宫游戏，每个迷宫都是绝对的封闭样式。它的玩法一般是先给出一个图形，在图形的左边设立一个起点，在图形的右边设立一个终点，让玩者从左边的起点走到右边的终点。这种游戏是较为复杂的迷宫游戏，很多设计者所设置的此种游戏不仅图形复杂，而且极其精密，一般人很难顺利地走通这种迷宫。

正因为它本身的难度较大，很多国家使用它来进行高智商测验，使其充当了衡量智商高低的一把尺子。如英国智商协会——门萨协会就常以此种迷宫游戏作为智商测试的题目。

五、由一侧到中心的迷宫游戏

这种游戏与第四种游戏基本上是一样的，所不同的只是它的终点是在图形的中心。它同样属于难度较大的迷宫游戏，其用于测量高智商的功能与第四种游戏如出一辙。

六、方格迷宫游戏

这种游戏与前面所讲的迷宫游戏全都不同，它是以一个 7×7 正方体的方格作为纸上迷宫的图形，在图中的 49 个空格中选择几个作为障碍，以黑格的形式标示出来。这种游戏的玩法为，从图中的任意一个空格开始起步，使所走的路线经过尽量多的方格，但走的时候只可沿水平或垂直方向移动，不可走斜线，直到遇到障碍（如表格边缘、黑色的方块或已走过的方格）为止。这种游戏一般有一个严格的规则，就是每格只能走一次。

此种游戏抛开了传统迷宫游戏当中完全靠各种美术图形和奇特图形来进行游戏的固定模式，既是一种创新，又充满了趣味，同时形成了具有规定模式和准则的一种迷宫套路。

迷宫游戏之所以在一百年来深受人们的喜欢和青睐，主要是因为这种游戏有着一般游戏所不具备的手眼脑并用的协调功能，它对人的手、眼协调能力，对人的耐心，对人的艺术审美以及人的观察力都具有非常重要的启示。正因为如此，它才被一些专家和学者赋予了独特的益智机能，特别是被许多教育专家当成了既开发孩子智能又能进行心灵减压的工具。

1986 年，日本著名的益智杂志《Nikoli》，推出了一期由日本迷宫游戏专家锻治真起所设计的整本迷宫游戏，在其卷首语里，开宗明义地指明本期的迷宫游戏就是给全日本的中小学生所设计，希望他们在课余休息的时候，能够玩一玩迷宫游戏，使他们的身心获得放松，同时练一练他们的脑力。锻治真起还指出，日本人的节奏太快了，日本的学生太累了，这样下去，每个日本学生都将会被学习所累，既不利健康，又丧失活力，因此，都应该在学习之中稍稍地停一停，缓一缓，而玩迷宫游戏尤其可以降压，松弛神经。这期杂志一出，立刻风靡了日本，并摆上了几乎全日本每个学生的桌子上。据资料显示，此时及其后，迷宫游戏一直占据了日本学生所宠减压游戏的前 5 名。而由于这一期杂志迷宫游戏的影响，全球有 60 多个城市的学生都玩到了锻治真起的迷宫游戏，可谓是传播甚广，受宠甚深。

然而，据编者的调查，国内一些主要城市的中小学生却鲜见以玩迷宫游戏作为减压的工具和手段，除却层出不穷的各种各样的幼儿迷宫游戏外，以中小学生特别是以中学生为对象的迷宫游戏几乎是微乎其微，中国的中小学生们还没有把目光注视到迷宫游戏，至于其益智的功能和减压的功能，对于中小学生们来说，还是不甚了了，不得要领。

因此，中国的学生已到了必须补上这一课的时候了，编者相信，中国的学生一族，如果能迷上路径游戏，那一定会有一番迷人的风景：从南到北，从西到东，一张张书桌前的中小学生，必将是笔走龙蛇，进出自如，脑清气爽，大快朵颐。

中国被应试所困的学生们，赶快闯进迷宫的宫殿吧！那里是你减压和快乐的圣地！

143 走茶具迷宫

144 走女巫迷宫

145 走青蛙迷宫

146 走鸭子迷宫

147 走螳螂迷宫

148 走蝙蝠迷宫

149 走天鹅迷宫

150 走水牛迷宫

151 走水盆迷宫

152 走网球迷宫

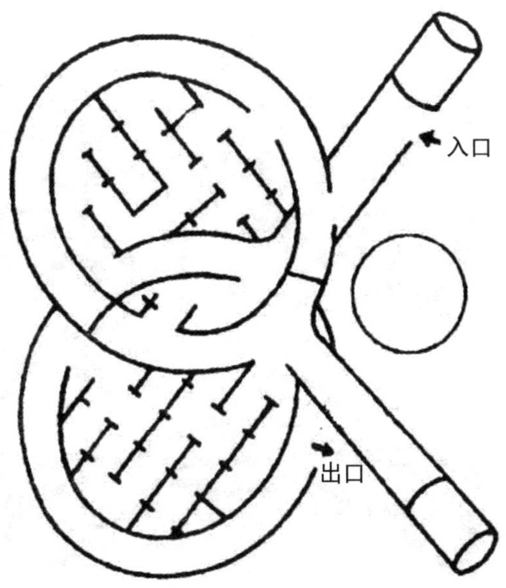

153 走电话迷宫

154 走螃蟹迷宫

155 走汽艇迷宫

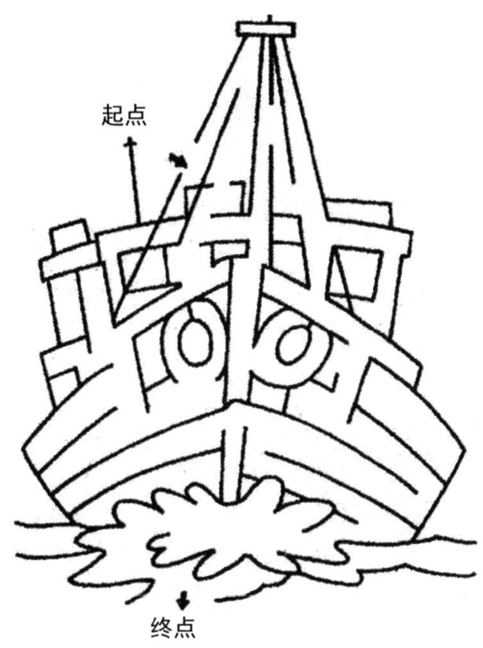

156 走西瓜迷宫

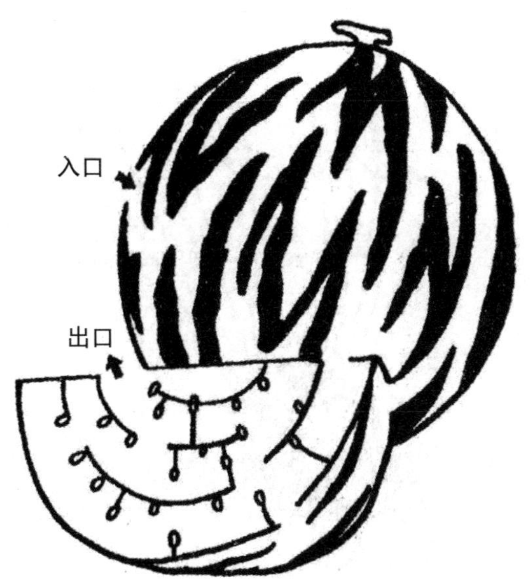

157 走狮子迷宫

158 走跳伞迷宫

159 走体操迷宫

160 走帆船迷宫（1）

161 走帆船迷宫（2）

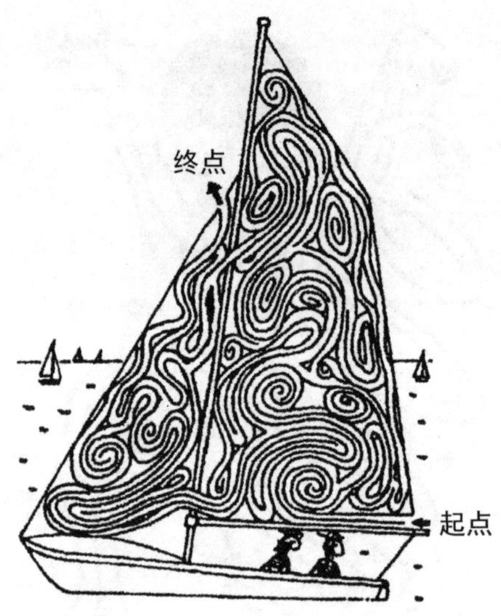

162 走酋长帽子的迷宫

163 走三角形迷宫

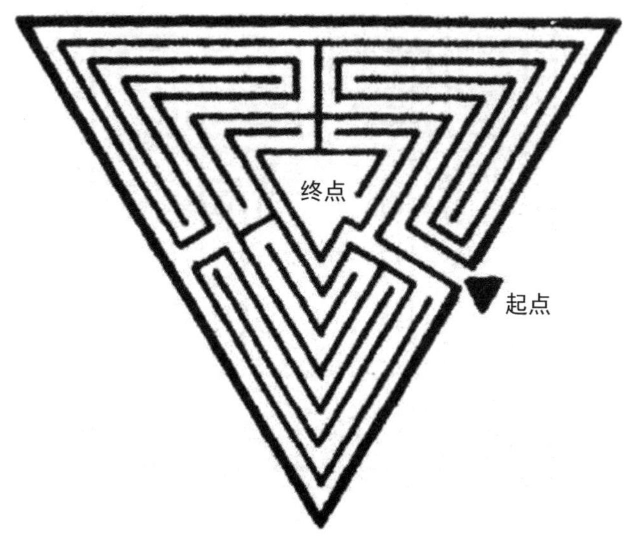

164 走五角形迷宫

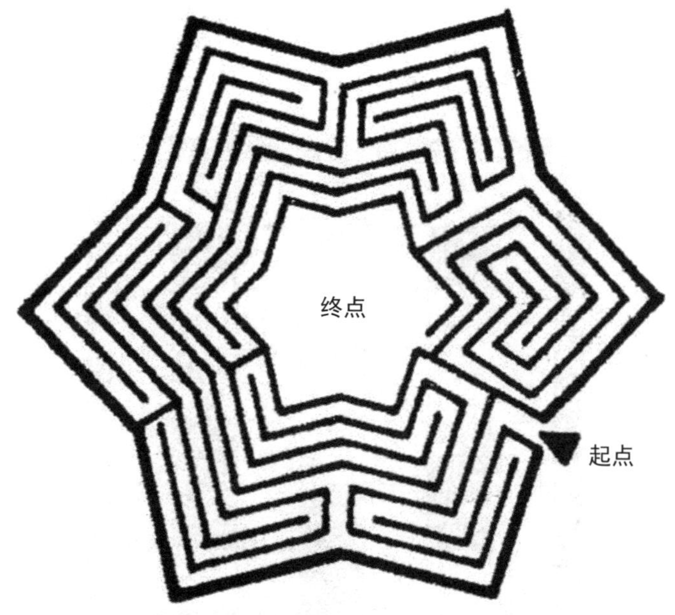

165 走方形迷宫

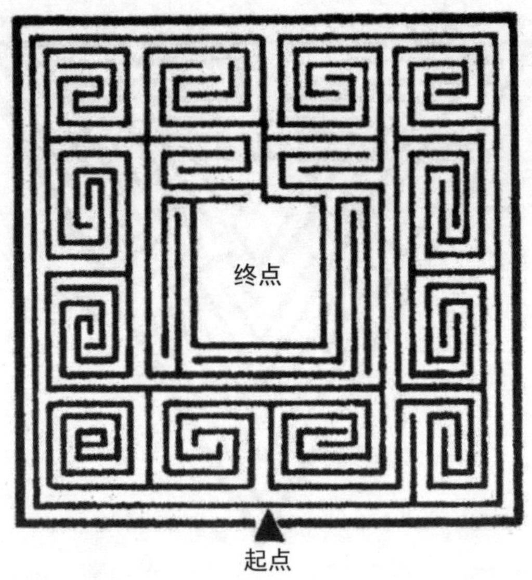

166 走方格迷宫（1）

请你从下图中的任意空格起步，使你所走的路线经过尽量多的方格，但只可水平或垂直方向移动，不可走斜线，直到遇到障碍（如表格中的边缘、黑色的方块或已走过的方块）为止。

167 走方格迷宫（2）

请你从下图中的任意空格起步，使你所走的路线经过尽量多的方格，但只可水平或垂直方向移动，不可走斜线，直到遇到障碍（如表格中的边缘、黑色的方块或已走过的方块）为止。

168 走方格迷宫（3）

请你从下图中的任意空格起步，使你所走的路线经过尽量多的方格，但只可水平或垂直方向移动，不可走斜线，直到遇到障碍（如表格中的边缘、黑色的方块或已走过的方块）为止。

169 走方格迷宫（4）

请你从下图中的任意空格起步，使你所走的路线经过尽量多的方格，但只可水平或垂直方向移动，不可走斜线，直到遇到障碍（如表格中的边缘、黑色的方块或已走过的方块）为止。

170 走方格迷宫（5）

请你从下图中的任意空格起步，使你所走的路线经过尽量多的方格，但只可水平或垂直方向移动，不可走斜线，直到遇到障碍（如表格中的边缘、黑色的方块或已走过的方块）为止。

171 走方格迷宫（6）

请你从下图中的任意空格起步，使你所走的路线经过尽量多的方格，但只可水平或垂直方向移动，不可走斜线，直到遇到障碍（如表格中的边缘、黑色的方块或已走过的方块）为止。

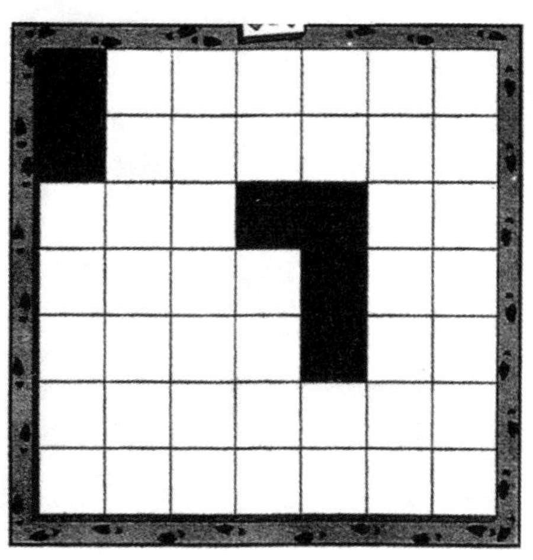

172 走方格迷宫（7）

请你从下图中的任意空格起步，使你所走的路线经过尽量多的方格，但只可水平或垂直方向移动，不可走斜线，直到遇到障碍（如表格中的边缘、黑色的方块或已走过的方块）为止。

173 走方格迷宫（8）

请你从下图中的任意空格起步，使你所走的路线经过尽量多的方格，但只可水平或垂直方向移动，不可走斜线，直到遇到障碍（如表格中的边缘、黑色的方块或已走过的方块）为止。

174 走方格迷宫（9）

请你从下图中的任意空格起步，使你所走的路线经过尽量多的方格，但只可水平或垂直方向移动，不可走斜线，直到遇到障碍（如表格中的边缘、黑色的方块或已走过的方块）为止。

175 走方格迷宫（10）

请你从下图中的任意空格起步，使你所走的路线经过尽量多的方格，但只可水平或垂直方向移动，不可走斜线，直到遇到障碍（如表格中的边缘、黑色的方块或已走过的方块）为止。

176 走方格迷宫（11）

请你从下图中的任意空格起步，使你所走的路线经过尽量多的方格，但只可水平或垂直方向移动，不可走斜线，直到遇到障碍（如表格中的边缘、黑色的方块或已走过的方块）为止。

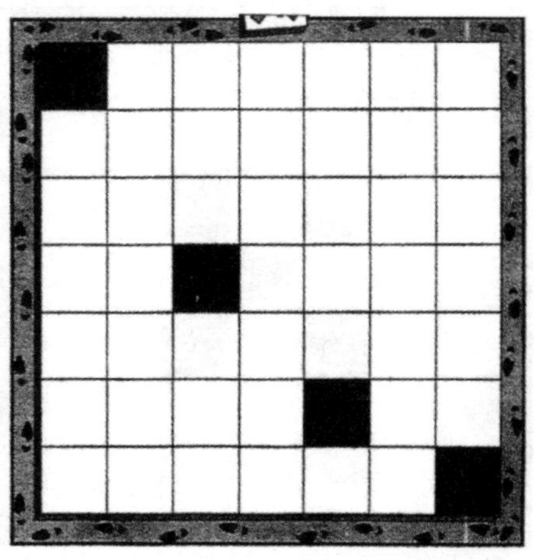

177 走方格迷宫（12）

请你从下图中的任意空格起步，使你所走的路线经过尽量多的方格，但只可水平或垂直方向移动，不可走斜线，直到遇到障碍（如表格中的边缘、黑色的方块或已走过的方块）为止。

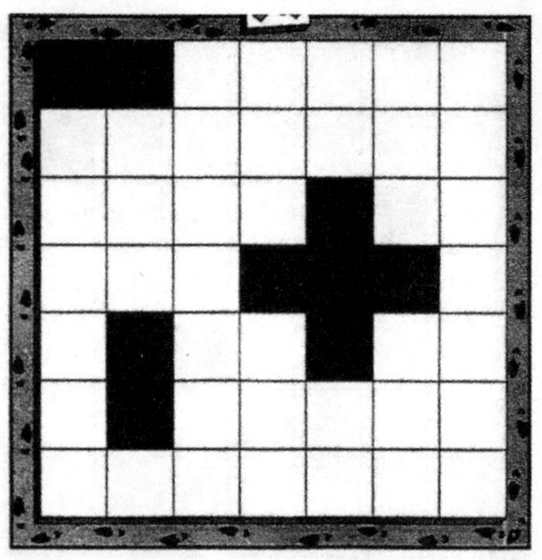

178 走方格迷宫（13）

请你从下图中的任意空格起步，使你所走的路线经过尽量多的方格，但只可水平或垂直方向移动，不可走斜线，直到遇到障碍（如表格中的边缘、黑色的方块或已走过的方块）为止。

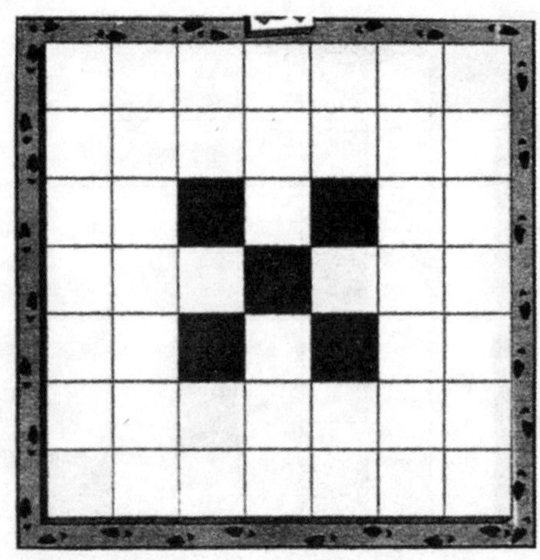

179 走方格迷宫（14）

请你从下图中的任意空格起步，使你所走的路线经过尽量多的方格，但只可水平或垂直方向移动，不可走斜线，直到遇到障碍（如表格中的边缘、黑色的方块或已走过的方块）为止。

180 走方格迷宫（15）

请你从下图中的任意空格起步，使你所走的路线经过尽量多的方格，但只可水平或垂直方向移动，不可走斜线，直到遇到障碍（如表格中的边缘、黑色的方块或已走过的方块）为止。

181 走方格迷宫（16）

请你从下图中的任意空格起步，使你所走的路线经过尽量多的方格，但只可水平或垂直方向移动，不可走斜线，直到遇到障碍（如表格中的边缘、黑色的方块或已走过的方块）为止。

182 走方格迷宫（17）

请你从下图中的任意空格起步，使你所走的路线经过尽量多的方格，但只可水平或垂直方向移动，不可走斜线，直到遇到障碍（如表格中的边缘、黑色的方块或已走过的方块）为止。

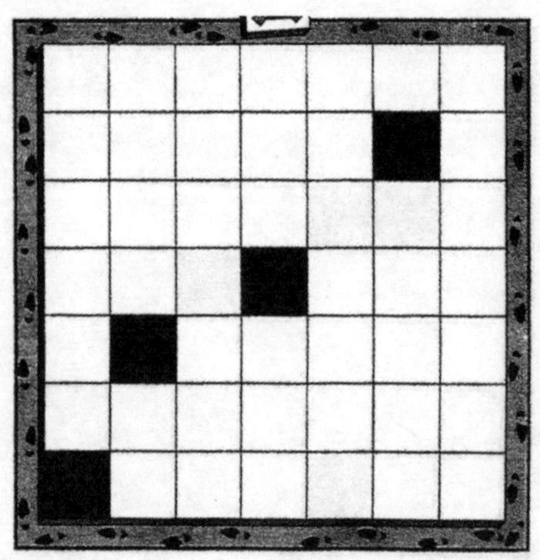

183 走方格迷宫（18）

请你从下图中的任意空格起步，使你所走的路线经过尽量多的方格，但只可水平或垂直方向移动，不可走斜线，直到遇到障碍（如表格中的边缘、黑色的方块或已走过的方块）为止。

184 走立体迷宫

下图是一个立体感很强的迷宫图，它的外围有 7 个入口，同中央的菱形区域相连的路径有 8 条。但实际上只有一个入口、一条路径能让你到达迷宫中心。你能找出这个入口和这条路径吗？

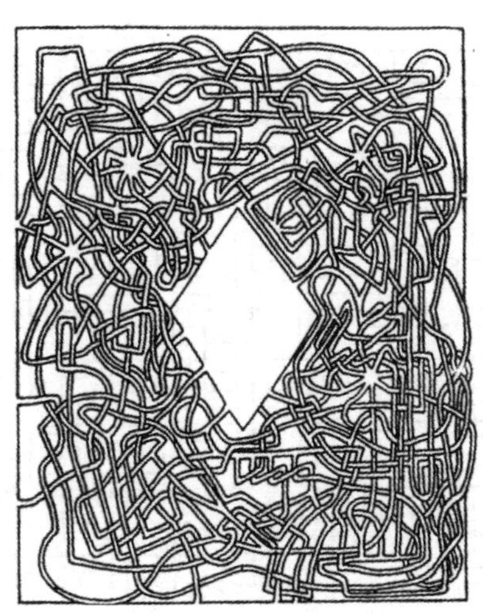

185 走图像迷宫（1）

请你从入口开始，在图像的断头处继续往前走，一直走到出口，同时，将走过的地方用彩色笔划出来，你会发现迷宫中的一幅图画。

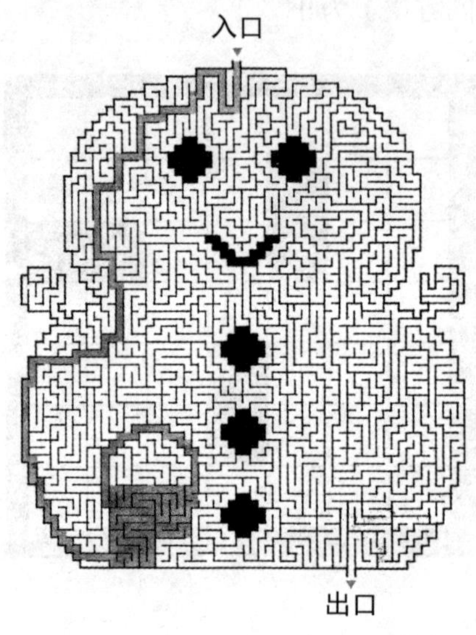

186 走图像迷宫（2）

请你从入口开始，将选择正确的路线用粗笔或彩色的笔涂上，看完成后的迷宫，会出现一幅什么图？

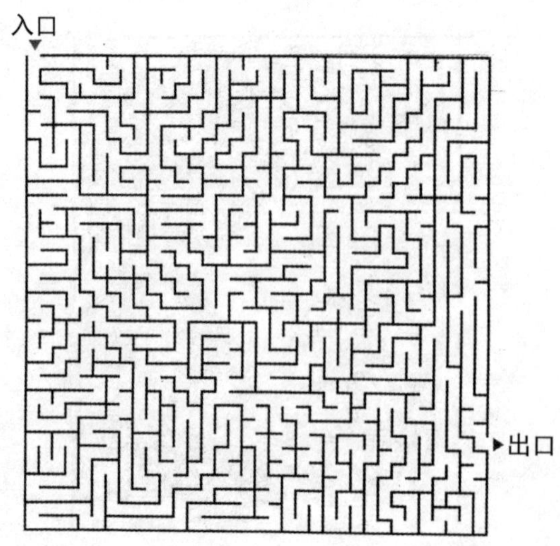

187 走路线迷宫

如果要从起点的A城到终点的B城去，图中有21个站点都到达，现在请你走一走，而且路线还不能重复。

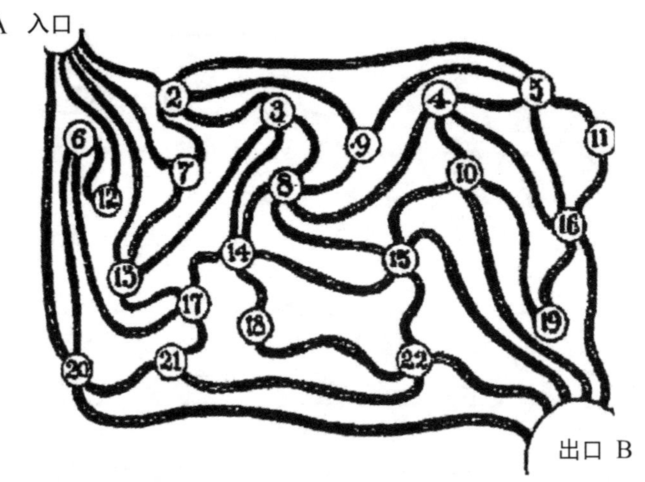

188 走网状迷宫

请你按照英文单词WORD的顺序反复选择，最后到达出口。

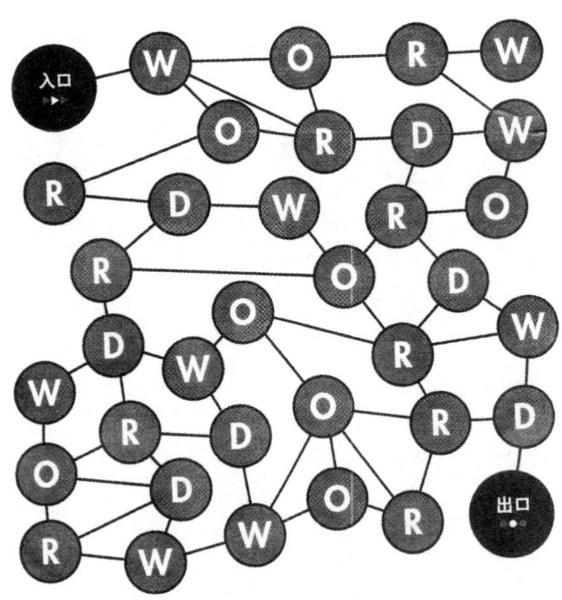

189 走花名迷宫

请你按照花名顺序连接，从入口到出口走出迷宫。

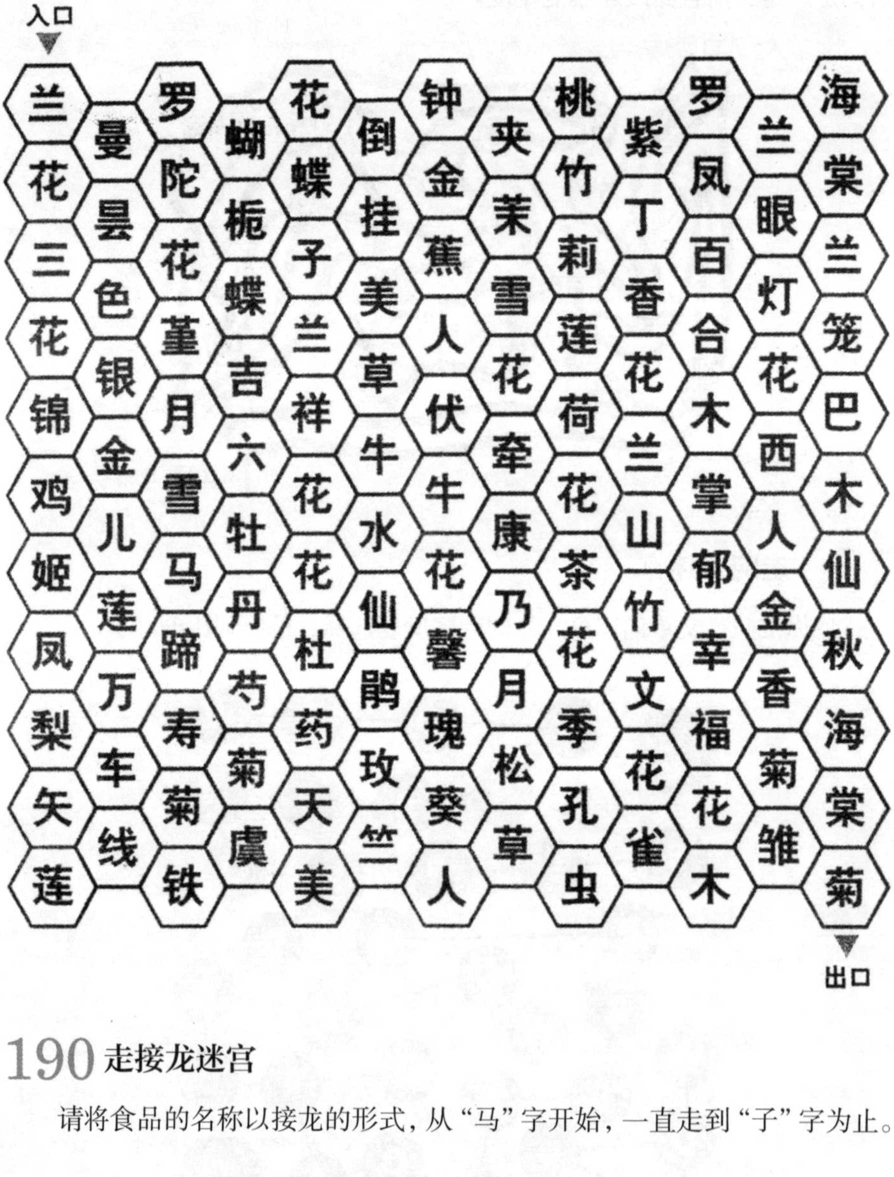

入口 ▼

兰		罗		花		钟		桃		罗		海
	曼		蝴		倒		夹		紫		兰	
花		陀		蝶		金		竹		凤		棠
	昙		栀		挂		茉		丁		眼	
三		花		子		蕉		莉		百		兰
	色		蝶		美		雪		香		灯	
花		堇		兰		人		莲		合		笼
	银		吉		草		花		花		花	
锦		月		祥		伏		荷		木		巴
	金		六		牛		牵		兰		西	
鸡		雪		花		牛		花		掌		木
	儿		牡		水		康		山		人	
姬		马		花		花		茶		郁		仙
	莲		丹		仙		乃		竹		金	
凤		蹄		杜		馨		花		幸		秋
	万		芍		鹃		月		文		香	
梨		寿		药		瑰		季		福		海
	车		菊		玫		松		花		菊	
矢		菊		天		葵		孔		花		棠
	线		虞		竺		草		雀		雏	
莲		铁		美		人		虫		木		菊

▼ 出口

190 走接龙迷宫

请将食品的名称以接龙的形式，从“马”字开始，一直走到“子”字为止。

入口

马	铃	薯	菜	豆	黄	苹	果
番	甜	红	萝	卜	瓜	柠	子
茄	芦	笋	蒜	茄	子	檬	梨
菜	胡	椒	芽	豆	绿	密	哈
便	方	饨	馄	甜	椒	橙	瓜
面	葱	瓜	木	桃	油	子	葡
辣	椒	粉	干	萄	大	葱	饺
茴	香	虾	米	香	蕉	杏	子

出口

191 走同一汉字的迷宫

请将“雪”字相连，走出迷宫。

入口

雪	雪	雪	雪	雷	震	震	雷
雪	雷	震	雪	震	霜	雷	雪
雪	雪	霜	雷	雪	雪	霜	雪
雷	雪	雪	雪	雪	震	雪	雪
雪	雪	雷	震	雷	霜	雪	震
雪	雷	雪	震	雪	雪	雪	雪
雪	震	雪	霜	雪	霜	震	雪
雪	雪	雪	雪	雪	雷	雷	雪

出口

192 走汉字韵尾迷宫

请按照“汉”到“完”等韵尾都为“an”的汉字走出迷宫。

汉	患	贝	株	闲	环	核	惯
各	观	汗	间	舰	害	探	看
男	权	乾	海	犬	割	今	欢
感	干	刊	鉴	廿	冠	官	关
言	卷	婚	见	勘	活	家	现
缶	贯	开	格	换	管	寒	根
觉	单	元	馆	肝	确	还	完

193 走相遇迷宫

下图有甲、乙两个人，分别从两个入口进入迷宫，迷宫中的 A、B、C 3 处是他们可能相遇的地点，在两人都不可超越 A、B、C 行进的条件下，他们最终在 A、B、C 3 处中的哪一处可以顺利相遇？

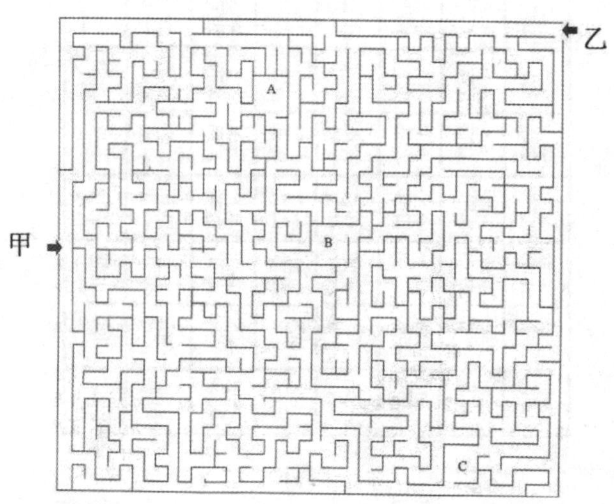

194 走暗号迷宫

某人想向朋友表达祝福生日快乐的心意，就送给了朋友一张语言迷宫图，请朋友从迷宫里找出暗号来。请你找一找，沿着顺序划出来，看看是什么意思。

入口

祝	愿	望	而	我	体	大	儿	如	屡	方	赶
你	一	路	退	个	米	方	都	退	儿	安	方
生	日	发	发	个	安	例	而	苦	方	望	上
发	快	乐	儿	来	规	耳	体	童	额	而	同
方	退	你	真	规	电	园	后	面	的	客	迫
日	雷	最	喜	六	退	花	看	破	小	房	快
微	儿	童	欢	的	哦	在	了	大	山	子	可
六	而	纵	望	礼	物	藏	用	上	晚	里	康
品	望	通	封	票	大	去	退	举	后	儿	逍
立	退	五	日	然	破	乐	他	行	生	遥	儿
外	台	既	客	偶	压	偶	土	传	日	宴	山
去	国	个	人	破	然	他	马	凭	翠	会	哦

出口

195 走笔直迷宫

下图是一个著名的不拐弯迷宫，请你从入口处进去，遵循“走不到尽头就不能拐弯”的条件，从出口走出去。

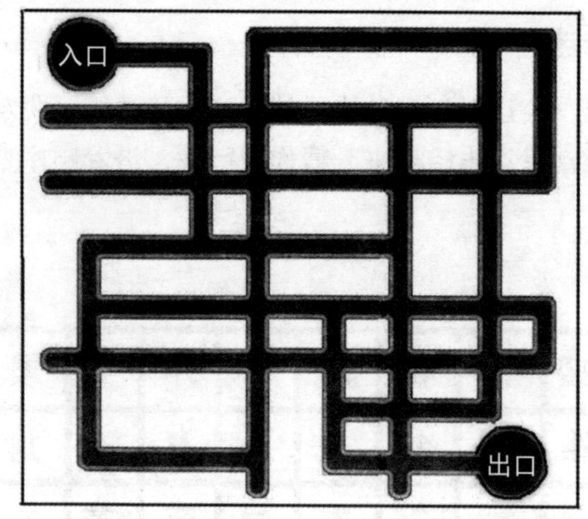

196 走怪物岛迷宫

请你从入口开始，穿过怪物岛，到达出口的城堡，但有一个条件，就是怪物岛只可以通过一次。（注意：火山是可以通过的。）

197 走跳跃迷宫

下图是一个跳跃型的迷宫，请你从入口开始，走到有数字的地方，选择同样的数字跳起来，寻找出一条通向出口且跳跃次数最少的路。

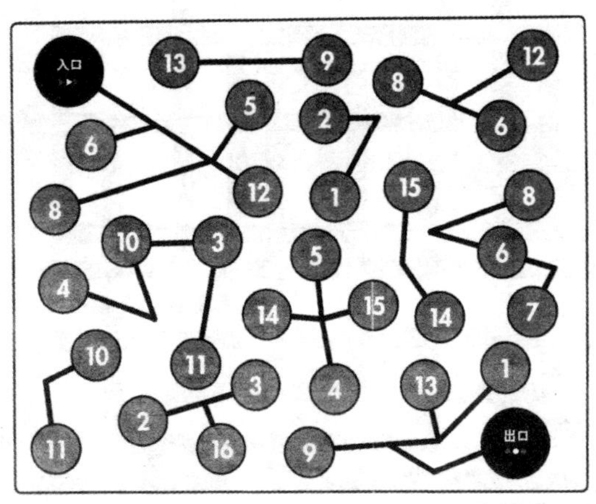

198 走飞起来的迷宫

199 走立体交叉迷宫

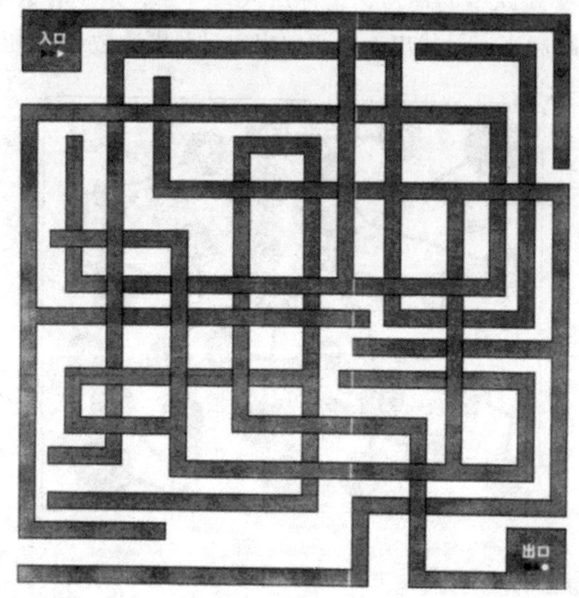

200 走蜂窝迷宫

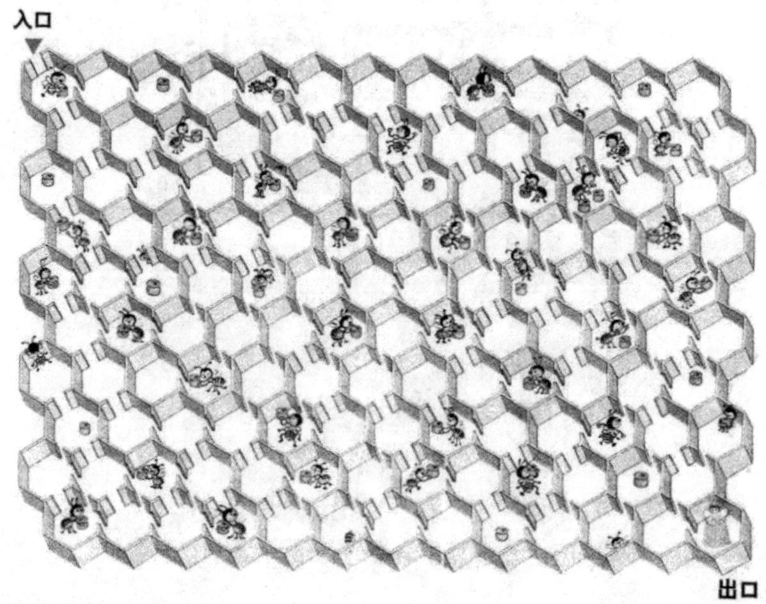

201 走小房间迷宫

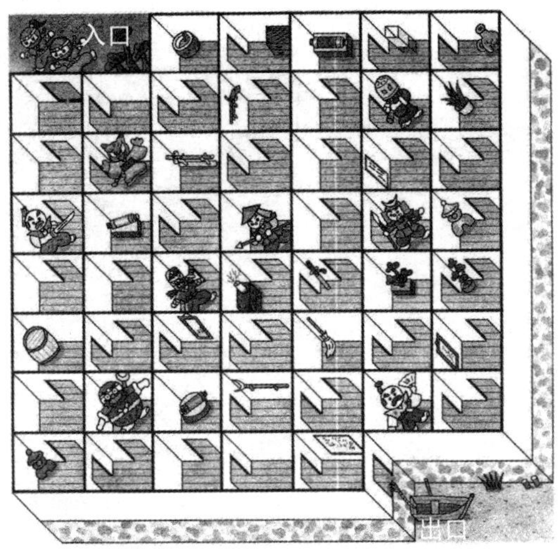

202 走图形迷宫

203 走圆形迷宫

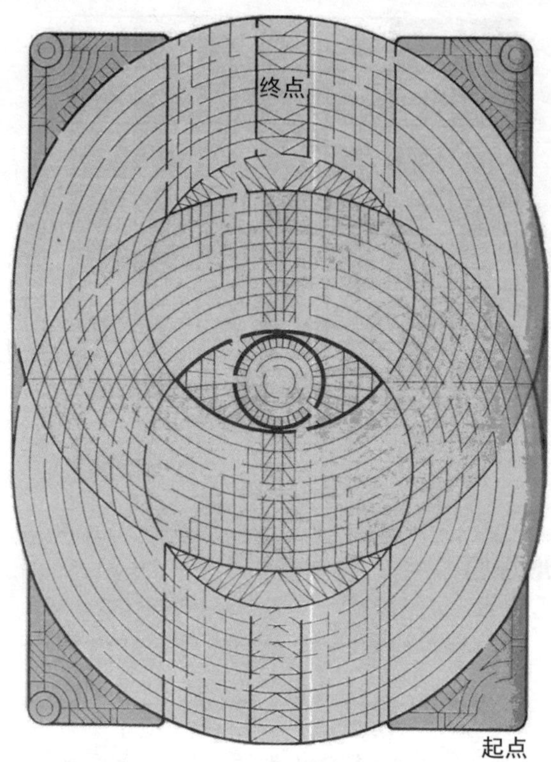

204 走装饰迷宫（1）

205 走装饰迷宫（2）

终点

起点

206 走装饰迷宫（3）

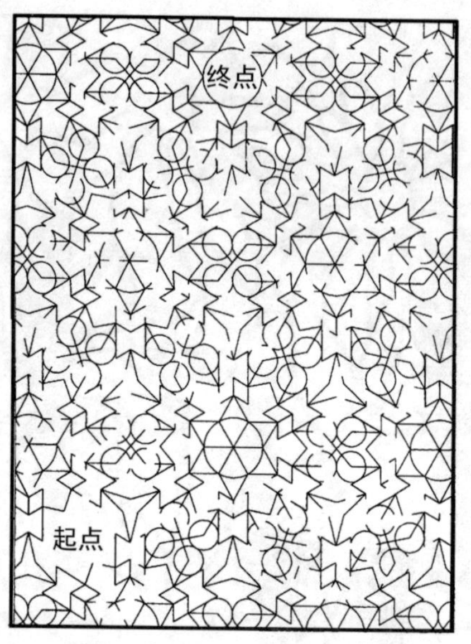

207 走东方式迷宫（1）

208 走东方式迷宫（2）

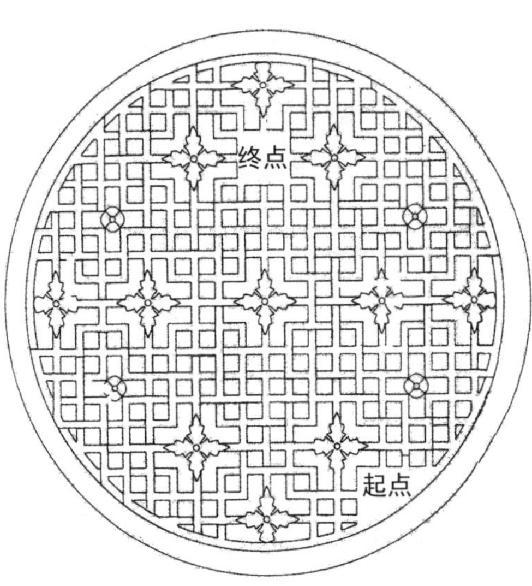

209 走装饰迷宫（4）

210 走东方式迷宫（3）

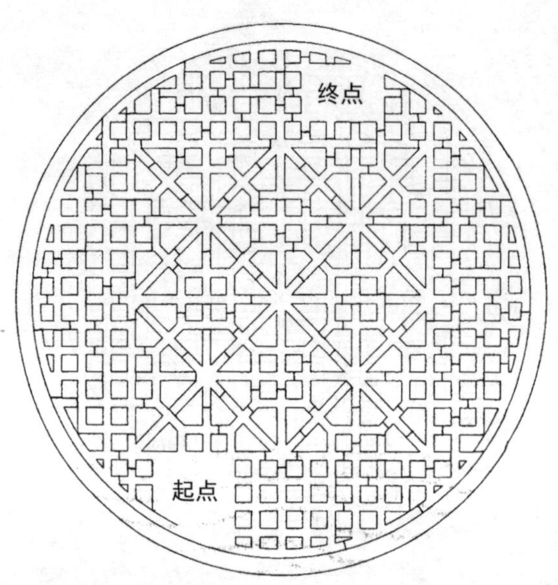

211 走东方式迷宫（4）

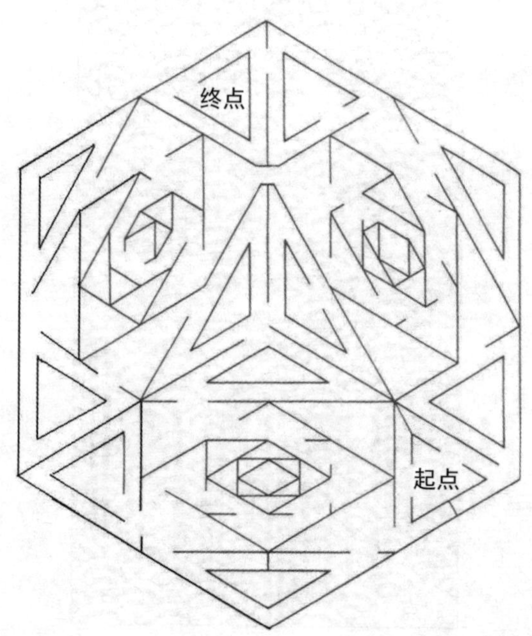

212 走装饰迷宫（5）

213 走东方式迷宫（5）

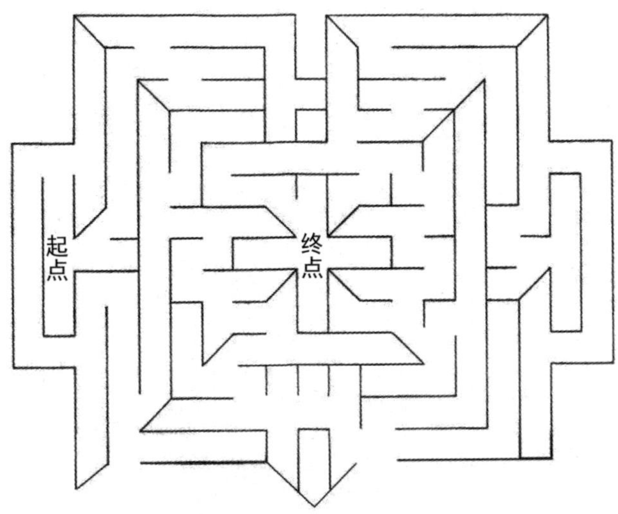

214 走装饰迷宫（6）

215 走东方式迷宫（6）

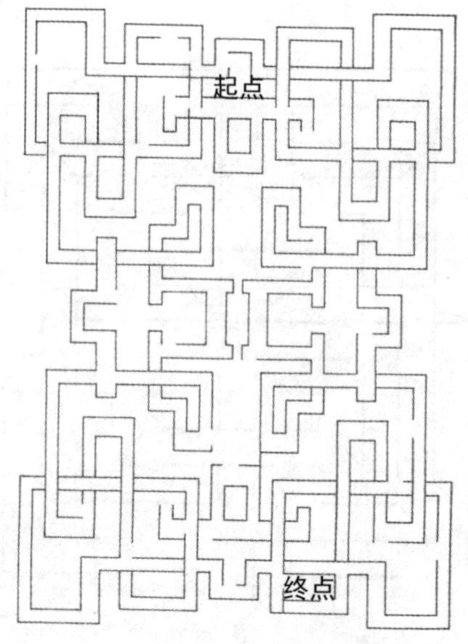

216 走装饰迷宫（7）

217 走西方古典迷宫（1）

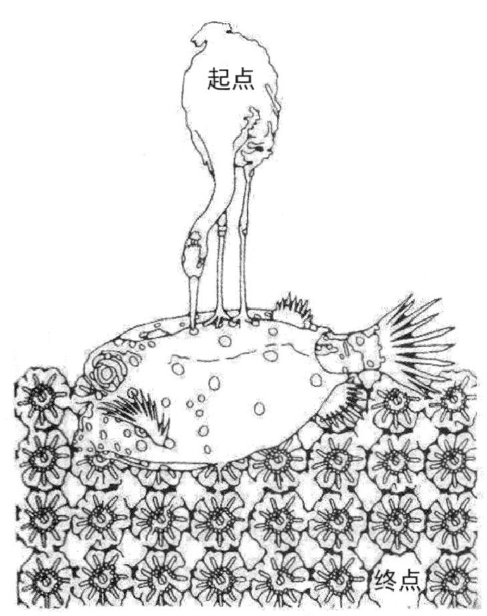

218 走西方古典迷宫（2）

219 走西方古典迷宫（3）

220 走东方式迷宫（7）

221 走装饰迷宫（8）

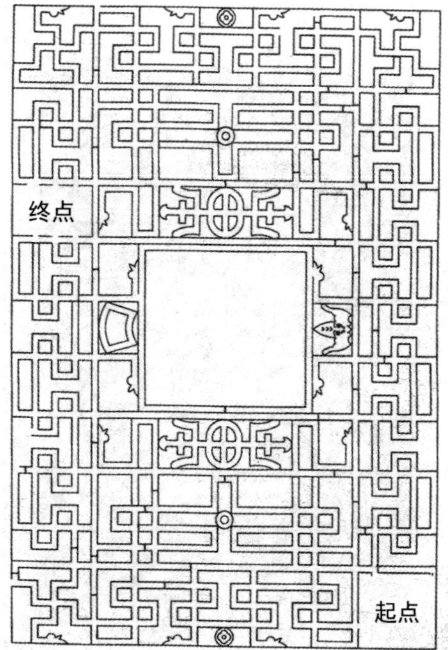

222 走东方式迷宫（8）

223 走装饰迷宫（9）

224 走西方古典迷宫（4）

起点

终点

225 走西方古典迷宫（5）

226 走西方古典迷宫（6）

227 走西方古典迷宫（7）

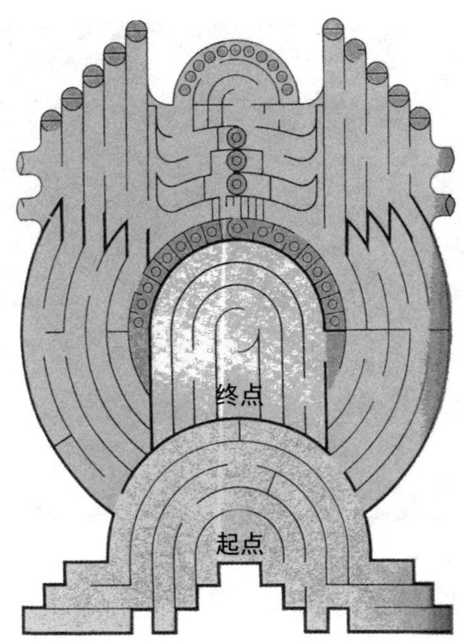

228 走西方古典迷宫（8）

229 走西方古典迷宫（9）

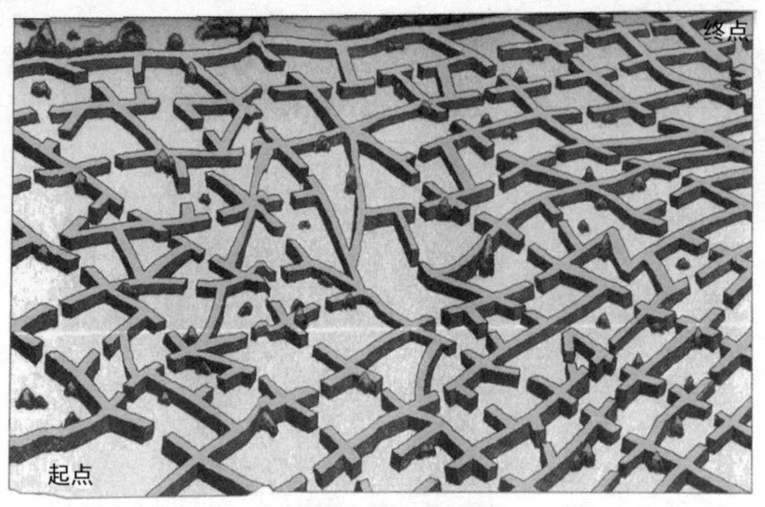

230 走西方古典迷宫（10）

231 走西方古典迷宫（11）

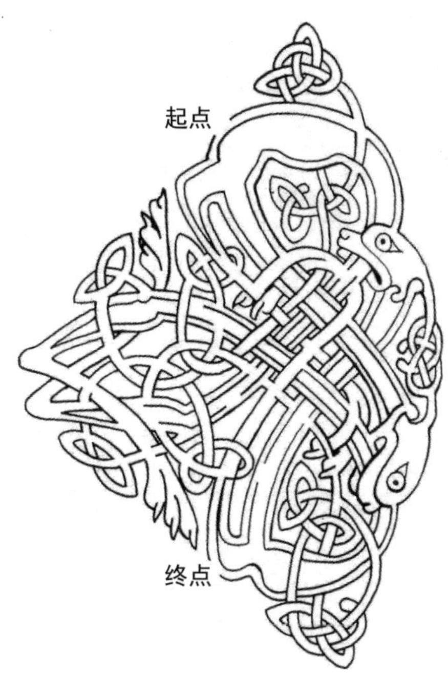

232 走西方古典迷宫（12）

第三辑

拼搭七巧板，培养几何脑

七巧板，又称智慧板、益智图，是一种由七块板拼组而成的名扬全球的益智玩具，图案可分可和，可谓是“纵横离合变态无穷”，是非常著名的智力拼图游戏。

七巧板，又称“智慧板”“益智图”“唐图”“七巧图”，是一种由七块板组拼而成的名扬全球的益智玩具。对此种玩具所进行的游戏活动，被称为七巧板游戏或七巧板拼图游戏。七巧板的名字被中国著名的权威工具书《辞海》《汉语大辞典》《中国大百科全书》收入其中，是中国仅有的几种被收入辞书当中的游戏及玩具之一。

七巧板肇始于中国的宋朝，诞生于中国的明末清初时期。在北宋徽宗时，福建邵武地区有个名叫黄伯思的人，是当时著名的文人和书法家。这个人一向喜欢在家里大宴宾客，与各种各样的朋友推杯换盏，并挥毫泼墨。他有一个特别的爱好，喜欢研究不同的图形。一天，黄伯思又准备在自己的花园里宴请朋友。为了增加趣味，他灵机一动，设计了由六件长方形案几组成的“燕几”——即请客吃饭的小桌子。这六件案几可分可合，他称其为“纵横离合变态无穷”。当设宴招待宾客时，黄伯思又视人数的多少和菜肴的丰盛而进行案几的陈设，这样，这六个小桌子放在一起就可以拼成多种形制，拆开来又可以一人一个小桌子用餐，还可以拆开用以陈设古玩、书籍，成为一件件装饰器物。黄伯思有一位文人朋友名叫宣卿，十分欣赏这富于变化的案几，但他发现六件案几拼桌缺少灵动，拼出的图案太少，便建议黄伯思增加一件案几，因为七件案几更富于变化。黄伯思采纳了朋友的意见，正式将六件案几改为七件，并命名为“七星”，同时，黄伯思编订了一本图谱——《燕几图》，并将其刊行传世。在此书当中，黄伯思共设计了 20 类 40 种拼合图，而且还为所拼出的燕几设计了一些富有韵味的名字，诸如“屏山、瑶池、一厨、朵云”等。这是世界公认的七巧板这种拼图玩具最早的形态。

黄伯思设计的燕几虽然可以拼出几十种巧妙的图形来，但由于只有长方形，变化受到了很大的局限。因此，到了明代，有一个名叫严澄的人，在黄伯思的燕几基础上，发明了三角形案几——“蝶翅几”。这种案几抛弃了长方的基本形态，而采用了梯形、直角梯形、三角形，共计有 13 件。这 13 件以三角形为主的案几，拼装一起如同一只蝴蝶正欲展翅的样子，故而命名为“蝶翅几”。

蝶翅几可以拼成长方形、正方形、八边形，还可以拼成菱形、马蹄形、S形以及其他各种复杂的形状一百多种。这些图形除了为宴客时增加情趣外，严澄还将其引入到木匠的家具设计中，成为世界上最早的组合拼接家具。此时有一位木工大师戈汕，被严澄的设计所吸引，便亲自编著了一本家具图谱——《蝶几谱》，进行系统的整理和宣传，为拼组家具的传播以及七巧板的演变奠定了基础。

有了《燕几图》和《蝶几图》作为铺垫，兼有三角形、正方形和平行四边形，能拼出更加生动、多样图案的七巧板终于问世了。但这种七巧板已不是作为宴会的案几，而是作为智力玩具而出现的了。关于七巧板的确切问世年代与发明人，迄今已无可考证，它是在什么条件下，由燕几和蝶几而演变成七块并成为智力玩具，迄今没有任何文字和图形资料，成为世界玩具史和中国玩具史乃至器具智力史上的一大谜。据现有资料记载，清初著名民俗画家吴友如曾画过一幅名为“天然巧合”的画，画面上有几位贵族妇女正在聚精会神地玩着七巧板，这是有关七巧板成为玩具的最早记载。因为吴友如是19世纪初的人，因此可以肯定地说，玩七巧板当始于19世纪初，亦即1800年左右。而根据权威的玩具史专家的考证，中国同时也是世界上最早的七巧板书籍——《七巧图合璧》也是在这个时期出版并流行开的。

依据文献证实，从这个时候开始，七巧板游戏在中国的江南一代贵族妇女和清朝的宫廷当中，正式开始成为一种平面游戏，许许多多的文人见到七巧板后，亦深深地受到感染，不但玩起七巧板，同时也创作了无数首描写七巧板的诗词。到了19世纪下半叶，七巧板在中国已是相当的盛行，其所拼出的各种图案已经有了一定的规模和数量。

然而，到了19世纪末20世纪初，七巧板游戏在中国开始走下坡路，因为国家的动乱和积弱，玩它的人越来越少。尽管以商务印书馆为主的书局相继推出多本七巧板图谱，但已是玩者寥寥，只有极少的知识分子将其当成一种消闲的玩具，如著名的文学斗士鲁迅先生，写作累了之后，喜欢玩一玩七巧板拼图游戏。

虽然从发明到20世纪上半叶，中国七巧板游戏的沿革及发生发展并未形成很广泛的影响，也没有被中国人当成多么有价值的玩具，但是，它却墙外开花，在西方大行其道，并在20世纪初之前的很长一段时期里，成为非常著名的、极被推崇的智力拼图游戏。

据考证，早在1801年，七巧板问世之初，就有一个日本人被七巧板深深地吸引，便将其带到了日本。先是进行宣传，继而便出版了图谱书。此后，七巧板由日本又传到了朝鲜，直至欧洲。1805年，欧洲出版了一本名为《新编中国儿童谜解》的游戏书，其中详细地介绍了24幅七巧图谱。到了1813年，英国、德国、意大利、法国、丹麦、荷兰以及美国都相继出版了七巧板的图谱。因为七巧板的变化无穷，加之它又是来自神秘东方中国的一种智板，所以，在欧洲众多个国家连续出现专著的同时，七巧板游戏亦传播得相当广泛，在很短的时间里，就在欧美流行起来。尤其是被一些有识人士引入到数学领域和智力开发领域中来。

1818年，德国的一位名叫M.威廉的数学老师在看到七巧板图谱后，马上就想到了利用七巧板解决一些数学几何问题。于是，他对七巧板的几何问题进行了系统的研究，并用七巧板进行了勾股定理的证明。在进行勾股证明的同时，M.威廉突然发现七巧板里面竟然拥有超级的数学思维体系，玩这种游戏对人的启智作用非常巨大。这一发现，让这个德国人兴奋不已，他马上把七巧板送到他的学生当中，让学生们都来玩七巧板，既通过七巧板学到了一些数学知识，又让七巧板来开发孩子们的智力。很快，他的七巧板开发术就在德国传扬开来，并受到了大量教育工作者及孩子们的欢迎。据有关文献记载，M.威廉是世界上将七巧板引入到智力开发领域的第一人，它的推广领域遍及全德国，并影响到了全欧洲。

到了1846年，因著名丹麦童话作家安徒生的童话《冰雪皇后》的描写引用，使七巧板随着这篇童话的问世及风靡而更加深入人心。

这篇童话的内容是：在一座城市里有一对非常要好的小伙伴，男孩叫加伊，女孩叫格尔达。一天，加伊被冰雪皇后给劫走了，格尔达非常伤心。为了寻找加伊，格尔达历尽千辛万苦，终于见到了加伊；而此时的加伊却因被施了魔法已没有了人的形态和灵魂，正在一片透明的冰雪上玩着七巧板。

冰雪皇后见有人来找加伊，就对加伊说道："如果你可以用七巧板拼出'永恒'两个字，你就可以自由了。"于是，格尔达在一番努力破法之后，终于将加伊恢复了人的状态。之后，两个人用七巧板拼成了带着甜蜜幸福的"永恒"的图案。这样，加伊自由了，加伊和格尔达高高兴兴地回到了城市。安徒生的这个童话，一经发表，立即传遍了整个丹麦。它不光是传达了童话作家的一种冰雪情怀，而且尤为难得的是这个童话提到了七巧板这种玩具。根据《安徒生传》的记载，安徒生非常喜欢拼摆来自东方的玩具七巧板，至于他所玩的七巧板是从何处得到、他都能拼出什么样的图案却不得而知。尽管如此，由于他将七巧板引入到了童话作品当中，便适时而又顺畅地将七巧板进行了推广，并且随着童话被欧洲人逐渐接受，七巧板也被更多的欧洲人所接受。这亦是这位童话大师不经意的一次伟大贡献。

无疑，19 世纪的中叶和下半叶，七巧板作为一种拼图及数学模块游戏在欧洲和美国已经开始广受重视，业已成为一些人消闲和益智的一种娱乐活动。在此种氛围里，社会对七巧板的要求开始越来越多，于是，1891 年，富有商业头脑的德国人李希特在德国专门开办了一个生产中国七巧板的玩具工厂，他将生产的七巧板玩具起名为——"伤脑筋玩具"。由于李希特既是智力玩具专家，又是一名商人，因此，靠着他的专家身份和有效的市场运作，他工厂生产的标准七巧板以及七巧板衍生产品，全都销路很好，几乎覆盖了全欧洲和北美，极大地刺激了七巧板的知名度，使七巧板卓然成了欧美最受欢迎的游戏工具之一。

1903 年，已经是妇孺皆知的七巧板游戏正式提升了等级，开始成为纯粹的智力开发游戏和智力考量工具，为这两项内容赋予新内涵的人就是美国魔术和科幻大师萨姆·洛伊德。这一年，萨姆·洛伊德出版了一本七巧板专著——《关于七巧板的第八本书》，这是西方最早对七巧板进行智力功能研究和推广的著作。在书中，作者称自己是一个十足的国际级的七巧板的大玩家。他先是设计了几百个出色的七巧图，继而又杜撰了七巧板是上帝从中国那里学来并发明的，是可以拼出人世间的一切事物的非常说法，随后他又发明设计了由多幅七巧板合并而成的多幅七巧图，画面栩栩如生，出神入化，造型逼真，表现准确。最后他又重点论述了七巧板游戏对开发人的智力的各种好处，如对人的创造力、想象力、空间力以及语言描述力等都有巨大的启迪作用，它完全可以成为一种智力考量的工具。

萨姆·洛伊德的这些贡献，在七巧板的传播历史上是划时代的。他把七巧板这种一般性玩具，破天荒地进行了科学的提升，尤其是他让七巧板第一次走进了智力教育和开发领域，仅此一点，美国就有人称他为“现代七巧板的教父”。事实正如他所说，紧跟其后的很多美国心理学家都纷纷引用他的观点，将七巧板引入到了各种各样的智力测验体系中，效果极佳，充分证明了萨姆·洛伊德的论断。

在萨姆·洛伊德轰动世界的七巧板著作问世 17 年后，英国伟大的益智游戏作家、研究家杜德尼再一次攀上七巧板的顶峰，出版了自己的研究专著——《数理中的七巧板》，第一次对七巧板的复杂场景拼图进行了探索，特别是推出了大画面的、由 8 组以上七巧板组合成的七巧图，这是七巧板向艺术设计和语言模拟转化的最早的形象设计图，也是七巧板最早进行故事演绎功能探索的发端，为以后英美日全面地进行七巧板化语言教育打下了基础。

综上所述，七巧板经过了世界上一些有识之士的研究和推广以及深入开发，到了 20 世纪的上半叶，在欧美已经登堂入室，成为了妇孺皆知、老少咸宜的智力玩具。这个中国的智力拼图在本土未有长足的发展，在国外却名扬市井，声闻遐迩。无怪乎大名鼎鼎的英国科技史专家李约瑟博士在 1935 年开始撰写的巨著《中国科学技术史》里大赞七巧板，并称其为“东方最古老的消遣品之一”。

必须承认，七巧板之所以能够风靡世界，它取材简单、制作容易，也是一个十分重要的因素。

制作七巧板是一件十分简单的事，只要有一块硬纸板、一把尺、一把剪刀和一支笔就可以了。它的具体步骤如下：

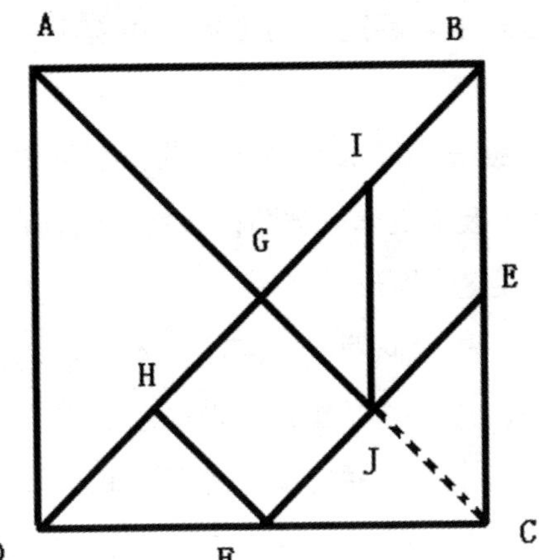

（1）先画一个正方形，在正方形 ABCD 中画 2 条对角线，AC 和 BD，交于 G。

（2）取 BC 边的中点 E 和 DC 边的中点 F 相连，交 AC 于 J。

（3）由 J 向上作 BC 边的平行线，交 BD 于 I。

（4）由 F 作 AC 的平行线交 BD 于 H。

这样，在形成的图形中，除了 CJ 是虚线，不能剪切之外，沿其他线按任意次序就可以剪出一副七巧板了。剪成的七巧板共有 2 个大三角形、1 个中三角形、2 个小三角形、1 个正方形、1 个平行四边形。

七巧板游戏按照英美多个研发者的分析归纳，总共可以拼成两种类型。

第一类　仿真拼图游戏

这种类型的游戏一般是让玩者由七巧板拼成各种动感的人形、动物形，或各种实物形态。此类型游戏是七巧板游戏当中最常见的类型。它的特点是拼出的图案一般极富情趣，描摹准确，具有审美的艺术效果。另外，这种类型还有一个有趣的现象，就是可以拼出同一个物象的各种图案，显示出了七巧板变化造型的机巧功能。

第二类　几何图形游戏

这种类型的游戏一般让玩者用七巧板拼搭各种几何图案，是一种具有数学性质的七巧板游戏。这种类型游戏流传不广，但却非常有价值，是较难的一种七巧板游戏。世界上很多数学家和七巧板智力玩家都善于玩这种类型的游戏，一些国际上著名的智力考量表也善于用这种类型的游戏来检测人的智商。

这两种类型的一般玩法基本上是一样的，都是由出题者先画一个轮廓图，然后让玩者用七巧板来装填轮廓图；或是由出题者随意说出一个图形，再由玩者用七巧板拼成这个图形。

虽然两种类型的玩法看似简单，实则并不轻松，它充满了中国传统文化的巧、变、复、朴、合、尖等智式，内里渗透着中国古人的超级智慧。而正是因为它的小中有大，纵横捭阖，才使得它成了西方人的爱物，并发扬光大了它的智慧，从而让无数的人为之倾倒，比肩接踵地进行图形数量的开发，以致成了世界上极为有趣的同一种拼图游戏的数量递增竞赛，这亦是世界上绝无仅有的一种游戏现象。

七巧板游戏，从表面上看，似乎是只有两种类型，不过是拼拼摆摆而已，实际上，却对开发人的观察力、创造力和想象力大有益处，对培养人的图形美感、对称美感更有着启迪作用。因为一副七巧板在每个玩者的手中能够幻化出千变万化的图形，处在似与不似之间，这就不仅让每一副七巧板渗透出了传神的诗的意境，达到了形美、神美、意美的兼备境界，同时，亦让玩者在一次游戏的过程中获得了美的熏陶和脑的洗涤。

由于七巧板的诸上功能十分明显，因此，在20世纪80年代，美、英、日、韩和中国几乎都在同一时间掀起了新一轮的七巧板游戏热，尤其是被中外很多中小学生所追捧和热爱。

1980年，美国智力与消闲研究专家瓦莱里·玛琦率先在美国的幼儿当中进行七巧板的智力开发教育，在中小学生当中进行七巧板的减压教育。由于他的理念先进，做法精到，迅速传遍了美国。他让他的助手组成了一个学生七巧板减压推广小组，在各个学校里进行七巧板的娱乐普及，并经常进行以女学生为主的七巧板比赛活动。在他的推动下，美国的许许多多中小学生喜玩善玩七巧板，一些学校的管理者还不断地鼓励学生用七巧板来提升创造能力，增智健脑，降压舒心。这种桌上娱乐，此后一直延续下来，至今不衰。据报载，1999年，美国的一位美籍华人张卫和她的丈夫雷·彼得在美国成立了一个中国古代智力游戏基金会，专门收集中国民间的古典玩具及著作。这对夫妻对七巧板在学生当中的传播有着特别的意义，因为偏爱七巧板，又在一家学校专事玩具设计与教学的工作，使得雷·彼得得天独厚地从所工作的学校开始，进行七巧板的娱乐减压推广，并亲自组织和策划了多次跨越州界的学生七巧板竞赛。他曾经不止一次地在一些学校的学生集会中演讲，大力宣传“学生离不开七巧板，七巧板让学生活得更轻松”的思想。由于他的贡献，美国现如今有了专门生产七巧板的工厂，该工厂里还特别生产了专供中小学生进行减压放松的七巧板，可见重视程度之高，影响之深。

在英国，七巧板作为中小学生的减压工具同样深入人心，尤其是受到了英国政府的高度重视。据报导，英国皇家科学院曾组织专人对全英国的中小学生进行过一次智商测试，结果显示，凡是经常玩益智游戏玩具（指七巧板一类的器物型玩具）的中小学生，比不玩的中小学生智商平均高 11 分左右。为此，英国皇家科学院提请英国教育部，希望把益智玩具（如七巧板等）作为开发中小学生智力（创造力）的一门课程来加以推广。英国教育部非常赞同此计划，遂在英国开始实施中小学生益智玩具（如七巧板）培训计划，一时间，英国的许多中小学生无不与七巧板为伴，以致拼板声声，不绝于耳，形成了一股学生玩七巧板的风潮。在此风潮的熏染下，据调查，英国的中小学生普遍都学习积极性加大，身心俱健，智商增长，创造力、想象力和动手能力普遍大幅度得到提升。

在日本和韩国，由于传统游戏的回归，很多学生亦纷纷在自己的书桌上放上了七巧板。日本的男学生玩的人较多，韩国的女学生玩的人占了主流。据在日韩的调查，日本的男学生普遍都有几本七巧板读物，在学习郁闷时拿出来玩上一玩，而韩国的女学生则喜欢创作各种彩色的纸七巧板贴在书桌上，以此来养眼养脑，放松降压。

在以色列，由国家的教育学院专门印制了七巧板教程，让全国的中小学生和教师来研读拼玩，目的是让这些国家的未来精英们能够早早地拥有敏锐的头脑和愉快的心情以及超强的思维。实践证明，以色列的中小学生因玩七巧板而普遍大脑发达，创造力强，而且心灵健康。也因为此，这个国家的中小学生及走入职场的大学生一族，其创造发明的能力和创造发明的年龄段的提前始终走在了世界前列。

在国外风起云涌的七巧板热的同时，国内的七巧板热也有了一定的气候，正呈现着燎原之势。

拉开国内七巧板序幕的是一位荷兰人罗伯特·古里克，中文名字叫高罗佩。20世纪80年代初，国内几家出版社相继出版了由他创作的以唐朝神探狄仁杰为主人公的小说《大唐狄公案》。在这个系列破案小说中，有一本名为《铁钉案》的小说，里面讲了一个武师是一个拼七巧板的高手，他在被人毒死前，为了把凶手告诉他人，便用七巧板摆了一个图形。狄仁杰破解了这个七巧板图形，成功地查到了凶手。由于当时小说的热销，使得七巧板这种拼图益智游戏被人所推崇，并随之带动了国内七巧板专门读物的兴起。从20世纪80年代初到90年代末，以徐庄、傅起凤夫妇为代表的七巧板专家开始全力研究七巧板，设计出了近千个七巧图，撰写了多本七巧板的科普著作。在自己研究的基础上，他们开始在全国进行青少年的七巧板益智教育，使得发端在中国的这个古老游戏重新焕发了青春，而且成了无数中国青少年所喜爱的一种益智活动。

历史进入到21世纪初，同日韩一样，中国传统游戏的回归首先从成人开始拉开了帷幕。此时，七巧板率先进入了成人们的视野，并成为了一些成人减压的工具。由于成人们的偏爱，亦传导带动了一些孩子的喜爱，尤其是一些中学生开始学习成人也用七巧板为自己烦闷的学习进行减压。据编者在深圳、广州、上海的调查，玩七巧板正在这些城市的一些学校中悄悄地盛行。上海的一些培训班里，已经有了专门为学生减压而开设的七巧板学习班，而且是人满为患，络绎不绝，座无虚席。这些学习班最开始是以女中学生为主，渐渐地，许多男中学生亦加盟其中。有一位在上海赫赫有名的初中三年级学生就曾对采访他的记者现身说法："每当我被大量的练习卷子搞得头晕目眩之后，我就会玩一会儿七巧板。而每次我拼出了一个图形，心里的郁闷就会立刻烟消云散。所以，每当我做题遇到瓶颈的时

候，我就暂且把难题放到一边，先集中精力把一个图形拼出来再说，这时，我的大脑就处于休息状态了，同时又处于激活的状态，我再做题就顺利多了。所以，我认为玩七巧板是中学生绝佳的降压工具，它既让我找回了童年的一些乐趣，又让我轻松了许多，同时还能进一步增强自己的大脑灵活度。”有这位中学生做法和认知的人，据统计在上海已经占了相当的比例。除了专门的学习班以外，有的城市政府职能部门亦开始推广七巧板对于学生的降压功效。据采访调查，广州市政府就曾专门组织过名为“团队七巧板”的减压运动，目的就是为了把七巧板的组合亦即团队精神在中小学生当中进行大力倡导，以提升学生们的合作能力，进行和谐集体的教育。事实证明，大量的中小学生通过团队七巧板运动，的的确确受益匪浅，减压效果非常明显。

无疑，七巧板游戏在中国的一些中小学生当中已经起了增智健脑、降压缓心的作用，正如著名的七巧板研究专家刘守勤所说：“常玩七巧板，对整天被题海所包围的中小学生，第一能让其从繁重的题海中解脱出来，第二更能改变中小学生由于应试所浸润的僵化和沉闷的心理状态。”诚哉斯言，斯言诚哉！

233 拼等腰三角形（轮廓图）

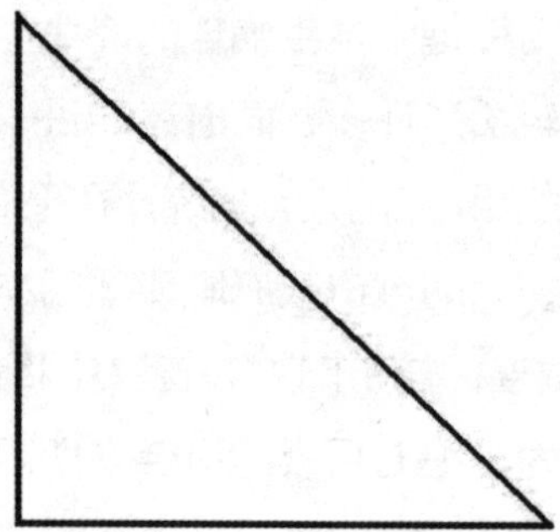

234 拼等腰梯形（轮廓图）

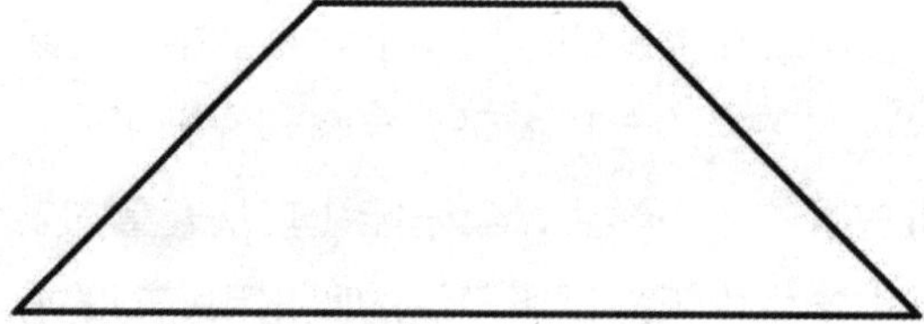

235 拼平行四边形（轮廓图）

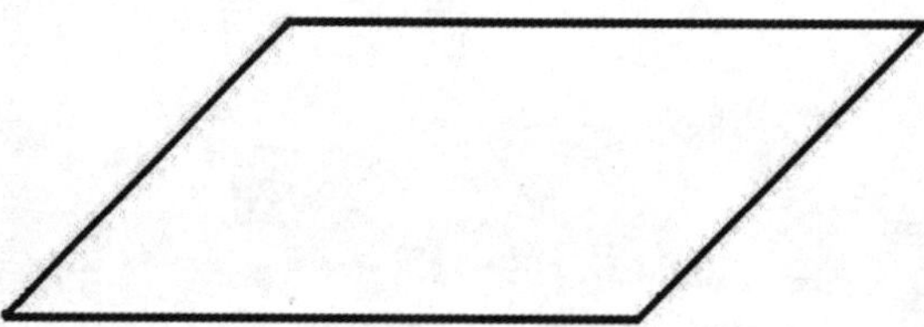

236 拼缺一角的三角形

237 拼箭号（轮廓图）

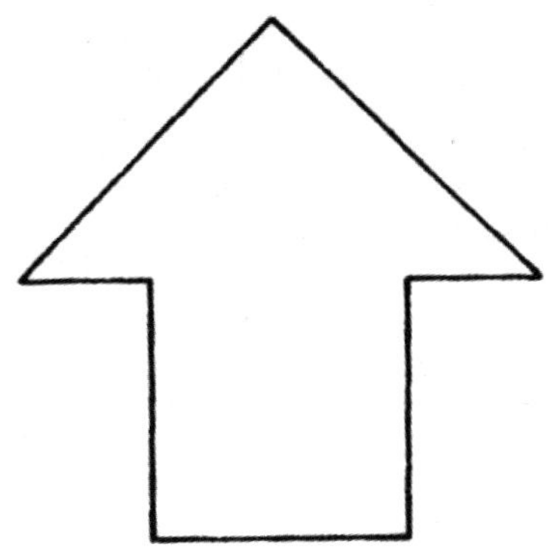

238 拼鸭（轮廓图）

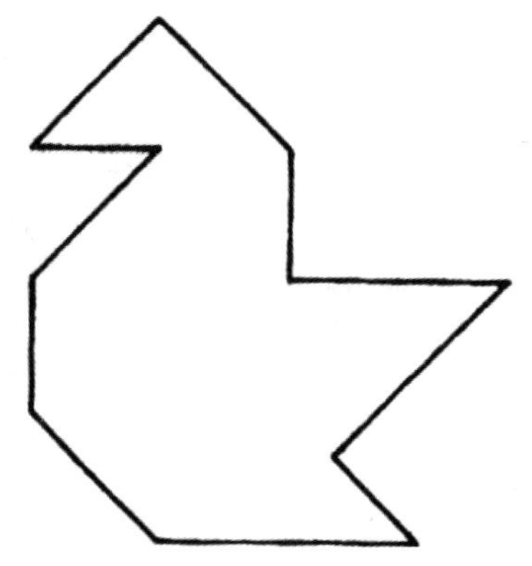

239 拼雁（轮廓图）

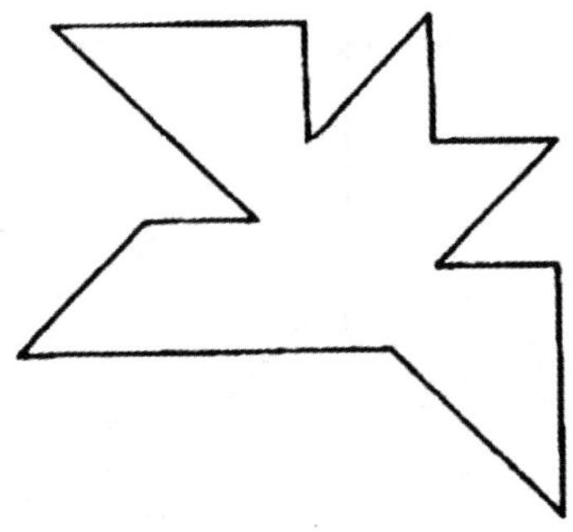

240 拼猫（轮廓图）

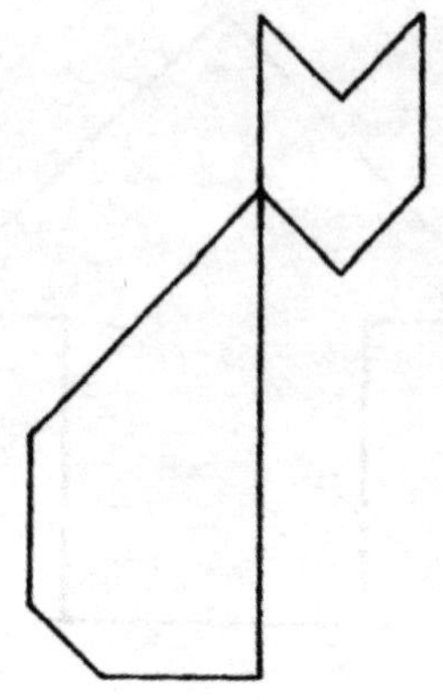

241 拼鱼（轮廓图）

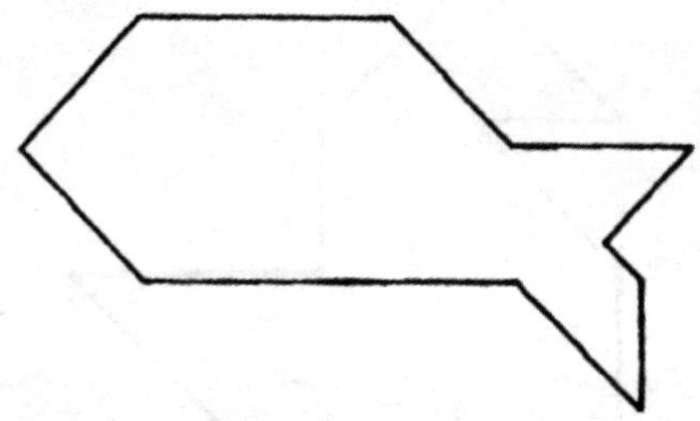

242 拼兔（轮廓图）

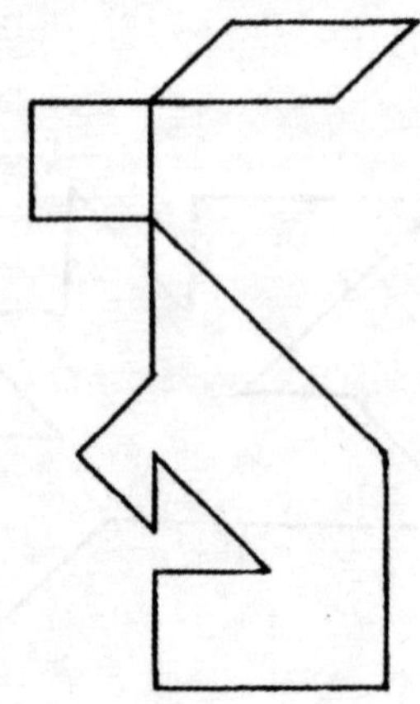

243 拼鹅（轮廓图）

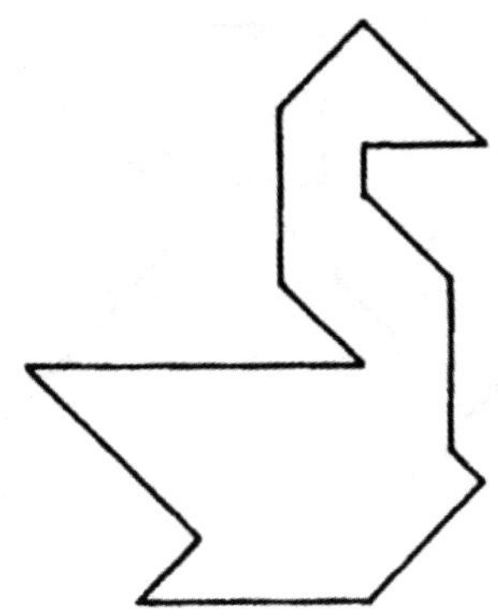

244 拼木马（轮廓图）

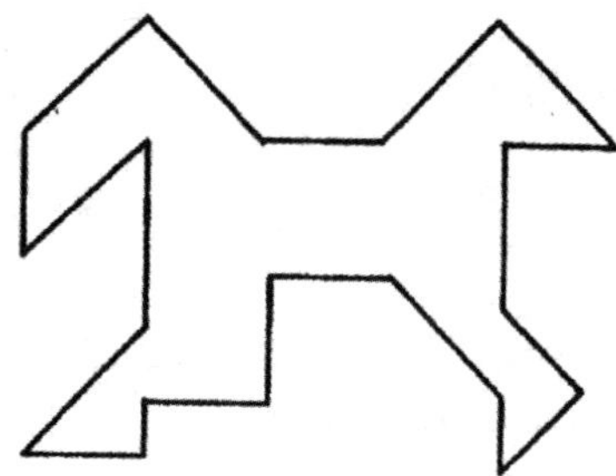

245 拼草人（轮廓图）

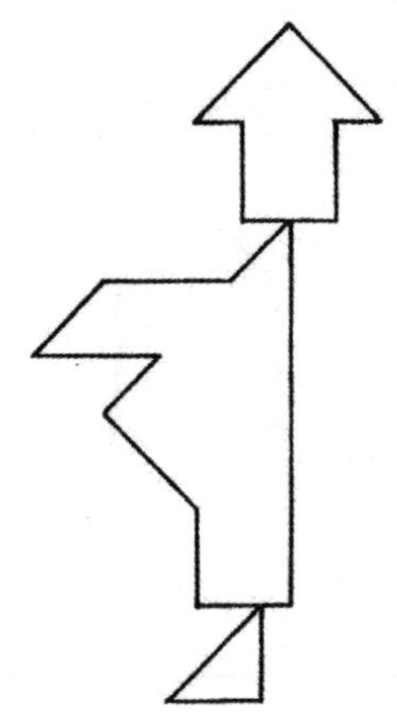

246 拼茶壶（轮廓图）

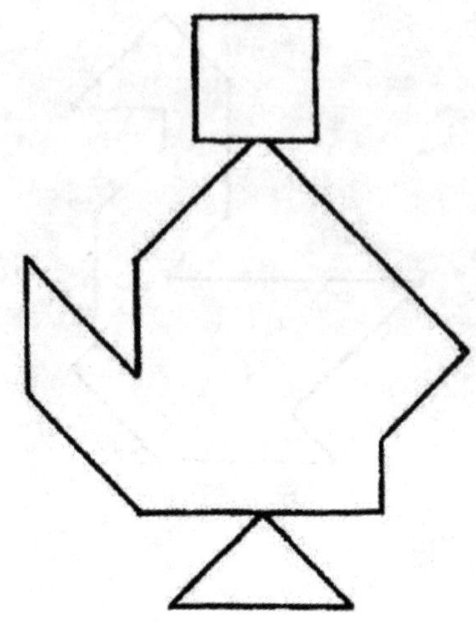

247 拼渔船（轮廓图）

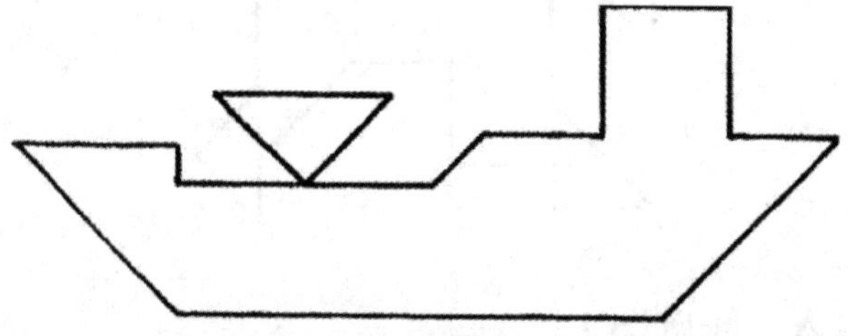

248 拼小船（轮廓图）

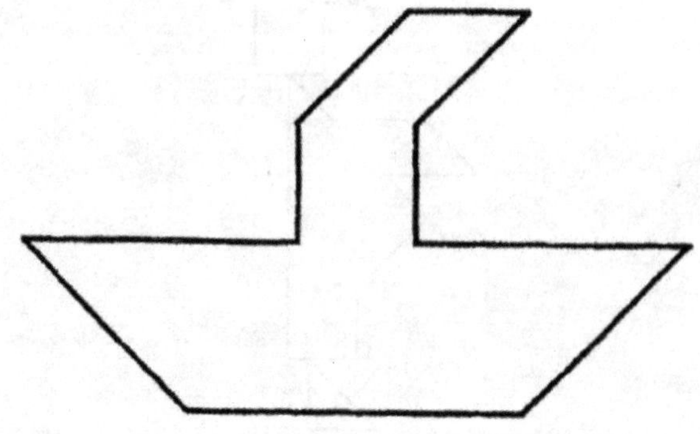

249 拼帽子（轮廓图）

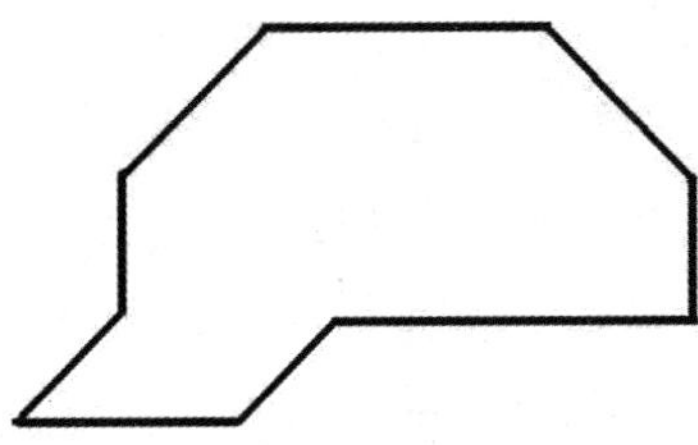

250 拼桌子（轮廓图）

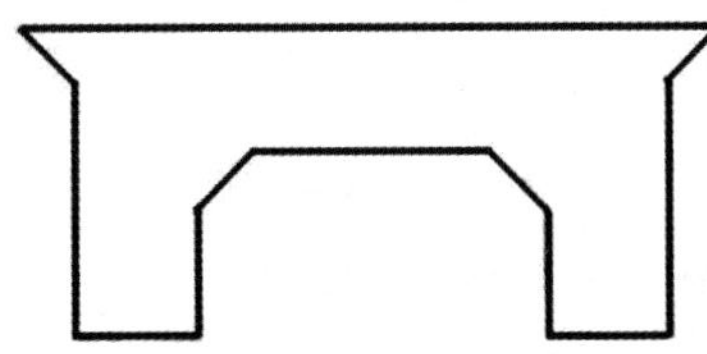

251 拼房子（轮廓图）

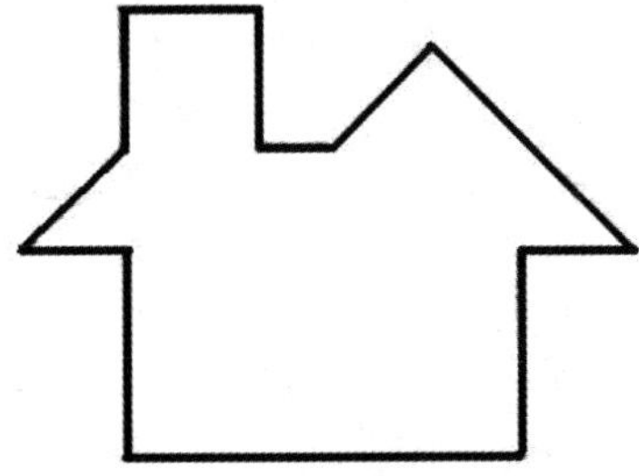

252 拼灯（轮廓图）

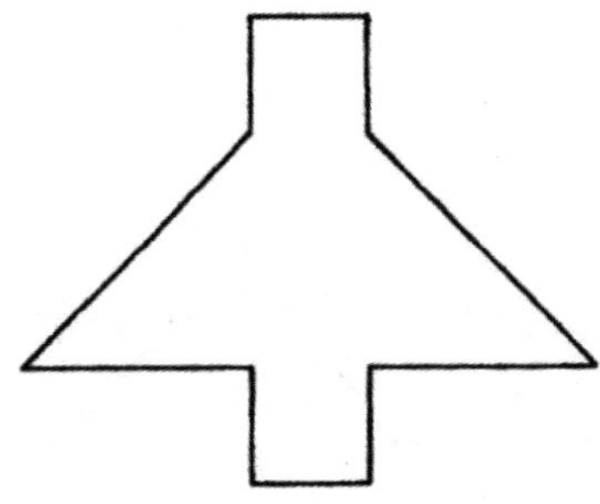

253 拼蜡烛（轮廓图）

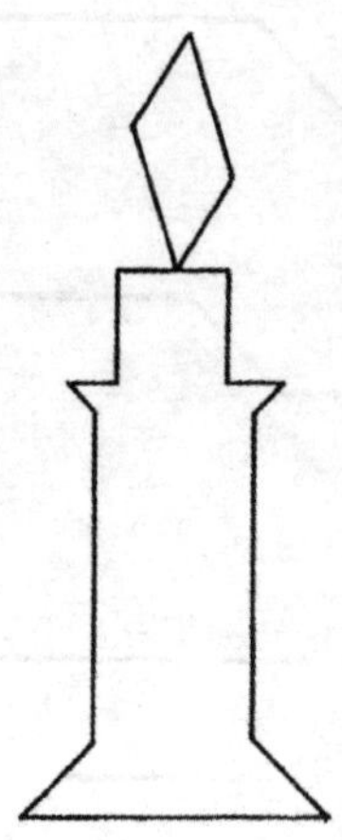

254 拼桥（轮廓图）

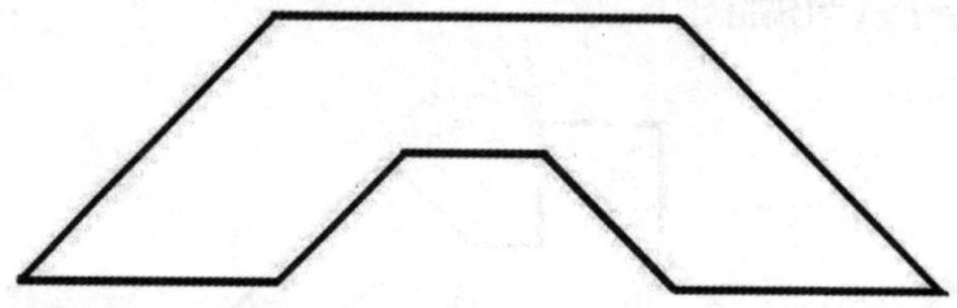

255 拼火车（轮廓图）

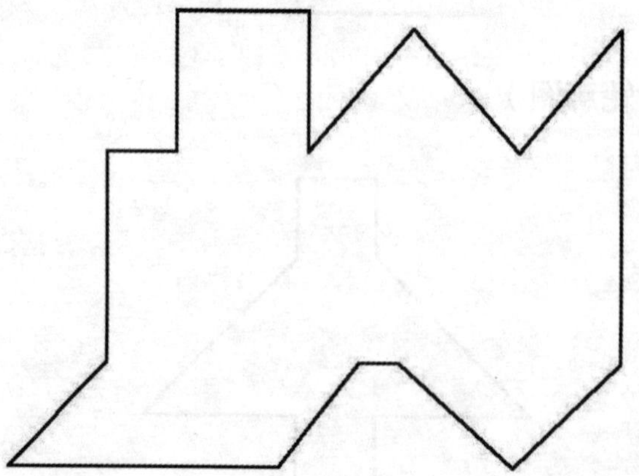

256 拼钢琴（轮廓图）

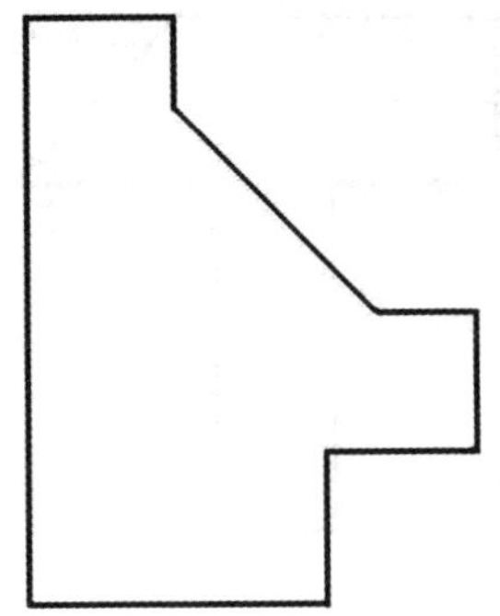

257 拼提琴（轮廓图）

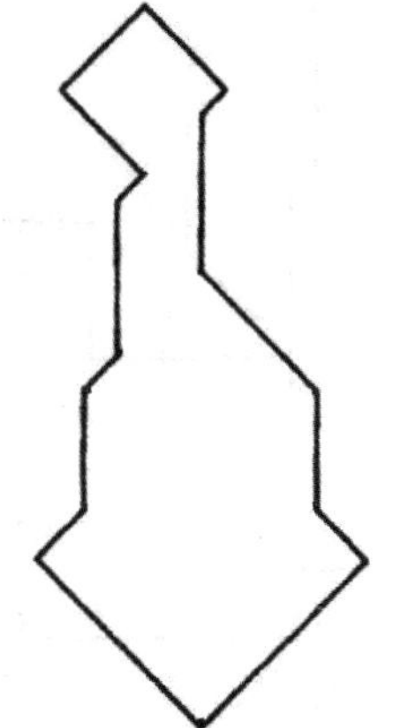

258 拼飞机（轮廓图）

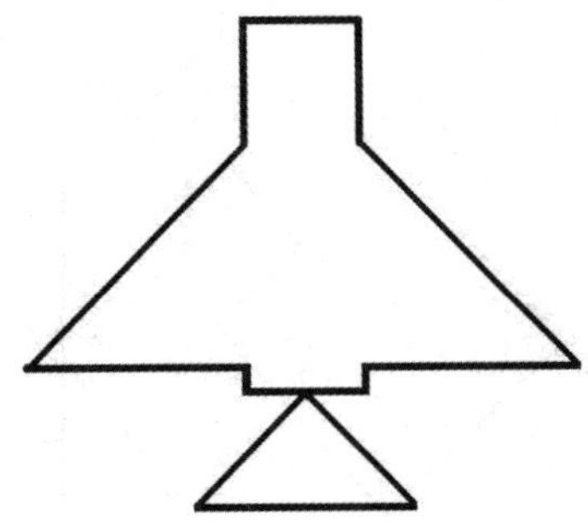

259 拼锤子（轮廓图）

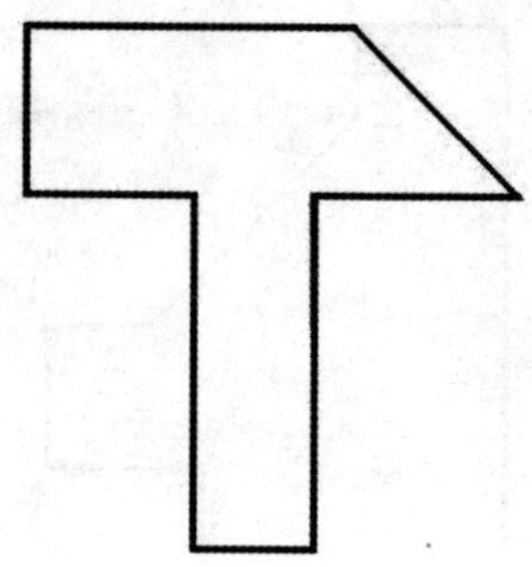

260 拼照相机（轮廓图）

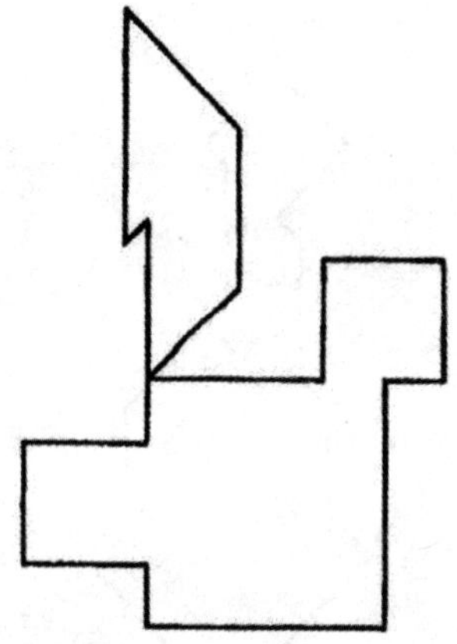

261 拼击鼓（轮廓图）

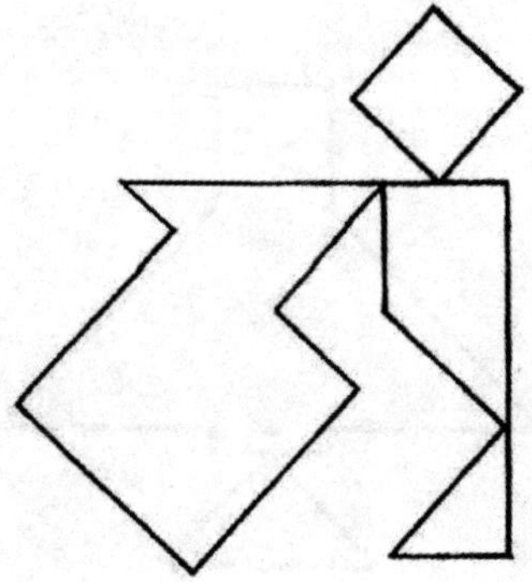

262 拼骑马（轮廓图）

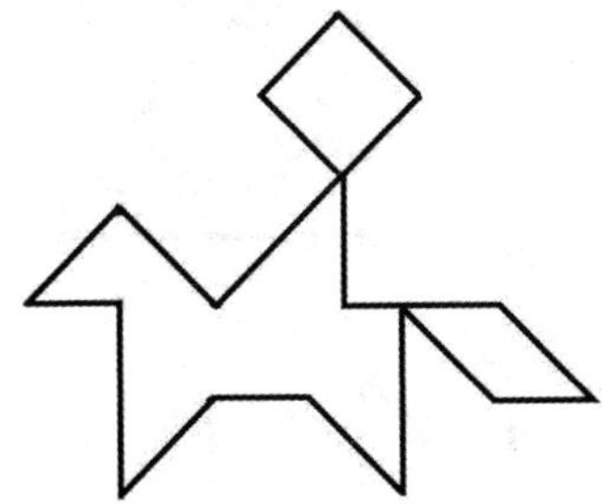

263 拼跳舞（轮廓图 1）

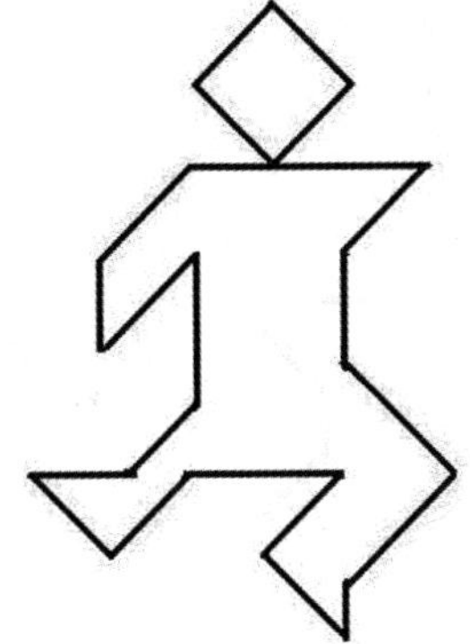

264 拼跳舞（轮廓图 2）

265 拼跑步（轮廓图）

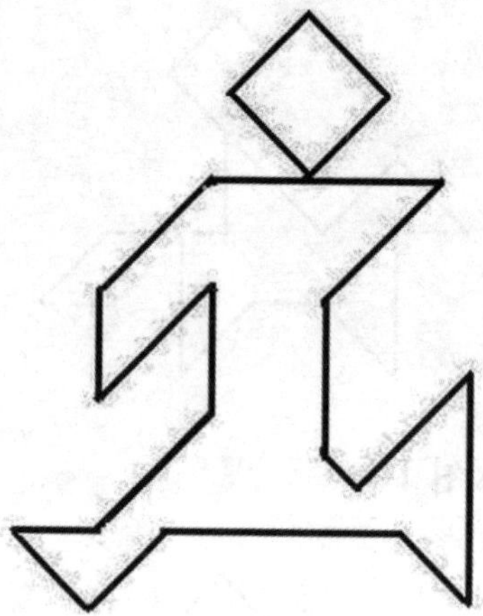

266 拼狐狸（轮廓图）

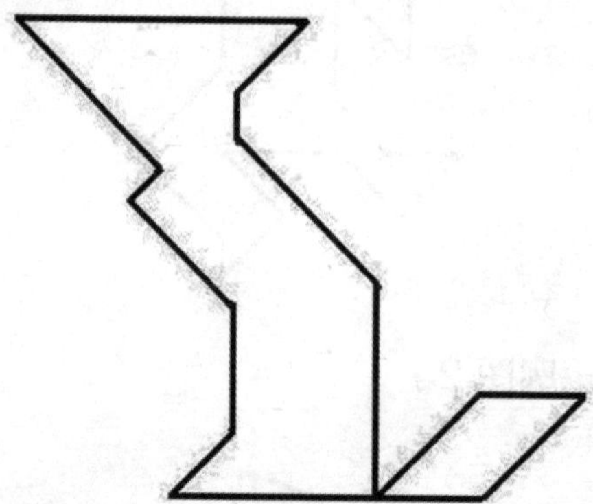

267 拼小狗（轮廓图）

268 拼数字 1、2、3、4、5

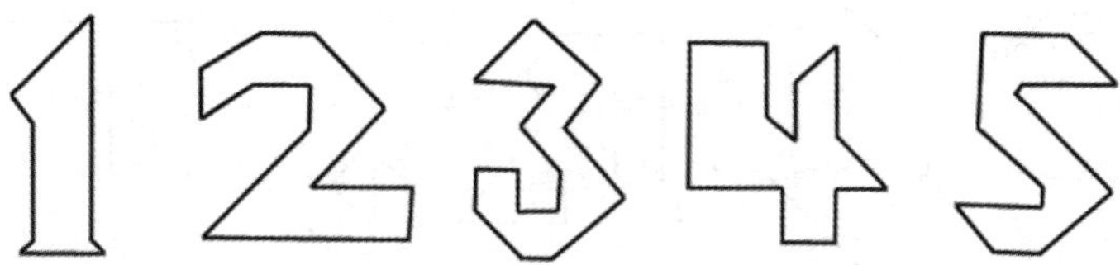

269 拼数字 6、7、8、9、0

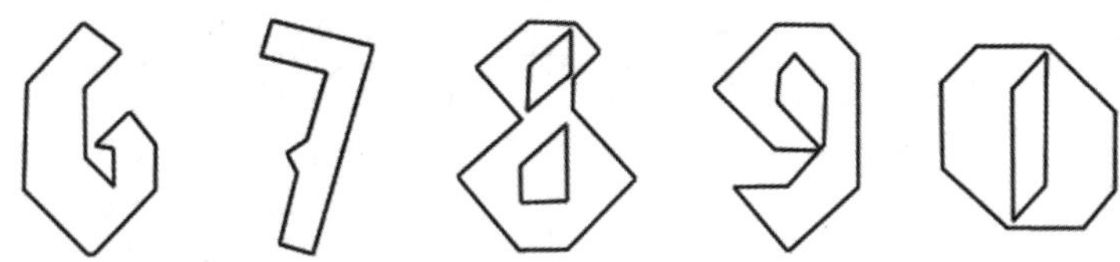

270 拼英语字母 A、B、C、D、E

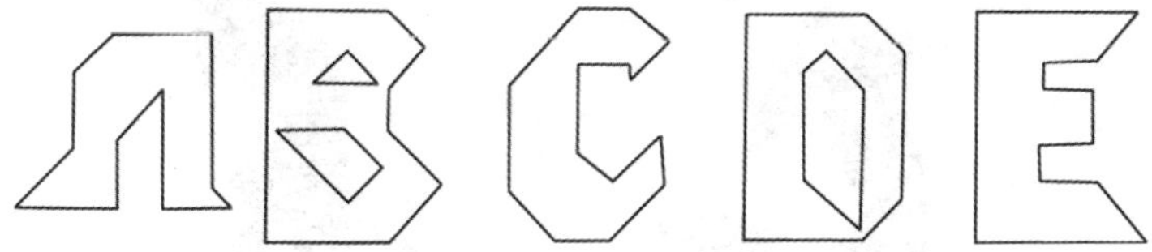

271 拼英语字母 E、F、G、H、I、J

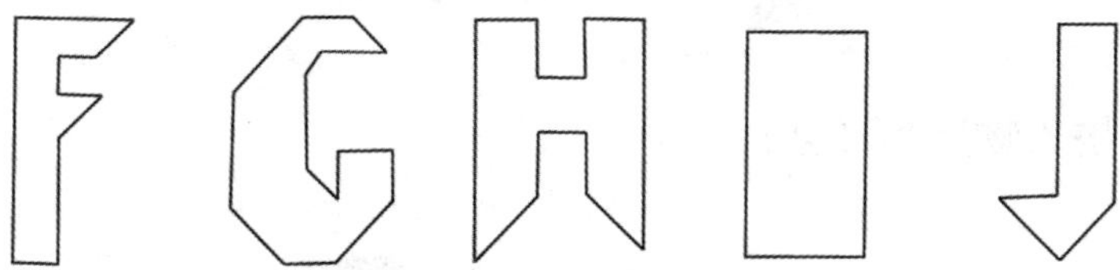

272 拼英语字母 K、L、M、N、O

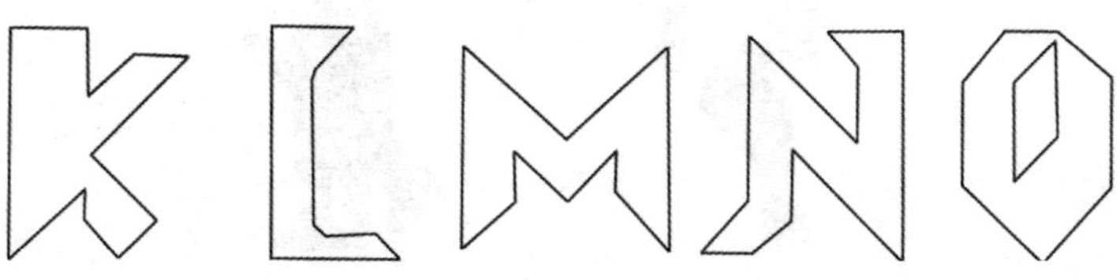

273 拼英语字母 P、Q、R、S、T

274 拼英语字母 U、V、W、X、Y、Z

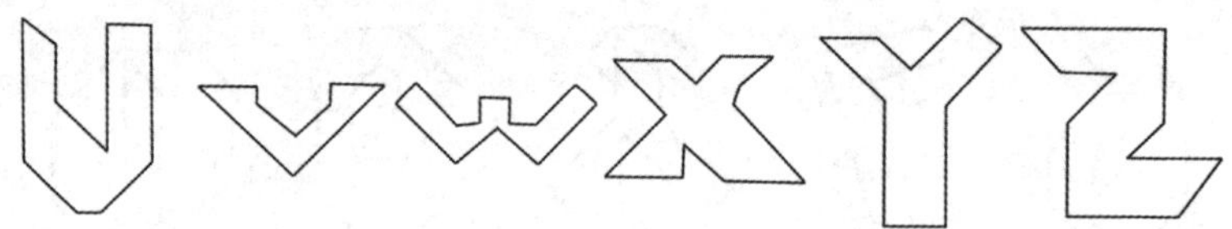

275 拼人物造型（1）

276 拼人物造型（2）

277 拼人物造型（3）

278 拼人物造型（4）

279 拼人物造型（5）

280 拼人物造型（6）

281 拼人物造型（7）

282 拼人物造型（8）

283 拼人物造型（9）

284 拼人物造型（10）

285 用两副七巧板拼一张图（1）

286 用两副七巧板拼一张图（2）

287 用三副七巧板拼一张图

288 拼下列图形（1）

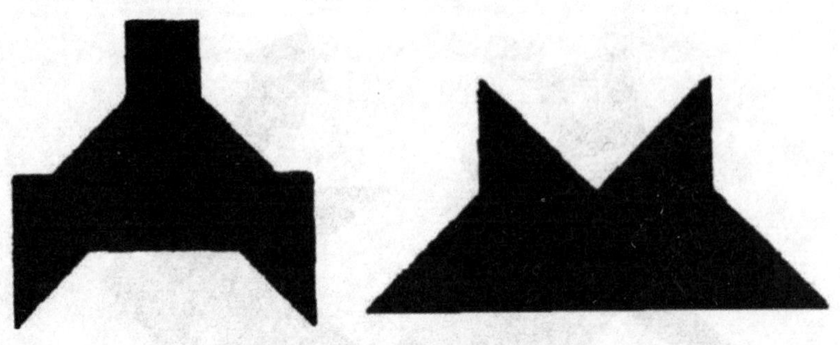

289 拼下列图形（2）

290 拼下列图形（3）

291 拼下列图形（4）

292 拼下列图形（5）

293 拼下列图形（6）

294 拼空洞的七巧板（1）

295 拼空洞的七巧板（2）

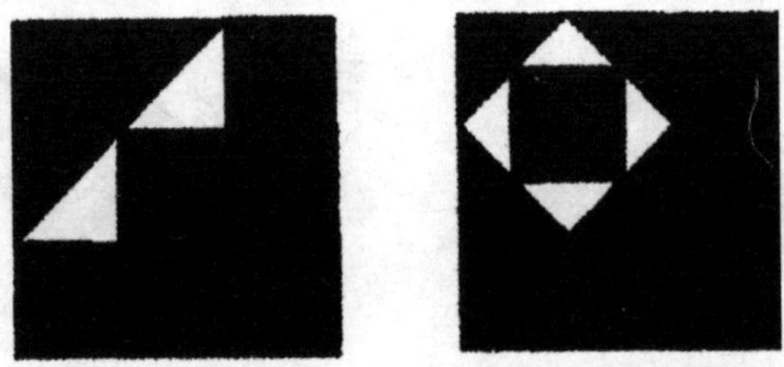

296 拼空洞的七巧板（3）

297 拼空洞的七巧板（4）

298 拼空洞的七巧板（5）

299 拼空洞的七巧板（6）

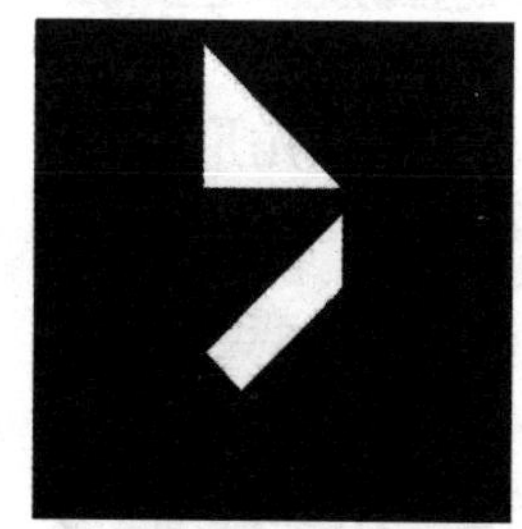

300 拼缺一角的平行四边形（1）

301 拼缺一角的平行四边形（2）

302 拼缺一角的平行四边形（3）

303 拼缺一角的三角形（1）

304 拼缺一角的三角形（2）

305 拼缺一角的三角形（3）

306 拼“七”“巧”两个汉字

307 拼“斗”“寸”两个汉字

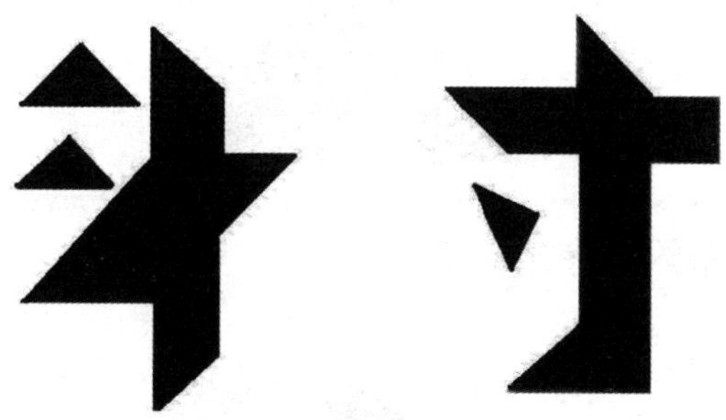

308 拼“川”“尺”两个汉字

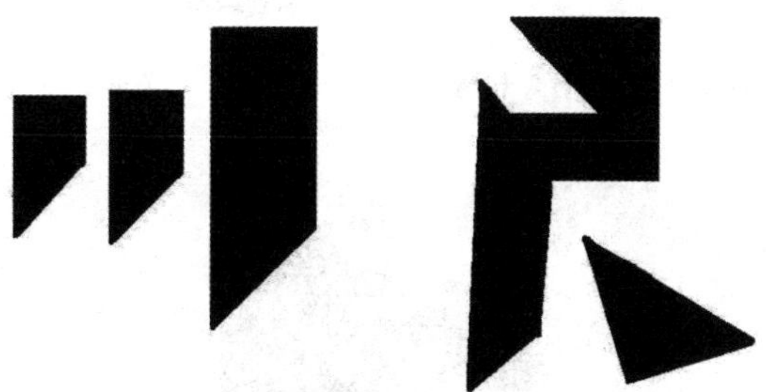

309 拼缺一角的三角形（4）

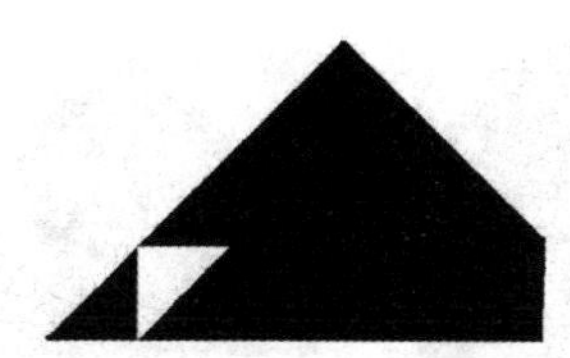

310 拼缺一角的三角形（5）

311 拼缺一角的三角形（6）

312 拼缺一角的三角形（7）

313 拼缺一角的三角形（8）

314 拼多边形（1）

315 拼多边形（2）

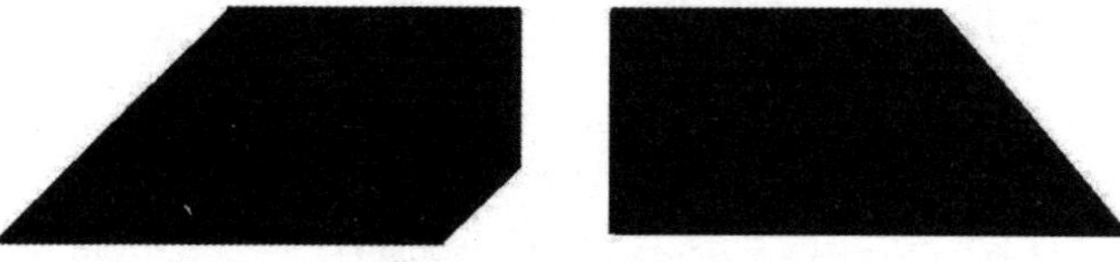

316 拼多边形（3）

第四辑

移动火柴，培养几何脑

火柴游戏，以点火用的火柴棒作为游戏器具，依照一定的规律和原则，通过合理的移动、腾挪和组合，最终完成由火柴创造出新的算式和图形的一种纸上游戏。

火柴游戏，又叫火柴棒游戏，是平面游戏中最具有全球意义的一种流行游戏。它是以点火用的小小火柴棒作为游戏器具，依照一定的规律和原则，通过合理的移动、腾挪和组合，最终完成由火柴所创造的新的算式和图形的一种纸上游戏。这种游戏玩具虽然体积很小，却是当今世界被权威玩具专家所推崇的第一游戏。

火柴游戏是随着火柴的诞生而诞生的，它与火柴的历史可谓如影相随。17 世纪中叶，德国开始盛行大范围的炼金术。1669 年，德国炼金术士勃兰特一个人在汉堡不分昼夜、如醉如痴地企图从各种低贱的金属中提炼出贵重的金子来。就在他几乎用了一整年的时间也未能炼出金子的时候，却意外地发现了一种易燃物质——磷。欣喜若狂的勃兰特在穷困潦倒身无分文的情况下，以极低的价格，将他的发现卖给了另一个德国人克拉夫特。1677 年，克拉夫特来到英国，向英王查理二世炫耀这种新奇的易燃物质。

这个消息很快就传到了英国化学家波义耳的耳朵里。波义耳十分兴奋，他一直在试制寻找能够打火的材料，磷的出现，极大地刺激了他的神经。他认为，磷绝对是引火的好材料，应该用它作原料制造成能代替打火石的取火器。于是，波义耳开始在他自己简陋的实验室里进行研究和试制。1680 年，他终于成功地在木质细棒的一端沾上了硫磺颗粒，又在粗糙的纸上涂上了磷，然后，拿带硫磺的细木棒在磷纸上一擦，木棒被点燃了。因为是用木棒涂燃料而点火用，波义耳遂将其命名为火柴，这便是世界上第一根火柴的诞生。

但是，由于当时的磷十分珍贵，使用时又很不安全，所以，波义耳制造的最早的一批火柴全都卖给了上流社会的绅士贵妇们，供他们赏玩和游戏。这些有钱人在对这种点火的木棒评头品足之后，渐渐地便将其当成游戏了。这便是火柴游戏的最早萌芽。此后随着木棒的稀少，绅士贵妇们玩兴锐减，开始兴趣索然了。这样，火柴的发展和研制便步入了停滞期。在此后的整整一百年中，人们仍靠着打火石来取火。

一个世纪以后，欧洲又开始相继有人对波义耳的火柴发生了浓厚的兴趣。1781 年，一个名叫希斯的德国人发明了一种叫作“磷烛”的火柴。1786 年，一个叫乔万尼的意大利人发明了一种磷盒火柴。1805 年，一位叫克雷尔的

法国人在巴黎发明了一种称作“速燃火盒”的火柴，这种火柴已经有了现代火柴的雏形，它一出现，就迅速传到了英国和美国。到了 19 世纪 30 年代，真正意义上的火柴和火柴游戏开始出现在了英国。

1827 年，一位名叫华尔克的英国药剂师用氯酸钾、硫化锑和树胶制成了第一根摩擦火柴。这种火柴在使用时可在砂纸上擦燃。为了携带方便，华尔克用一个小盒子将每一根火柴棒都装在了一起，然后再附送一张小砂纸，进行整盒出售。因为华尔克是药剂师，又在一家医院供职，所以，他把他发明的盒装火柴带到了医院，卖给了一些住院的病人。这些病人在病床上无聊的时候，便从小盒子里抽出火柴棒，进行拼摆组合，以打发时光。这样，时间一长，这个医院所有的病人都开始玩起了火柴棒拼合。很快，医院便发现，通过玩火柴棒拼合，病人们不仅病情渐缓，而且每个人精神都很畅快。这一现象立刻让华尔克非常激动，本来就爱玩游戏的他马上就想到了这一定会是一种新游戏的诞生，他经过对玩火柴的病友的调查，初步梳理了火柴棒游戏的拼合状况，正式将其定名为火柴游戏。从这时起，火柴作为游戏的一种形式，便记录在案了，并被写进了英美出版的大百科全书里。

自从华尔克制成了这种摩擦火柴之后，火柴在英国开始逐渐地被人们认识，受到了很多人的追捧。于是，一个叫赛默尔的英国人学习了华尔克的技术后，便在英国建了工厂，开始大规模地生产火柴，形成了最早的火柴工业。此时，在人们不断地改变取火方式，以现代火柴作为取火的手段的同时，火柴游戏也渐渐地从医院的病床上流传到了社会上，并伴随着火柴的大流行也渗透到了许许多多的人群里。尽管此时的火柴游戏只是最简单的拼图模拟，但其游戏的状态和给人们带来的新的快感却是让人们津津乐道的。

在火柴游戏被英国很多民众所浸润的氛围里，历史很快便来到了 20 世纪初，此时，正在剑桥大学任职的大数学家哈代在一次不经意间发现了火柴游戏的重大游戏价值和数学价值。

哈代，1898 年毕业于英国剑桥大学三一学院，1906 年开始在剑桥大学担任讲师，先致力于数学解析数论、调和分析和函数论的基础研究，后开始堆垒数论、不等式和三角级数的研究。从 1900 年起，他就成了剑桥大学校园里著名的数学教授。1911 年的一天，正在研究室里苦心钻研不等式的哈代因为一道解不开的数学等式而抓耳挠腮，愁肠百结。为了调整情绪，哈代随意地拿起了桌子上的一盒火柴，将其全部倒在案上，然后漫不经心地摆弄起来。摆着摆着，他眼前不禁一亮，一个念头袭了上来，这小小的火柴棒不就可以摆成算式吗！由于他本身就是数学家，有着极强的数学逻辑，很快，他就用火柴棒设计出了两道错误算式，然后自己对这两个算式进行了一个条件的限制，即只移动一根火柴，使等式成立，根据自己设定的条件，他又很快摆出了正确的等式（两道错误算式是：14+7−4=11；14−1+1=3；两道正确算式是：14−7+4=11，114−111=3）。这两道算式的设计，让哈代顿时心花怒放，他觉得自己找到了一种可以代替数学模拟的游戏，而且，这种游戏除了具有数学功能外，还有着极为广阔的智力开发的功能。

从此，这位数学家把自己的全部业余时间都用在了火柴游戏的开发和设计上，经过了几年的努力，他开发和设计了近千道火柴游戏题，并总结梳理出了火柴游戏的类型。其后，他开始在剑桥大学的数学系进行推广，继而又在全学校进行推广，在校外进行推广。这是现代火柴游戏的正式诞生，哈代亦成为了火柴游戏的真正开创者。

从这时起，具有数学功能的火柴游戏不仅在英国大范围地流行开了，而且很快传到了欧美及很多国家。哈代的学生、美国数学家诺伯特·维纳将火柴游戏带到了美国，并进行研究和传播；法国的数学家与游戏爱好者皮埃尔·贝洛坎在获得了哈代的火柴游戏题之后，更是如醉如痴，不仅将哈代的火柴游戏在法国进行宣传，而且自己还进行再创造，又精心设计出了很多火柴游戏，以游戏专著的形式公开出版，一时，风靡了法国和意大利。此时，中国的数学天才华罗庚亦来到了剑桥大学，成为哈代的学生，因为深受老师的影响，华罗庚也对火柴游戏产生了浓厚的兴趣，亲历亲为，亲设亲组，并在 1938 年回国后，将火柴游戏带到了中国。这一阶段，火柴工业在世界上也是方兴未艾，如雨后春笋一般蓬勃发展起来，而凡是火柴到达和使用的地方，火柴游戏便也随之到达，并受到了无数人的青睐。到了 20 世纪 40 年代末，火柴游戏已经成了具有全球意义的一种游戏了。

20 世纪 50 年代，世界上一些研究智力的心理学家开始登堂入室，各种智力理论不断地涌现，各种智力测验套题亦不断地被推出，在这样的背景下，火柴游戏立刻就被各个智力研究者和创造心理学家格外垂青。而这之中，美国著名的心理学家吉尔福特是最先也是最重视火柴游戏的人，他第一个把火柴游戏引入到由他所创立和推出的世界上第一套“发散思维题”智力测验当中，并在此套题里对火柴游戏的几何图形拼组进行了特别的提示和强调。由于吉尔福特的推崇，加之他所推广的智力题备受重视，所以，浸润之中的火柴游戏也随之受到了无数开发智力的专业人士的另眼看待，使这种既能使用又有着精巧韵味的小小火柴棒游戏很快就成为了许多心理学家和智力开发机构以及游戏开发商的首选游戏。这样，火柴游戏就从一般性的组合和计算游戏，一下子上升到了最具智力开发功能的思维游戏。也由此开始，带着新功能和完备形态的火柴游戏在脱胎换骨增进了新鲜血液之后开始在美国、英国、法国以及日本等很多国家真真正正地风行起来。

火柴游戏在世界深入人心，那么它在中国又是如何诞生流传和发展的呢？遗憾的是，关于它的诞生，至今无可考。20 世纪初，广东佛山有了中国第一家火柴厂，此后，北京、天津、上海、苏州等地相继办起了拥有一定规模的火柴公司。然而随着火柴被中国人所接受，火柴游戏却并没有出现。1938 年，数学家华罗庚回到国内，将他的老师所爱玩的火柴游戏一并带了回来。据有关人士考证，华罗庚回国后，将老师哈代设计的火柴游戏和自己设计的火柴游戏题传给了很多人，不仅一些专家喜欢玩，就是社会上的很多人也喜欢玩。当时北京的一家火柴厂还专门找到了华罗庚，借华罗庚的名气进行火柴游戏的推广，从而达到促进火柴销售的目的。这样，借着华罗庚的推波助澜，火柴游戏在 20 世纪 40 年代中国的一些城市里，开始显现身影，初彰影响。

1949 年，中华人民共和国成立以后，由于火柴厂在中国各地遍地开花，火柴游戏也开始流行起来，成了很多中国人爱玩的一种游戏。据有关人士介绍，著名数学家华罗庚此时在科技界的有限圈子里，不遗余力地传播着火柴游戏，尤其是他在全国进行推广“优选法”的时候，更是将火柴游戏带到了全国的许多地方。著名数学家陈景润亲得老师的真传，在证明“1 + 2”的求索日子里，便是以玩摆设计火柴游戏作为自己的最大乐趣。他曾设计了一个以“回”字为开头的“回”形火柴游戏（见后文），用三次连续的变形，最后成为5个正方形。这个火柴游戏在当时的中科院数学所非常有名，而且还成为20世纪80年代初塑造陈景润形象的一个非常宣传个案。

20世纪80年代中后期，火柴的使用量渐渐地减少，纯粹地用火柴进行玩乐亦随之开始进入了冬眠状态，由几十年以来的“你方唱罢我登场”，步入了“门前冷落鞍马稀”的萧条和蛰伏状态。

火柴游戏按哈代以及一些专家的区分，加上中国数学家华罗庚的分析归类，共有五种类型，具体如下：

一、几何图形游戏

这种游戏是以拼组几何图形为主体的一种火柴游戏。它的玩法一般是先给出一个图形，然后让玩者进行增减和挪移，最后拼组出一个几何图形来。这些几何图形基本上是以圆形、三角形、正方形、菱形、平行四边形以及梯形为主。这种游戏，是火柴游戏当中最为常见的类型，也最有趣、最见数学功力。

二、数学算式游戏

这种游戏是以改正错误算式而进行的一种平衡等式游戏。它的玩法一般是先给出一个错误的算式，要求玩者挪动几根火柴后，将错误算式改成正确算式。这种火柴游戏同几何图形游戏一样，也是最通行的游戏。其通过移动火柴所进行的基本计算功能更为彻底，游戏的韵味更为纯粹。

三、一般图形游戏

这种游戏是以拼摆各种奇图异图，再进行图形变换的一种火柴游戏。它的玩法通常都是给出一个具有某种物象的图形，然后让玩者据此变化成一个新物象或与原物象有某种联系的物象。这种游戏具有美术和艺术功能，它不是从算数出发，而是对事物进行轮廓的模拟，从而再进行改造和变化。常玩此种游戏，对人的空间智能和艺术想象力大有裨益。

四、火柴变汉字游戏

这种游戏是以拼摆汉字为游戏内容的。它的一般玩法是先给出几个汉字，然后让玩者重新移动这些汉字，最后拼摆出新的汉字。这种游戏是火柴游戏当中唯一的中国式游戏，是中国汉字被引入到火柴游戏里面最东方的智慧反映。常玩此种游戏，不仅能检测一个人对母语的掌握程度，而且还可以提升一个人的知识结构，是一个语文色彩和游戏色彩双结合的火柴游戏类型。

五、趣题火柴游戏

这种游戏是通过火柴来解构和模仿某种趣味话题，从而实现话题的转移和再造。这种游戏属于火柴游戏的变种和延伸，它的最大特点就是火柴的解释性，以火柴的形象来搭建和演示各种智力题目。此类火柴游戏在整个火柴游戏当中的占有数量并不大，因此，它不是主流，只是火柴游戏里面一个小小的延续分支而已。

以上五种火柴游戏，前三种流行很广，第四种仅在华语地区流行，第五种流行范围较小。尽管其流行范围不同，有大有小，这五种类型的开发智力功能和娱乐功能却全都是一样的，都有着非常高的效率和作用。而正因为其本身的益智价值以及非常独特的魔术魅力，又使得火柴游戏成为世界上很多国家进行智力测量和健脑减压的有力武器。

据报载，美国著名益智作家马丁·加德纳曾经为火柴游戏的智力教化以及其在孩子中间的健脑减压做了非常大的努力。马丁·加德纳先在《科学美国人》杂志进行火柴趣题的推广，并不断地撰写科普文章宣传火柴游戏的价值。为了形成气候，马丁·加德纳还联合一些心理学家共同在美国的学生中间举办各种各样的火柴智力游戏大赛，他甚至还将大赛的范围划分为大学生、中学生和小学生三个级别。在不断比赛的过程中，马丁·加德纳有感于中小学生更为积极和关心，便在全美国针对中小学生开始不断地进行火柴竞赛，希望能够通过这种小小火柴棒游戏，让中小学生们既健脑又解乏，同时增加乐趣。

由于马丁·加德纳的倡导、传播和推动，美国很多学校的学生都喜欢玩火柴游戏，一些学校的教室里甚至还专门放置了许多火柴，供学生们拼摆和娱乐，以达到消除疲劳、减轻重负的目的。纽约的一些中小学校就曾要求学生们每天至少玩三次火柴游戏，学校认为在早、中、晚三个时段，如果都能用几分钟时间玩一玩火柴游戏，那么，对学生们将大有裨益，既能情绪饱满，精力充沛，亦能使学生们富有创新精神和开拓精神。

在火柴游戏诞生的英国，火柴游戏在现代同样被一些学生们所喜爱。受传统的影响，火柴游戏在英国有着广泛的基础，在孩子们中间亦是呈现着独特的魅力。据资料显示，驰名全球的英国智力机构——门萨协会就设有专门的火柴游戏开发推广协会，他们除了大量推出火柴训练测验题之外，还将火柴游戏推广到全国各种各样的学校和儿童教育培训机构，好让孩子们能够享受到火柴游戏的乐趣，进而毋忘传统、增智健脑以及协调人际关系。在门萨协会的调动下，英国的很多中小学生对火柴游戏偏爱有加，甚至经常在校园的草坪上集体疯玩着火柴游戏，以至形成了英国所特有的“草坪摆火柴”现象。

此外，在法国、荷兰、意大利、德国、新加坡、日本以及中国的台湾地区，火柴游戏在学生中间同样深入人心。而最受学生推崇且已形成一定规模的当属日本。

在日本，火柴游戏已经不只是一种游戏，它已经真正地成了一种健脑和开发智力的重要工具。日本人善动脑、爱思考，这个国家所出版的智力读物绝对是世界上最多的，而各种类型的火柴游戏读物又是其中的重中之重。在这样的氛围里，火柴游戏自然是受到无数日本人的喜爱，富有时尚精神的学生一族也喜欢玩它，并用它娱乐、消闲、健脑乃至减压。据在日本一家教育机构工作的一位中国籍儿童教育工作者的亲见和调查，几乎所有的日本中小学生都喜欢玩智力游戏，并用这些游戏来锻炼脑力，同时用来减缓因学校的学习压力所形成的紧张情绪。在他们所喜爱的智力游戏当中，火柴游戏几乎成了学生们所必须选择的几种游戏之一。很多学生尤其喜玩善摆由日本著名的智力大师多湖辉所设计的趣味火柴游戏。据调查，日本中小学生每三人就至少拥有一本火柴游戏书，仅此数据，就堪称世界第一。

美、英、日的学生们已经充分地认识到了火柴游戏的娱乐、健脑和减压功能，那么，中国大陆的学生一族目前又是什么样子呢?

据对深圳、广州、上海、北京、大连五座城市的中小学生的调查，由于由成人而引发的在20世纪80年代末对传统玩具的回归寻找，使得火柴游戏在成人们的追思中重又获得新生，继而也带动了很多学校的老师和学生对火柴游戏的喜爱。但由于时代的变化，纯粹用火柴器具来做游戏的学生显得非常之少，而用替代功能的铅笔、格尺和曲别针等东西来做火柴游戏的学生却多了一些，可数量也不大；但是，在电脑上玩火柴游戏的中小学生却是相当多。这不仅反映出火柴游戏在中国的浴火重生，亦说明了火柴游戏正在学生一族当中备受推崇，尽管其已不是器具性质的桌上拼摆。据编者在广州一座学校的走访，在这所拥有近4000人的初中学校里，几乎每十个学生中就有一个人喜爱在电脑上玩火柴游戏。他们认为火柴游戏十分有趣味性，在学习劳累之后，玩上一会儿火柴游戏，能增加快乐，忘却烦恼。

由此可管中窥豹，火柴游戏在中国学生一族的减压活动中，的的确确已经形成了一片玩潮，它的流行程度在有些城市甚至已经超过了其他游戏。所以，著名经济学家、消闲学家和火柴游戏玩家于光远就曾非常郑重地说：“火柴游戏是最能增进中国人智慧的大众普及案头游戏，在现代意义的普及程度上，它是最深入人心的，它对现代人的舒压休闲尤其是久坐书桌的中小学生的舒压休闲具有着很多游戏所不可替代的独特作用！”诚哉斯言！信哉斯言！于光远的话，可谓是把火柴游戏对当今中国中小学生的减压功效一语中的，给了火柴游戏的减压和娱乐价值一个最权威的定位。

现在，就让我们擎着火柴的点点亮光，一同推开由火柴搭建的智慧大门，去寻找那令人既心旷神怡又健脑减压的快乐游戏，共同踏上“越玩越聪明”的快乐通道吧！

317 摆算式

下图是用 3 根火柴摆的算式，现在再给你 3 根火柴，让这个算式成为完整的等式。要求 3 根火柴全用上，该怎么办？

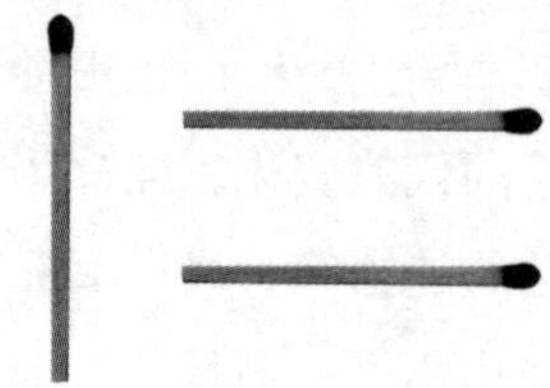

318 5+5=5

请问“5+5 是多少？”如果你学过英语，就会仍然得到 5。你能摆出来吗？

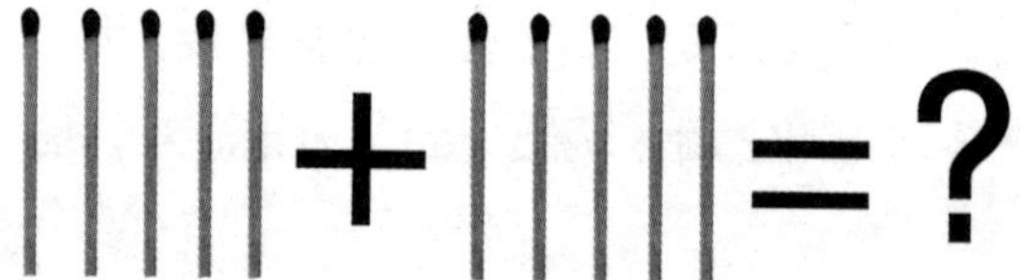

319 改变算式

下图是一个 2=2 的算式，请你动一根火柴，把此式变成另一个合理的算式。

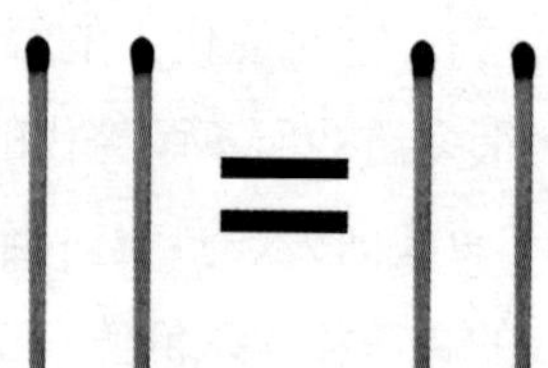

320 改变不等式

移动 2 根火柴，组成一个不等号改变了方向的不等式。

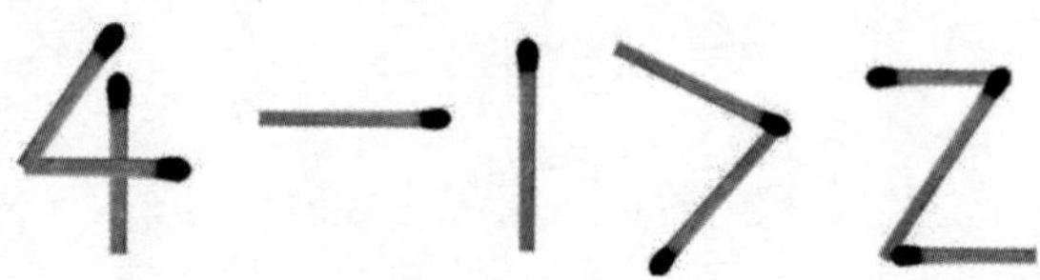

321 修改错误算式（1）

用 19 根火柴摆出下面的算式，可这个算式是错误的，现在请你移动 1 根火柴，使等式成立。

1+7−13=44

322 修改错误算式（2）

下面是两个不成立的等式，现在请你移动 1 根火柴，使它们左右相等。

4=14+1−1+1

12−2+7=11

323 修改错误算式（3）

下面是一个错误的算式，请你移动 1 根火柴，使不正确的算式变成正确的等式。

14−1+1=3

324 修改错误算式（4）

下面这个算式是错误的，请你只移动 1 根火柴，把它变成正确的等式。

325 修改错误算式（5）

下面这个算式是不成立的，请问至少要移动几根火柴，才能让这个算式变成正确的等式？

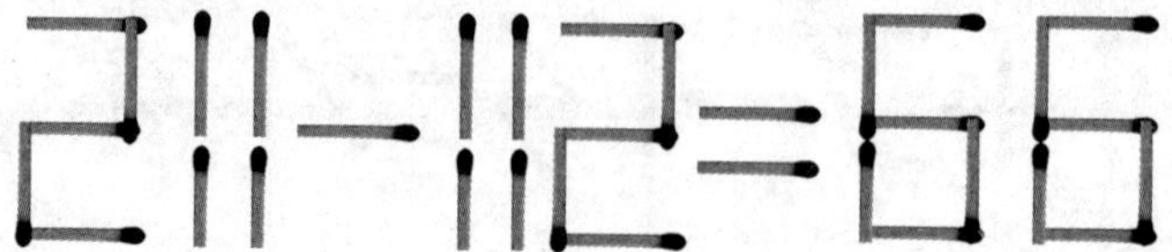

326 火柴的长度

1 根普通的火柴的长度约 40 毫米，你能拿 5 根普通的火柴拼成 1 米，8 根普通的火柴拼出 1 千米吗？

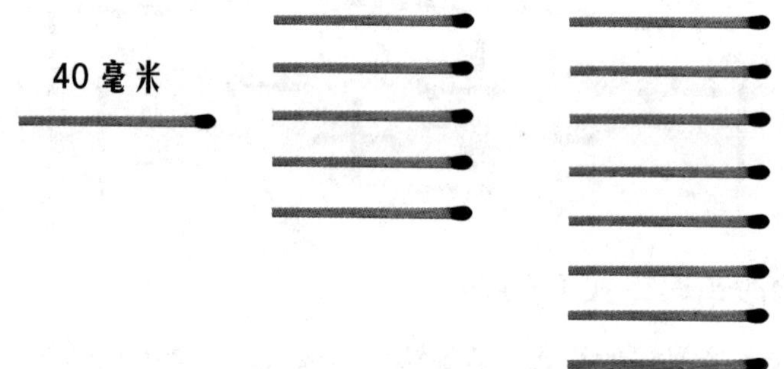

327 最大和最小

用火柴摆成下列算式，其得数为 17。现在请你只移动 1 根火柴，使这道题得数最大；若再移 1 根火柴，使这道题得数最小，该移哪一根？

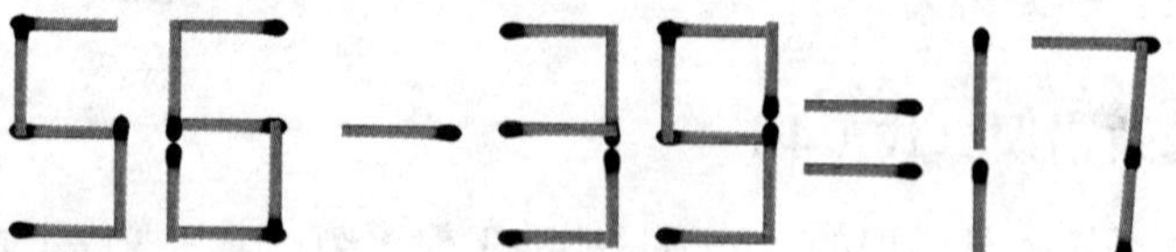

328 一题三解

下面是一道错误算式，如每次移动其中的 2 根火柴，使算式成立共有 3 种解答方式，分别是？

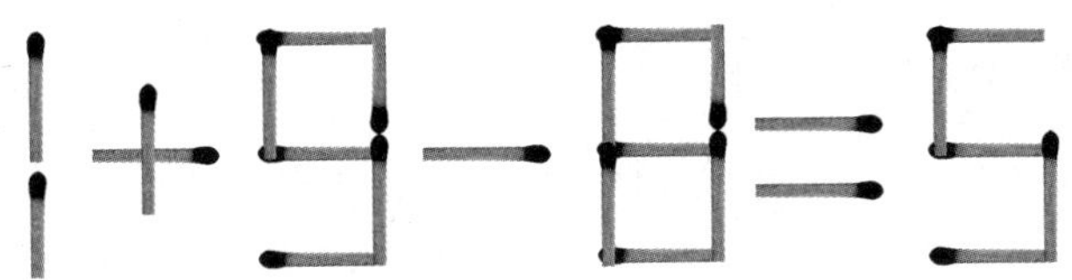

329 修改错误算式（6）

下面是两道面目全非的不等式，请你移动 1 根火柴让两个算式相等。

7×7=21-4

17+7=7-7

330 修改错误算式（7）

下面是两个用火柴组成的等式，两题都不正确，请你每题移动 1 根火柴，让它们组成正确的等式。

12-2+7=11

14+7-4=11

331 修改错误算式（8）

下面的算式算错了，现在不许添不许减，只移动 1 根火柴，将它改正过来。

1+11+111=1111

332 修改错误算式（9）

请各移动 1 根火柴，使下面的两个等式成立。

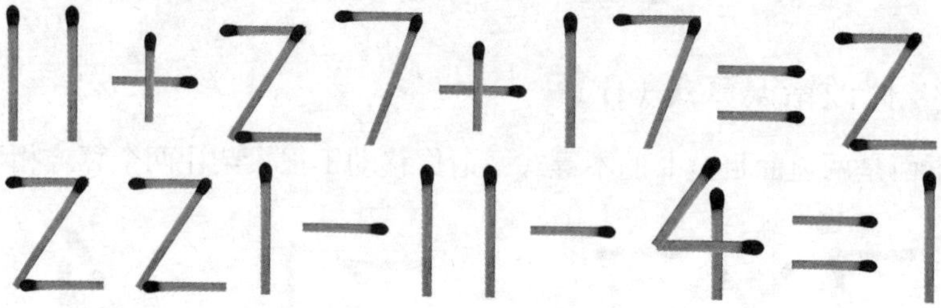

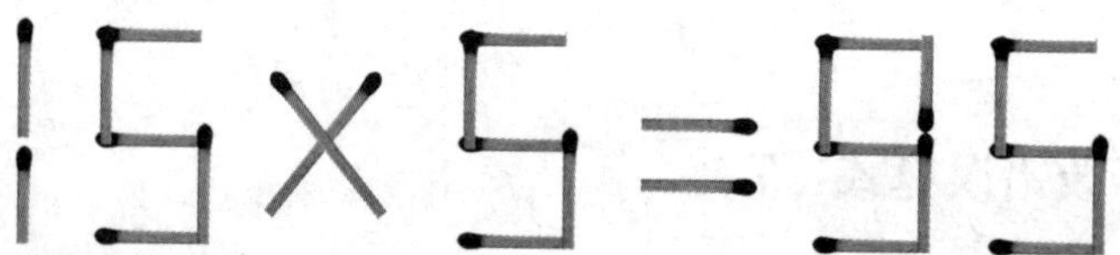

333 修改错误算式（10）

下面的算式是个错误的算式，请你加 1 根火柴，将它改正过来。

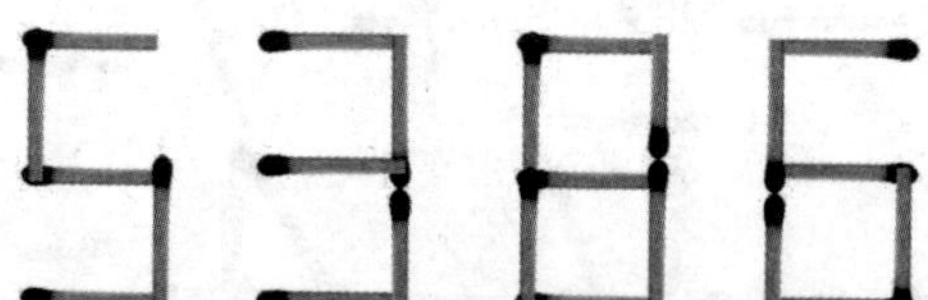

334 组成最大数

用 23 根火柴组成下列数字，请你移动 2 根火柴，组成一个最大数。

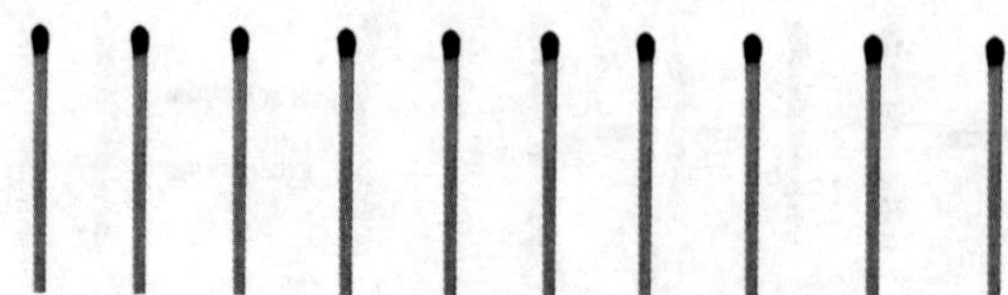

335 分对

有 10 根火柴一一排开，我们要两两分对，但要求每根火柴必须和隔开两根的火柴成对，如第 1 根要搬到第 4 根旁边成对，搬法有几种？

336 交错成对

下图的 10 根火柴，5 根头朝上、5 根头朝下，现在请你搬动 5 次，让它们一上一下交错开，但要求是：搬动时必须是两根连着动。

337 拼长方形

准备 12 根火柴，用它们排出下面 2 种长方形：（1）长方形的任何一边，火柴数目之和都是 5；（2）纵横各 3 排，每一排的火柴数目之和都是 4。

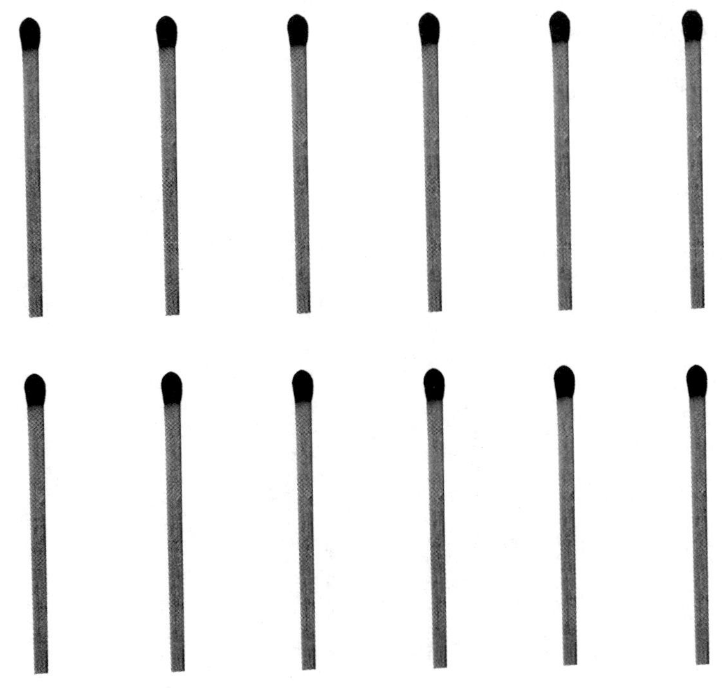

338 火柴排队

用 24 根火柴排成 3 行，其中第 1 行 11 根，第 2 行 7 根，第 3 行 6 根，现在请你将火柴排成 8 根 1 行，要求只调动 3 次，并且每次调入某行的火柴必须和这一行原有火柴数量相等。

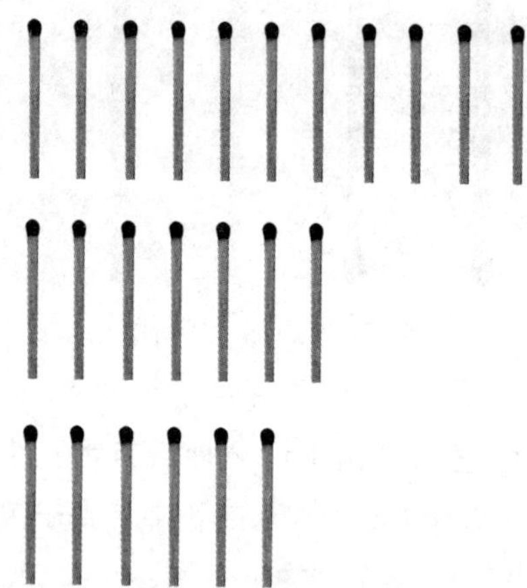

339 移塔

用 10 根火柴摆成下面的塔形图案，现在请你移动 3 根火柴，使图形倒过来。

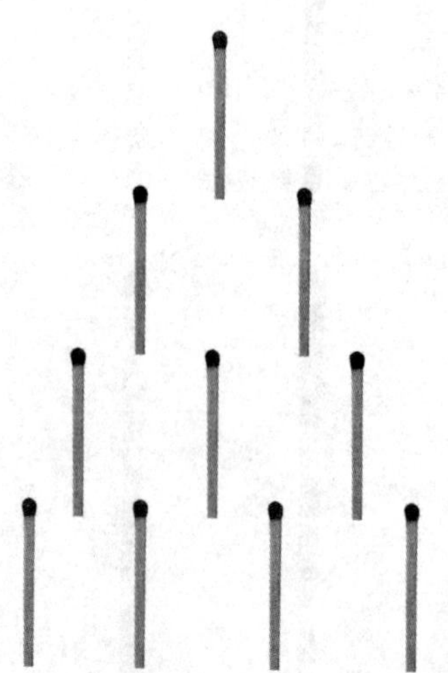

340 巧移变相等

桌上有 17 根、7 根、6 根、2 根 4 堆不相等的火柴，请你移动 4 次，使 4 堆火柴都相等。要求移动时，每次从多移到少那堆去，移法正巧是原数的 1 倍。例如：原数是 2 根，应移 2 根变成 4 根。请你想一想，怎样移动 4 次，才能使 4 堆火柴都相等为 8 根。

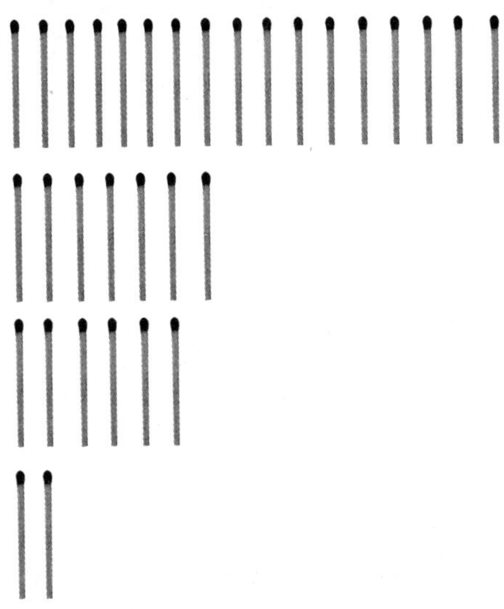

341 楼房变正方形

用 15 根火柴摆成下面 2 个楼房的形状，现在请你移动 4 根火柴，让楼房变成 2 个不一样大的正方形。

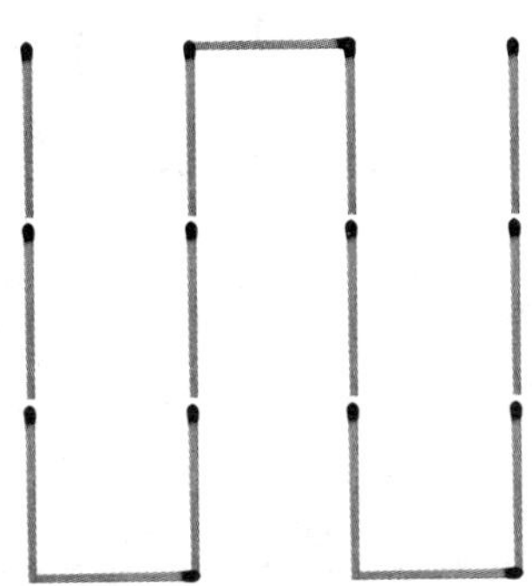

342 分三等份

用 22 根火柴摆成如图所示的图形，现在请你增加 7 根火柴，把它分成形状和面积一样的 3 部分。

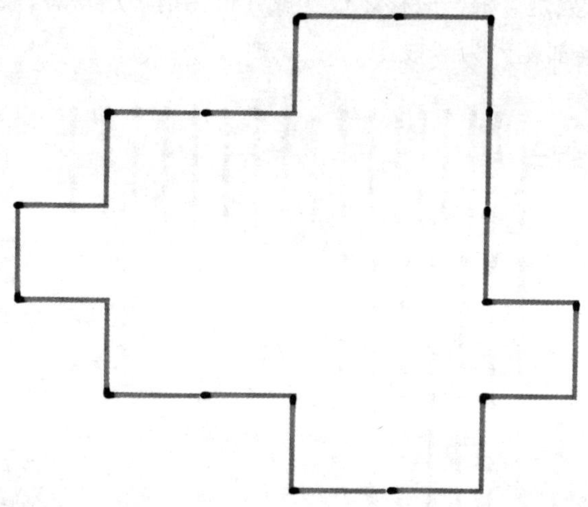

343 巧分 5 块

用 20 根火柴摆成两个大小不一的正方形。现在增加 10 根火柴，变成除去小正方形的大正方形，其余的地方分成 5 块，并且形状和面积都相同。

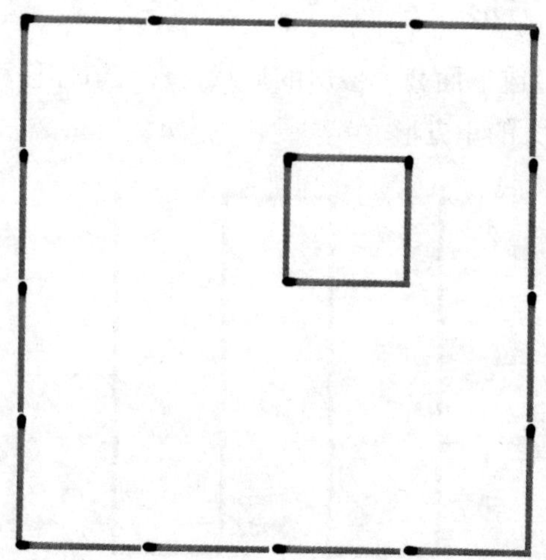

344 “回”字变正方形

用 24 根组成一个“回”字形，请你移动其中的 4 根火柴，使其变成 3 个正方形；然后再移动其中的 8 根火柴，使其变成 9 个正方形；最后再去掉其中的 8 根火柴，使其变成 5 个正方形。

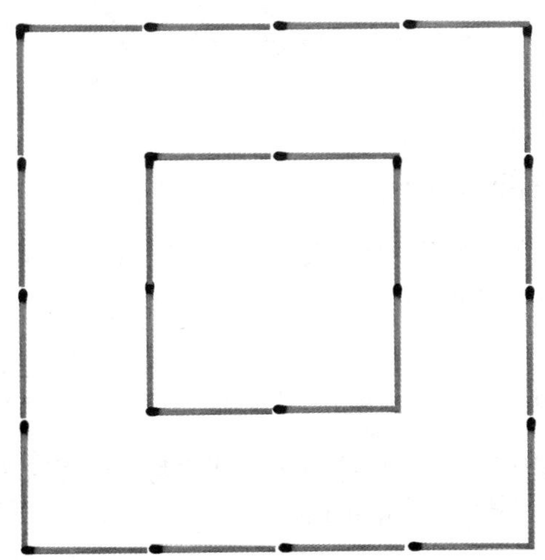

345 什么图形面积大

用同样的 6 根火柴，组成比这 3 个图形面积大的图形。

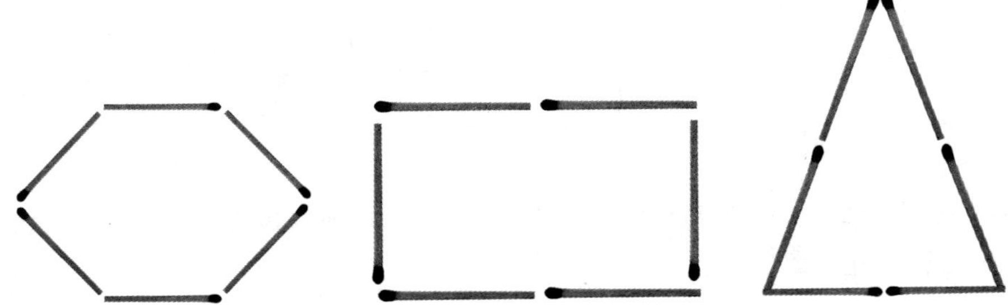

346 摆出直角

（1）请你用 4 根火柴围成一个图形，图形中要有 4 个直角。（提示：至少能摆出 5 种图形）

（2）请你用 12 根火柴摆出有 12 个角的图形，并且每个角均为直角。

347 箭头变形

用 16 根火柴组成下图所示的箭头，现在移动 8 根火柴，使它变为 8 个相等的三角形；再移动 5 根火柴，变成 5 个相同面积的四边形。

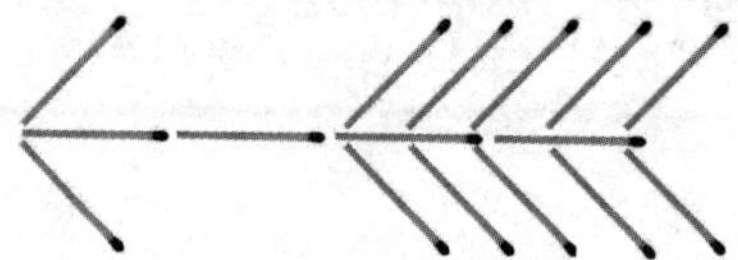

348 端头相交的 6 根火柴

有 6 根火柴，要求既不分离，又不相叠，还不要折断，只能在端头相交，一共可以有多少种不同效果的图形呢？

349 巧移手枪

用 17 根火柴摆成一个手枪的图案，请你移动 2 根火柴，让这个手枪形的图形变成 2 个面积形状相同的图形。

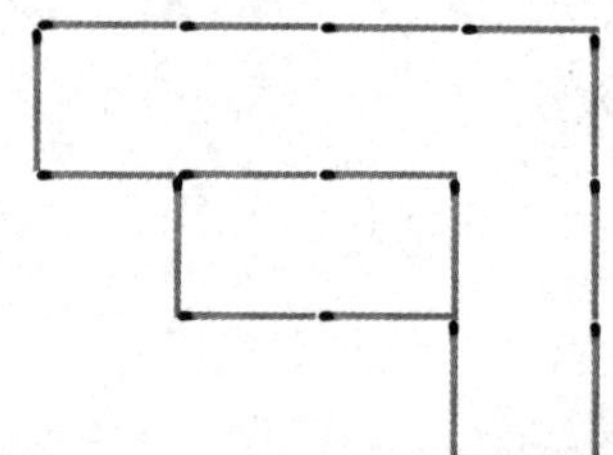

350 牛头转向

用 13 根火柴摆成一头牛，牛的头朝前方，请你只移动 2 根火柴，使这头牛的头朝向后面。

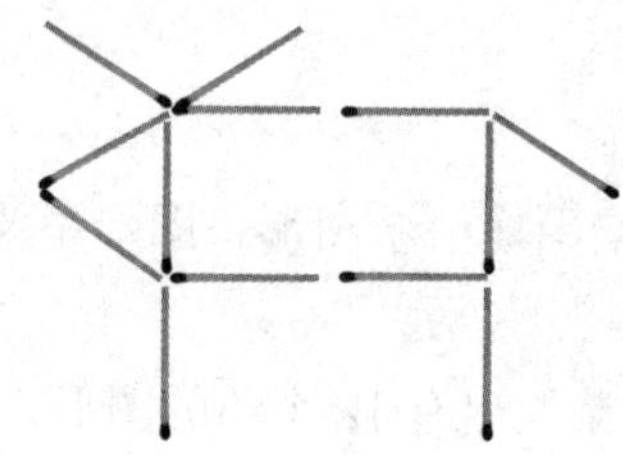

351 火柴架桥

用 4 根火柴在 4 只杯子上架起一座桥，但每根火柴只能有一头搭在杯子上。（不能把火柴粘起来或缚起来）。

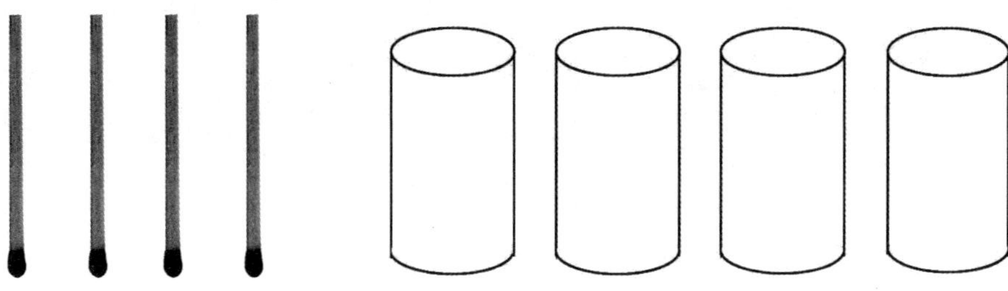

352 巧减红十字

用 36 根火柴摆成一个由 13 个小正方形组成的红十字图案，请你从中拿走 4 根火柴，去掉 5 个小正方形，红十字图案依然不变。应该拿走哪 4 根火柴呢？

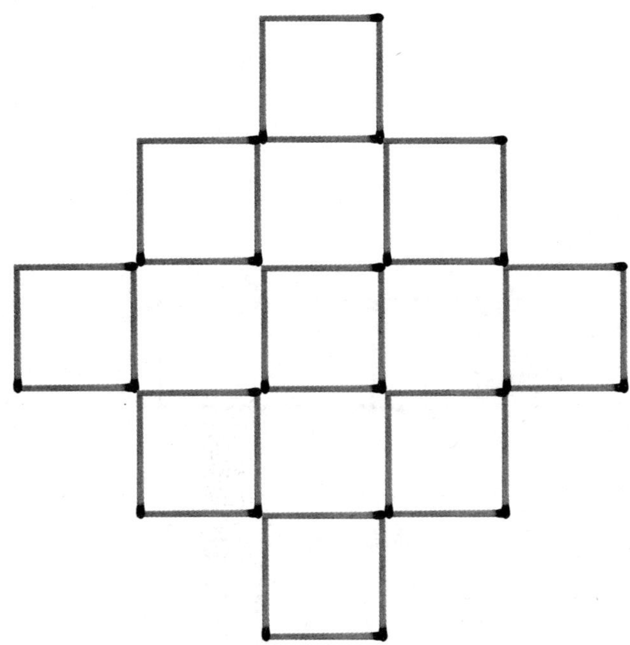

353 旗变成房子

请你移动 4 根火柴，使旗子变成一间房子。

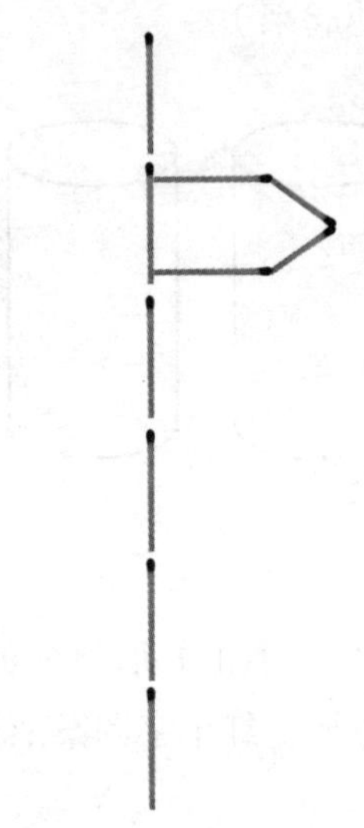

354 搭房子

用 14 根火柴可以摆成一间由 3 个四边形和 2 个等边三角形组成的房子，现在给你 9 根火柴，仍要摆成一间有 3 个四边形和 2 个等边三角形的房子，应该怎么摆?

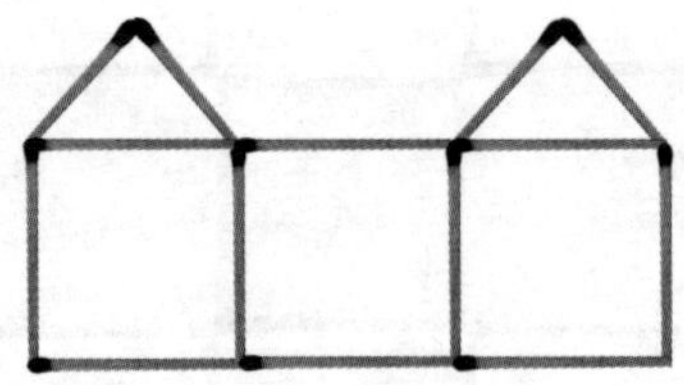

355 巧变等式

请你移动 1 根火柴，使下面等式成立。（注意：不用数字的计算方法）。

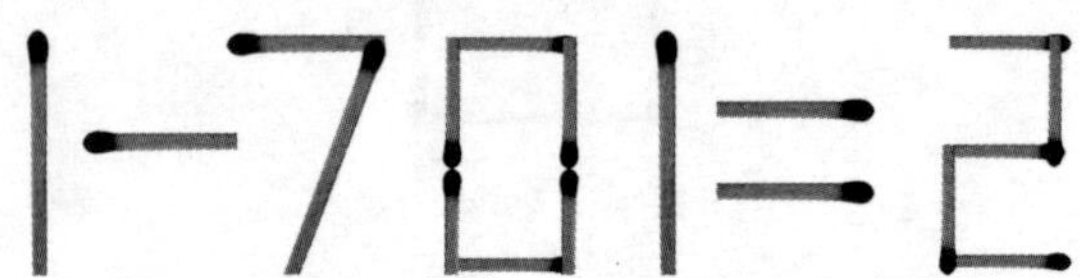

356 树变房子

只许移动 4 根火柴，把 2 棵树变成 1 间房子。

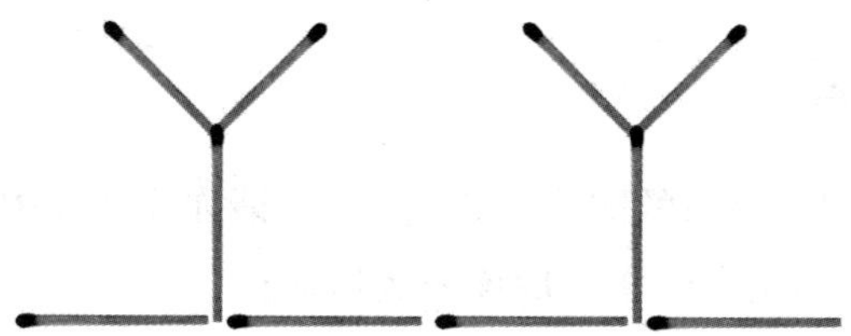

357 房子转方向

请移动 2 根火柴，让房子转个方向。

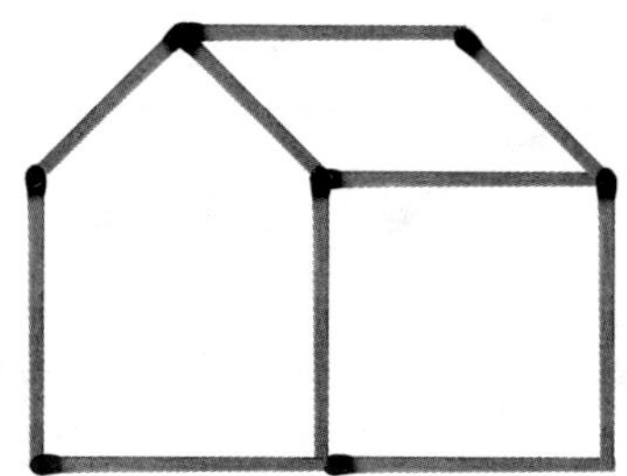

358 6 个羊圈

用 13 根火柴代表羊圈栏杆，围成 6 个大小相同的格子，现有 1 根栏杆坏了，又暂时找不到合适的栏杆，只好先将这 12 根栏杆重新围成大小相同的 6 个羊圈，应该怎么围？

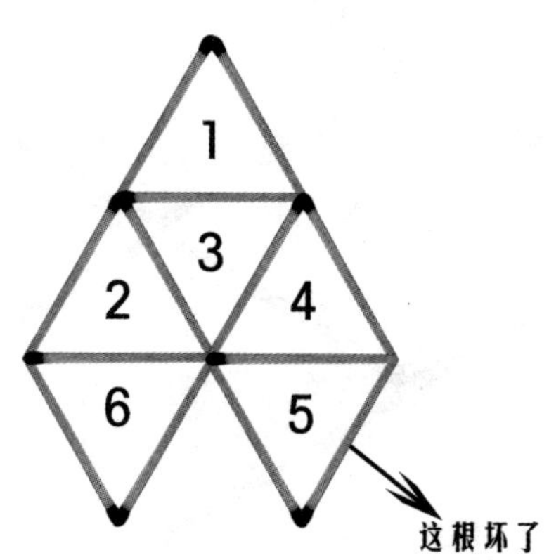

359 摆花灯

某单位要用13盏花灯布置展览室，需要排成12行，每行3盏灯，怎样才能摆出来？

360 小鱼转身

用8根火柴摆成小鱼的图形（如图1），请你移动其中的3根火柴，使它进行180度转弯（如图2），应该怎么移动？

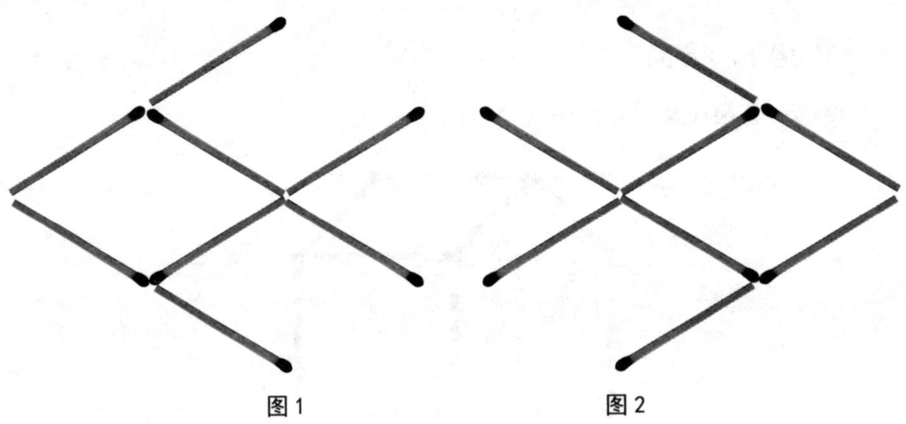

图1　　图2

361 小鱼上钩

请你移动2根火柴，使这条小鱼头朝上。

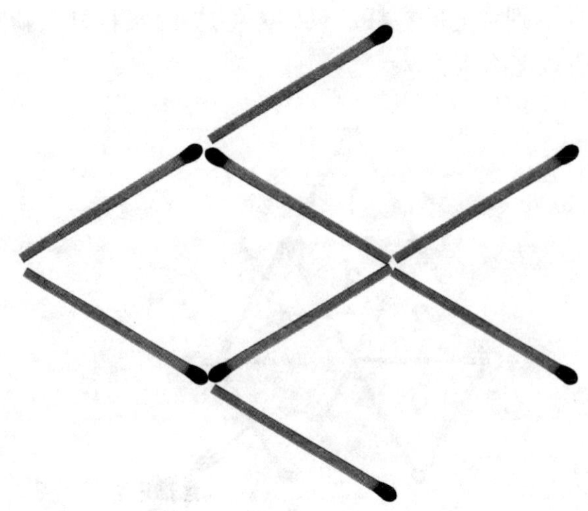

362 金鱼变蝴蝶

请你移动 4 根火柴，使这条金鱼变成一只蝴蝶。

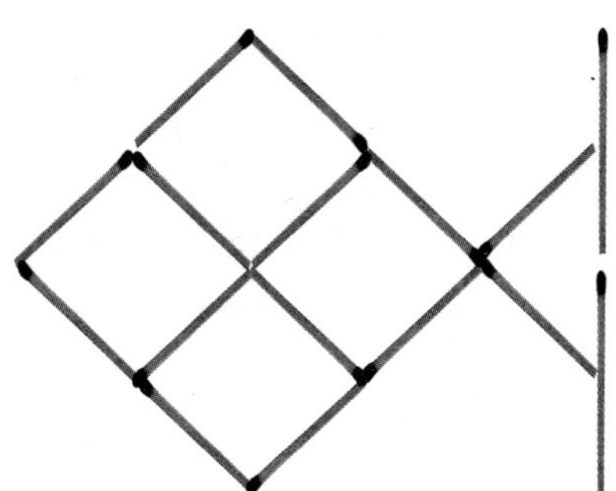

363 小燕子翻筋斗

用 10 根火柴摆出小燕子向上飞的图形（如图 1）。现在只许移动其中 3 根火柴，使小燕子翻个筋斗，即头朝下（如图 2），应该怎么移动？

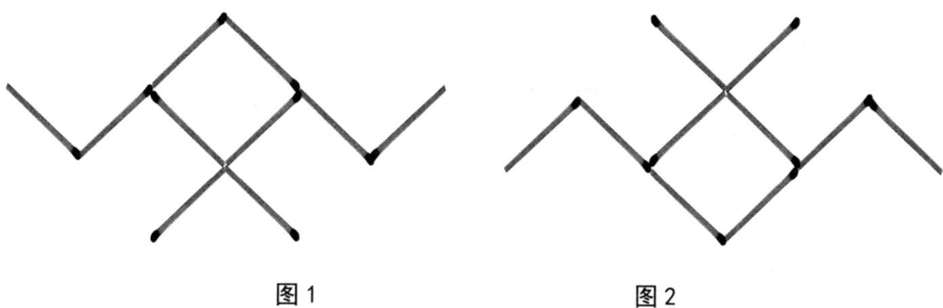

图 1　　　　图 2

364 小燕子回家

天暖了，小燕子要回老家，请你移动 3 根火柴，让小燕子调头飞。

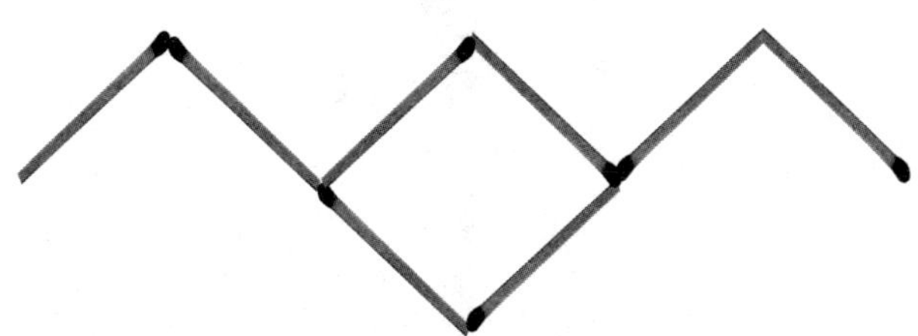

365 摆平天平

请移动 5 根火柴，让这个一边高一边低的天平平衡。

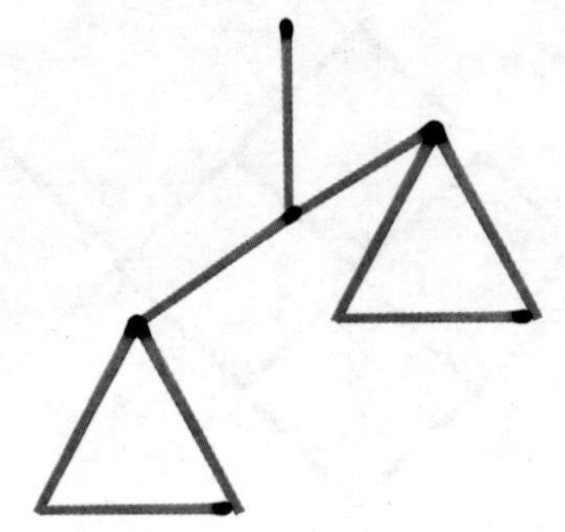

366 小猪回头

你能只动 2 根火柴，让小猪回过头来吗？

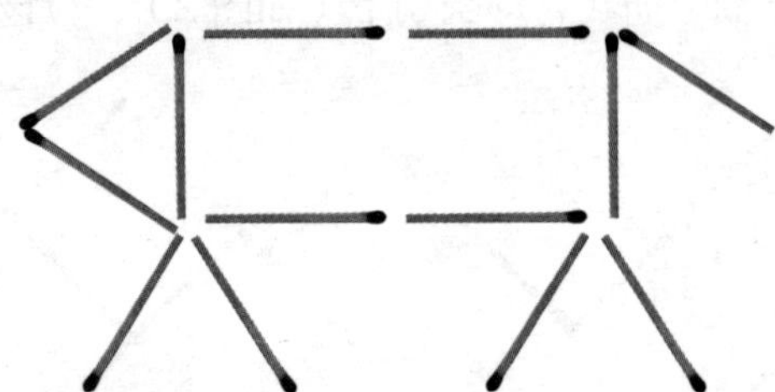

367 放出蜜蜂

苍蝇拍误打了蜜蜂，请你移动 3 根火柴，把蜜蜂放出来。

368 变成3个菱形

用18根火柴摆出下面图形，请你取走6根火柴，使剩余的火柴组成3个菱形图形。

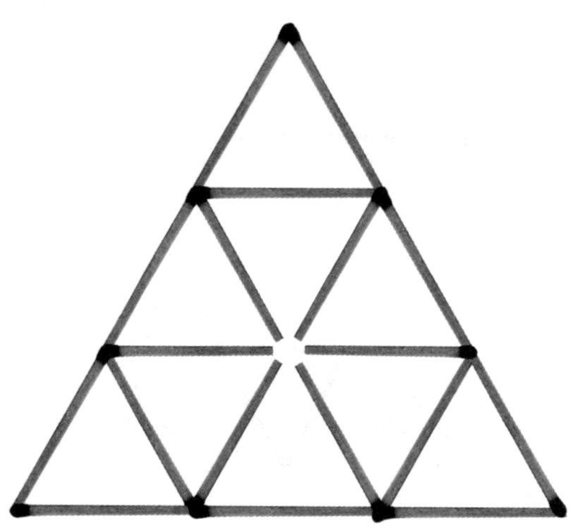

369 摆平行四边形

请你先用10根火柴摆出3个相等的正方形，然后拿走1根火柴，用剩下的9根火柴摆出3个相等的平行四边形。

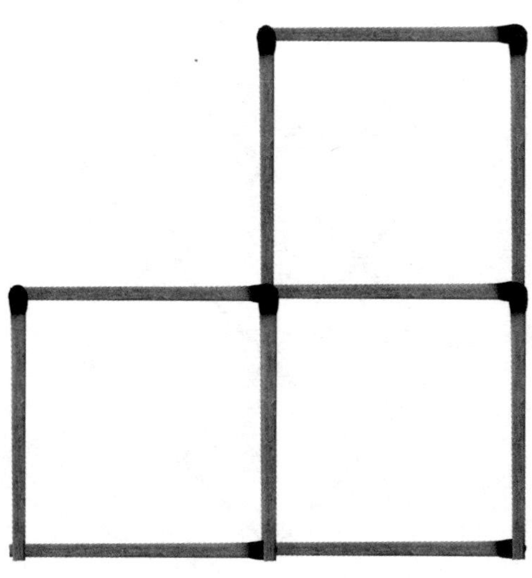

370 六角形变菱形

用18根火柴摆出1个六角星，请你移动其中的6根火柴，使六角星变成6个相等的菱形。

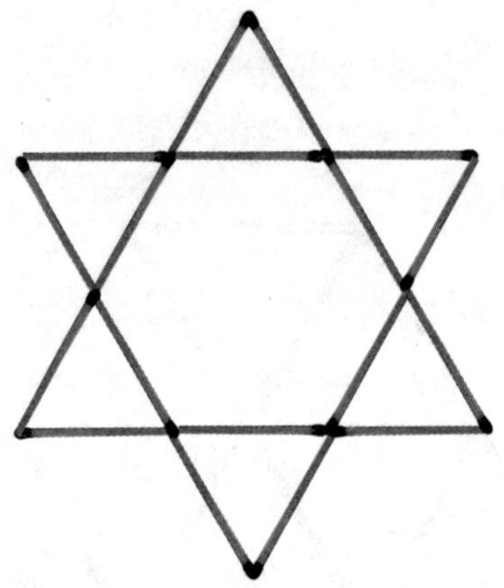

371 巧变菱形

用20根火柴摆成9个菱形，请你移动4根火柴，使它变成5个菱形，多出一个斜“十”形。

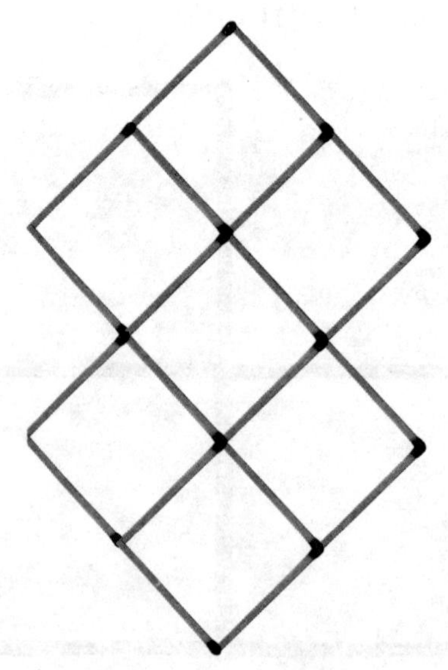

372 增加的菱形

用 16 根火柴拼成 3 个大小不等的菱形，现在请你移动 2 根火柴，使其变成 4 个大小不等的菱形。然后，再分别移动 2 根火柴，使其依次变成 5 个、6 个、7 个、8 个大小不等的菱形。

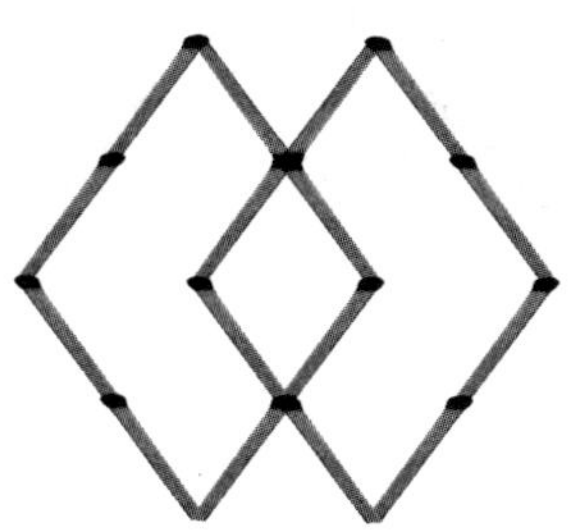

373 六边形变菱形

用 6 根火柴摆出一个六边形，现在请你移动 2 根火柴，并且再加上 1 根火柴，将它变成 2 个相同的菱形。

374 倒转的梯形

下图是一个用 23 根火柴做成的梯形，请你移动最少的火柴将其倒转过来。

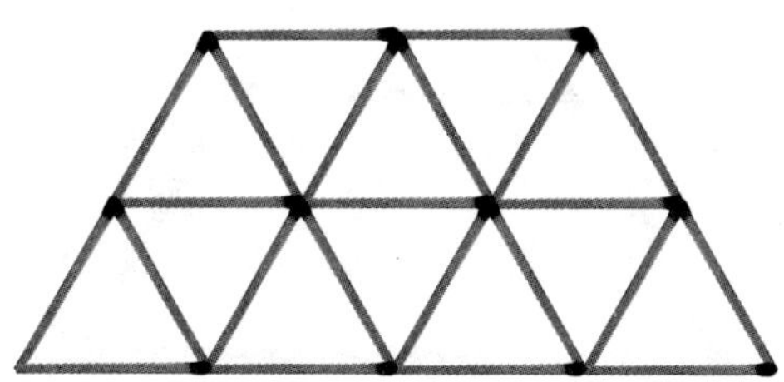

375 变四边形

用 20 根火柴摆出一个下面的图形，现在请你移动图中的 4 根火柴，把它变成有 5 个相等的小四边形和 2 个不相等的大四边形的图案。

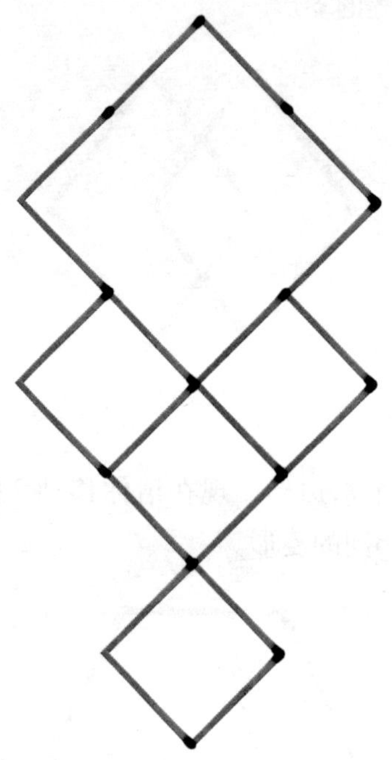

376 巧变图形

用 13 根火柴摆成下图，现在请你移动其中的 4 根火柴，使它变成有 5 个菱形、5 个梯形、7 个三角形的图形。

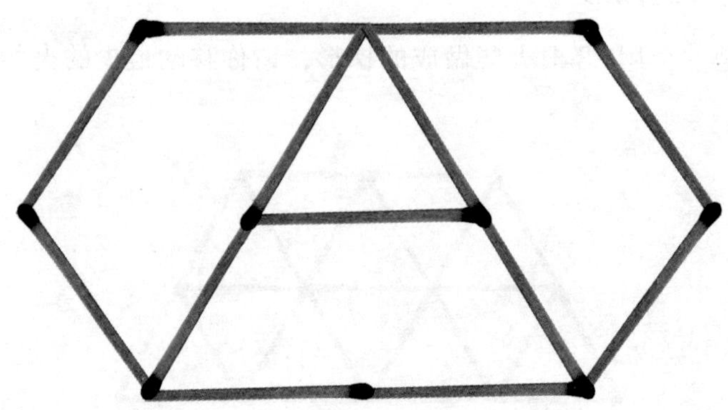

377 改变图形

用 12 根火柴摆成下面的图形，现在移动 4 根火柴，使它变成 3 个形状、面积完全一样的图形。

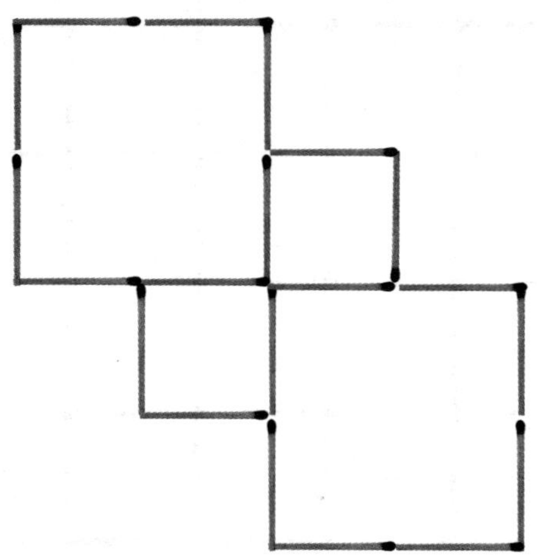

378 钥匙变正方形

下图是一个钥匙形状的图形，现在请你移动 4 根火柴，把它变成 3 个正方形。

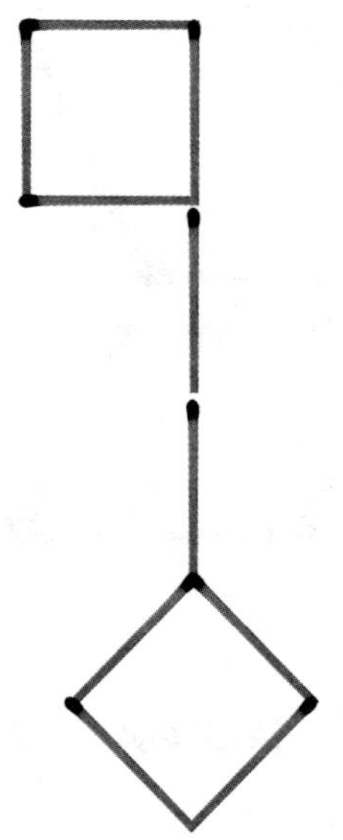

379 破坏正方形

用 49 根火柴摆出下面的正方图形，现在请你把所有的正方图形全部破坏掉，需要拿掉多少根火柴呢?

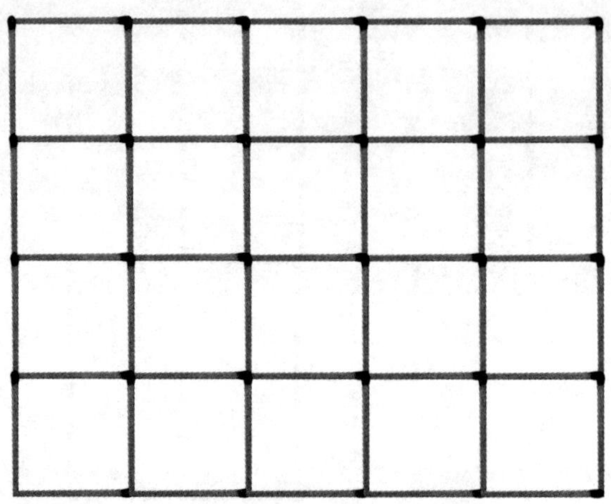

380 立方体变三角

用 9 根火柴拼成如下图形，现在请你移动其中的 3 根，让它变成全等的三角形。

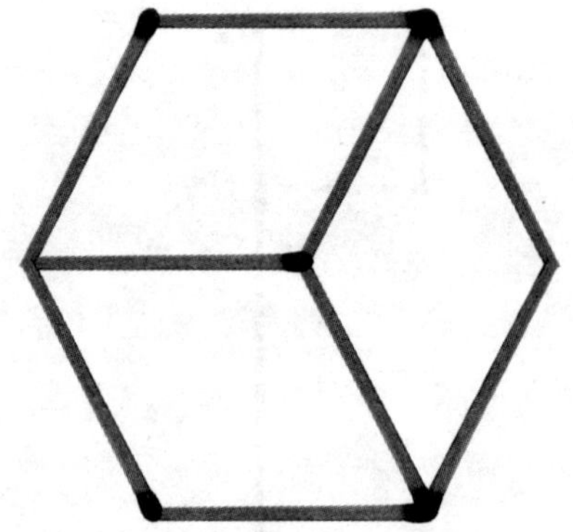

381 斧子变三角形

下图是一个斧子的图形，请你移动 4 根火柴，让斧子变成 3 个相同的三角形。

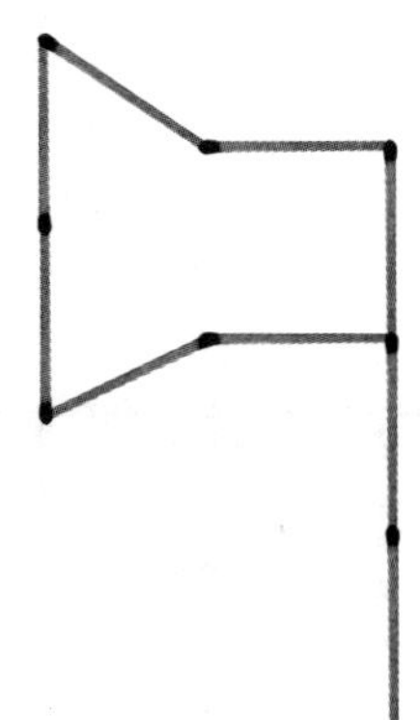

382 变 3 个等边三角形

用 12 根火柴摆成下面图形。请你移动其中 4 根火柴，使它变成 3 个等边三角形，应该怎样移？

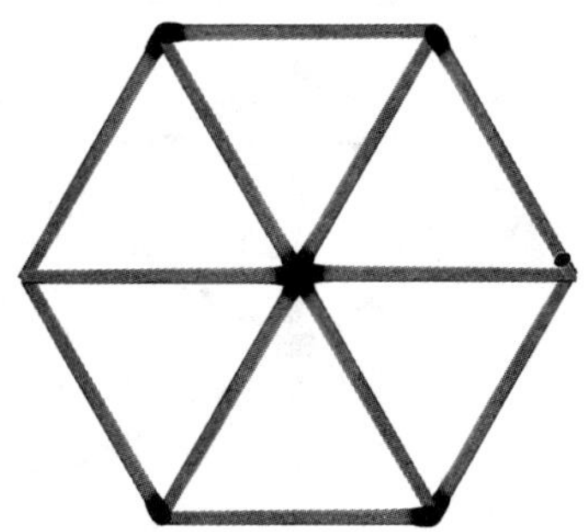

383 变 4 个相等的三角形

用 12 根火柴摆成大小不同的 2 个三角形，请你移动 3 根火柴，使图形变成 4 个相等的三角形。

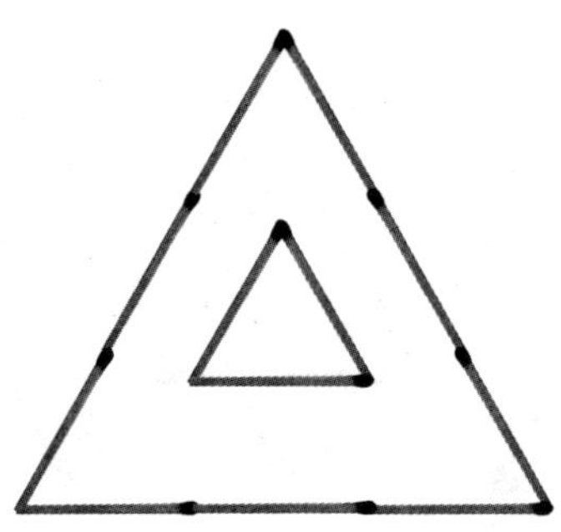

384 长方形变三角形

用 13 根火柴摆成 6 个大小相等的长方形，现在请你还用 13 根火柴摆成 6 个三角形。

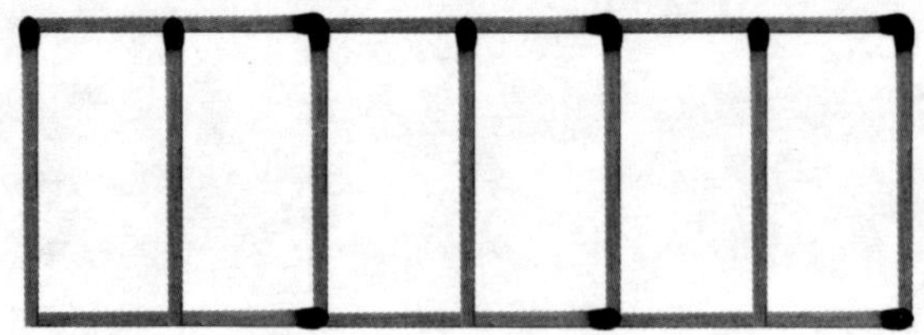

385 减少三角形

用 16 根火柴拼成 8 个相等的三角形，请你移走其中的 4 根火柴，使这个图形变成 4 个大小相等的三角形。

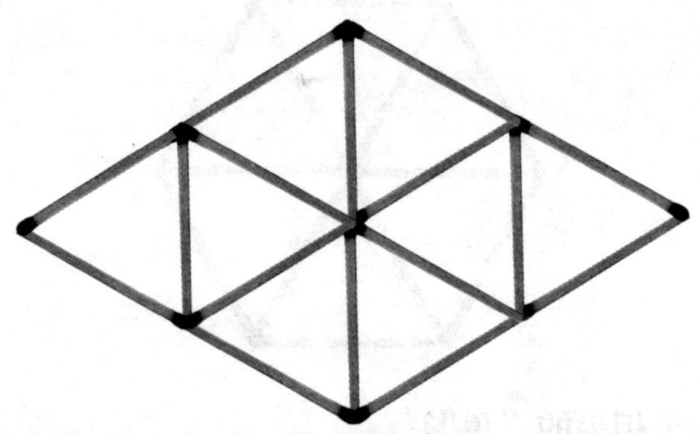

386 变没三角形

用 9 根火柴摆出 3 个三角形，现在请你移动 2 根火柴，让 3 个三角形都不再存在。

387 7个三角形

下面 3 个图形里的小三角形的数量都是相等的，现在请你将每图的火柴分别移动 3 根，使它们各自都变成有 7 个大小相等的三角形的图形。

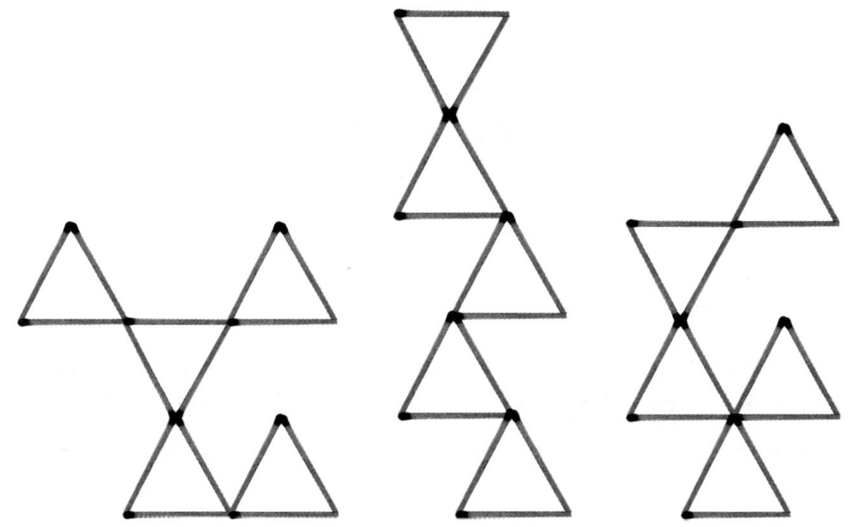

388 三角形变六边形

用 12 根火柴摆成下图，请你移动其中的 6 根，让它变成 1 个六边形，并且包含 6 个三角形和 6 个菱形。

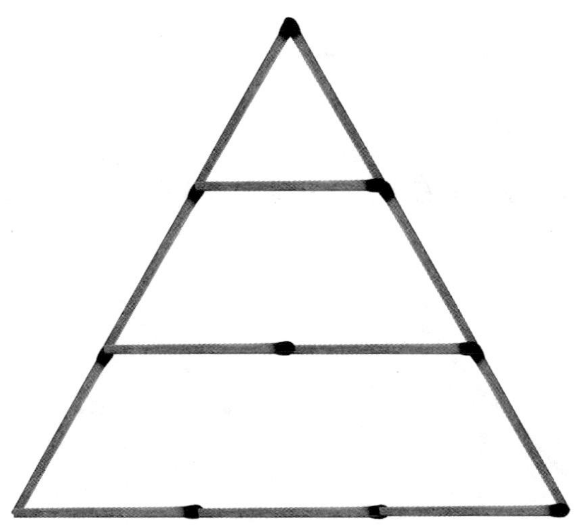

389 增加等边三角形

用 15 根火柴摆成一大一小两个等边三角形，现在请你只移动 3 根火柴，使等边三角形的数目增加两个。

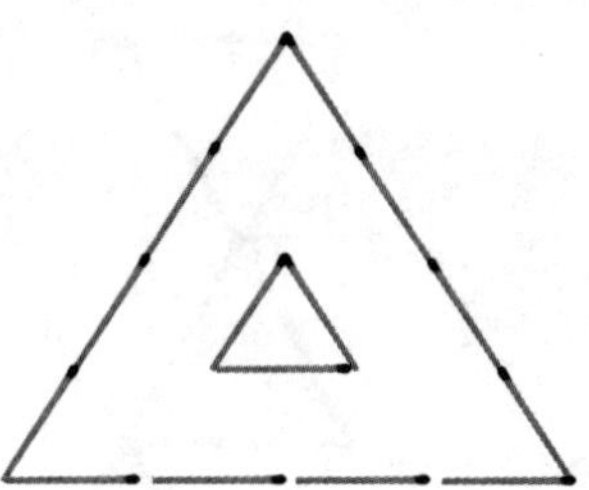

390 变等边三角形

用 12 根火柴摆成 6 个等边三角形，请你移动 2 根火柴，让它变成 5 个等边三角形，再移动 2 根火柴，让它变成 4 个等边三角形。依次类推，变为 3 个等边三角形、2 个等边三角形。（注意：三角形的大小可以不同，但不能重复。）

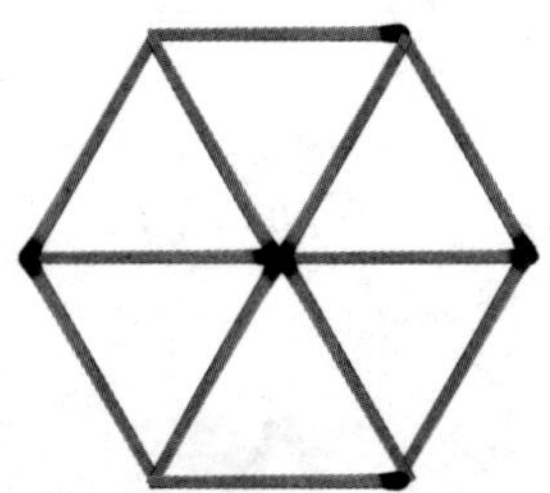

391 石字变全字

用 8 个火柴拼成一个石字，每移动 2 根火柴，它就会变成另一个字，移动 4 次后，可变成“全”字，应该如何移动？移动的 4 次都是哪 4 个字？

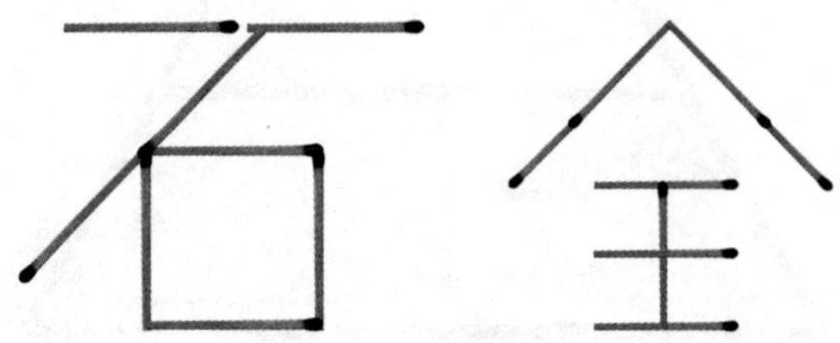

392 变成 2 个汉字

用 17 根火柴摆成下面的图案，现在请你移动其中的 2 根火柴，使它变成 2 个汉字。

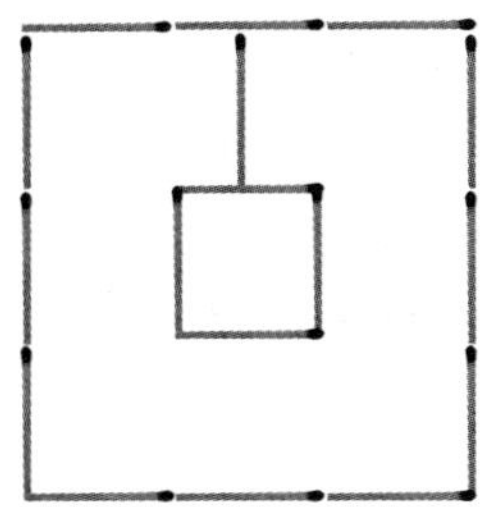

393 巧变“元旦”

用 14 根火柴摆成下面的图案，现在请你移动 3 根火柴，使这个图案变成“元旦”两个字。

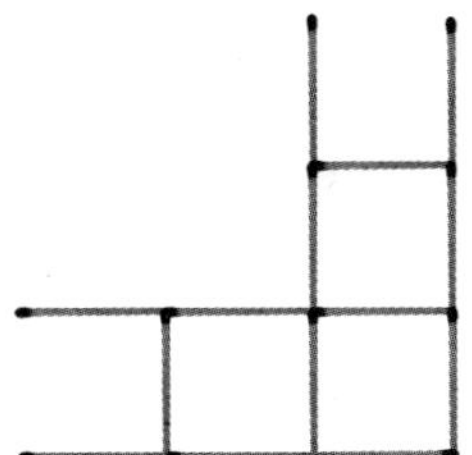

394 “二”变“采”字

用 3 根火柴摆成“二”字，以后每移动 1 根火柴再添上 1 根火柴，它就变成另外一个字。这样连续变化 6 次，最后变成了一个“采”字，应该怎样变呢?

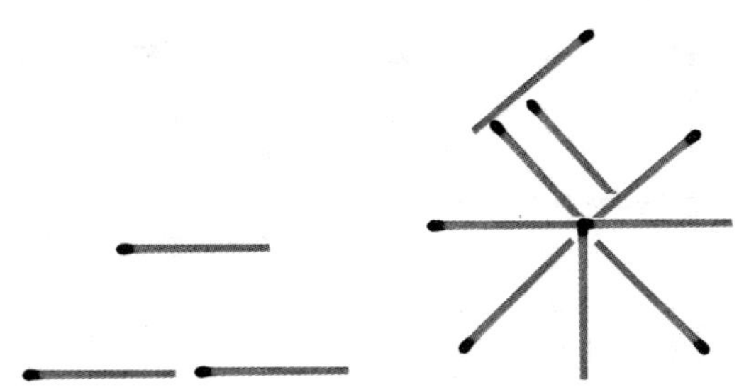

395 图形变汉字

用16根火柴摆出下面的图形，现在请你拿掉其中的3根火柴，变成3个相连的汉字。

396 青变春

用12根火柴摆出一个“青”字，现在请你移动2根火柴，将“青”字变成“春”字。

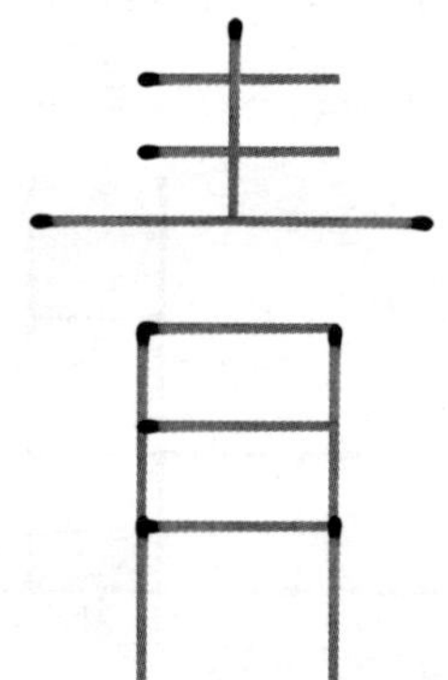

397 巧变汉字

下面是用火柴摆出的4个汉字，现在请你在每个字上移动1根火柴，使它们各自变为另外一个汉字。

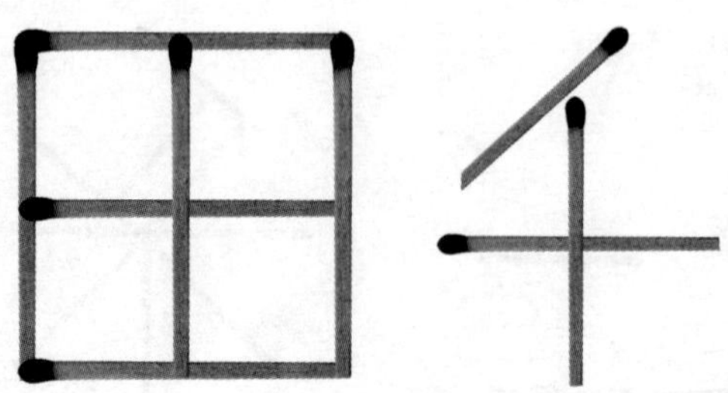

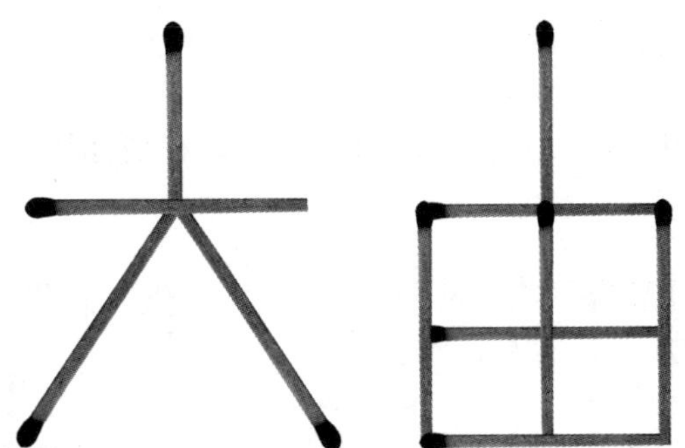

398 变文学家名字

用 22 根火柴摆成下面 2 个图案，请你移动其中的 2 根火柴，使它变成我国的一位著名大作家的名字。

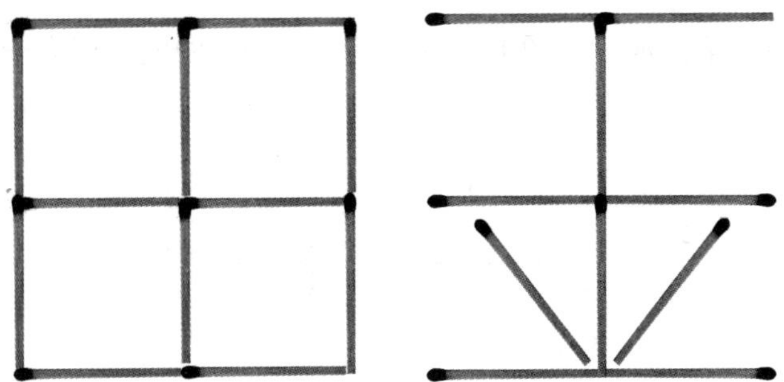

399 变画家名字

用 28 根火柴摆成下面 3 个图形，现在请你移动其中的 5 根火柴，使它变成我国的一位著名大画家的名字。

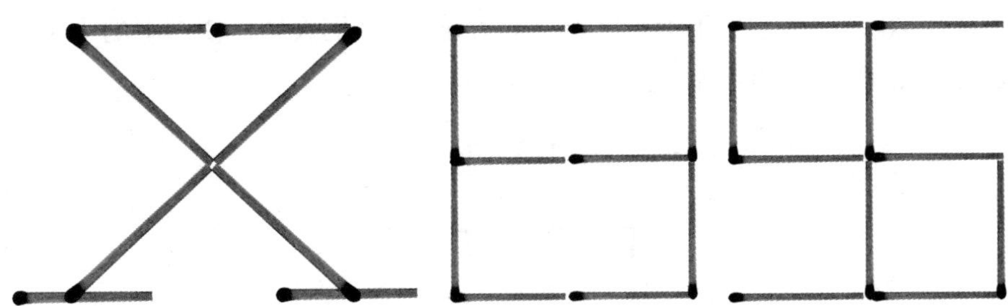

400 变成语

用 24 根火柴组成 3 个字：田、禾、田。现在请你移动其中的 4 根火柴，让它变成一个成语。

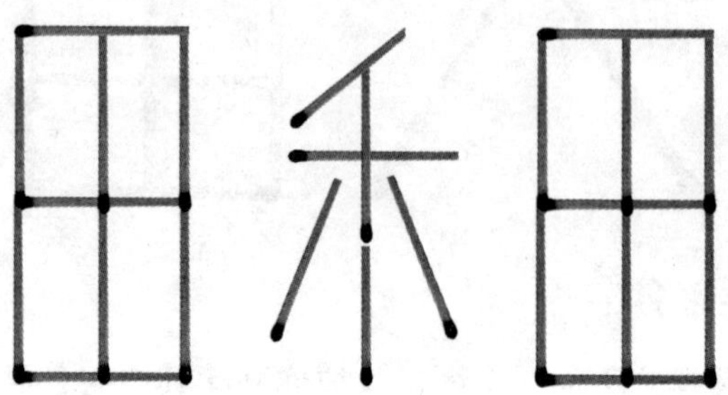

401 变成 2 个正方形

用 16 根火柴摆成下面图形。现在请你移动其中的 6 根火柴，使它变成 2 个相等的正方形。

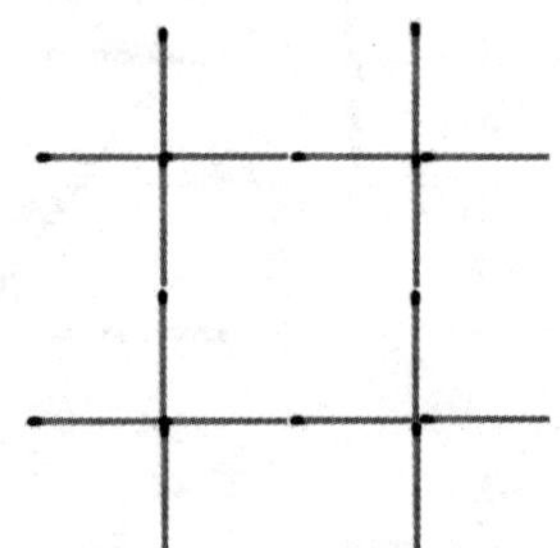

402 变成 4 个正方形

用 26 个火柴摆成下面的图形，现在取走 10 根火柴，使剩下的火柴组成 4 个相等的正方形，你能想出 3 种答案吗？

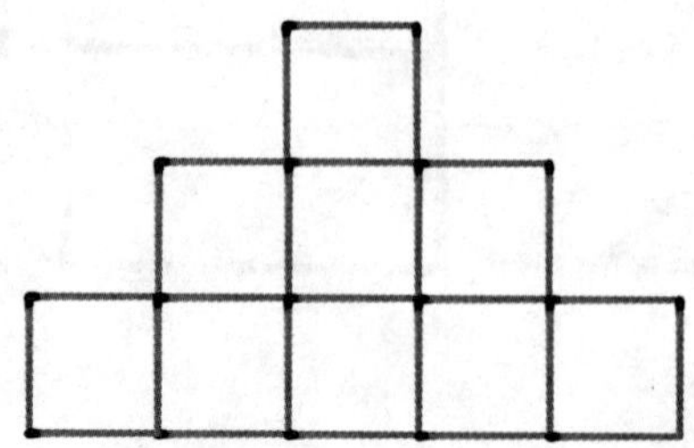

403 变成 5 个正方形

用 20 根火柴拼成如下的图形，请你只移动 3 根火柴，变成 5 个正方形。

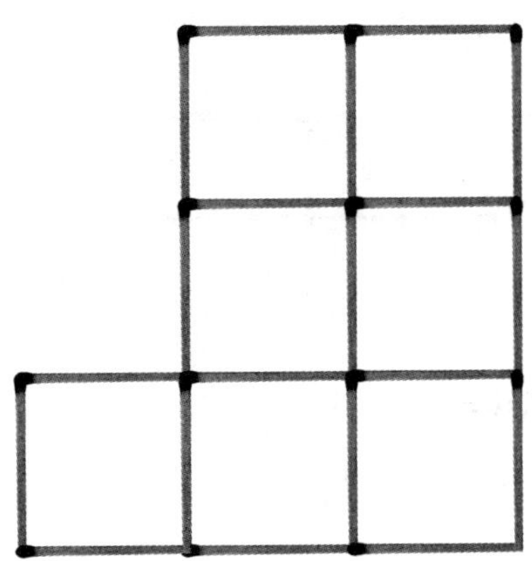

404 图形由少变多（1）

用 20 根火柴摆出 5 个大小一样的正方形，你能不能用这 20 根火柴摆出 7 个大小一样的正方形（3 种答案）？

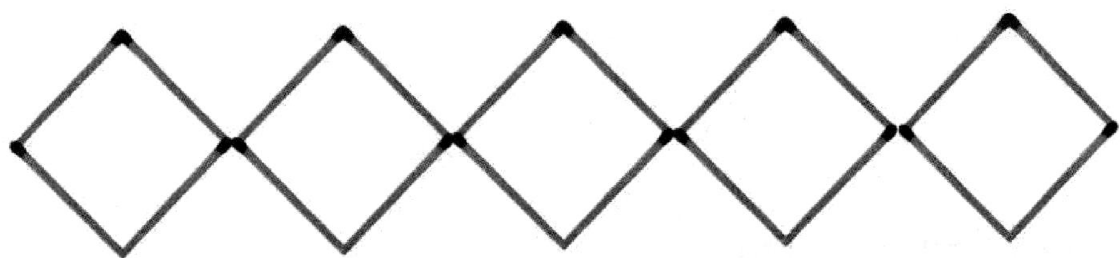

405 图形由少变多（2）

用 20 根火柴摆出 5 个大小一样的正方形，你能不能用这 20 根火柴摆出 10 个大小一样的正方形呢？

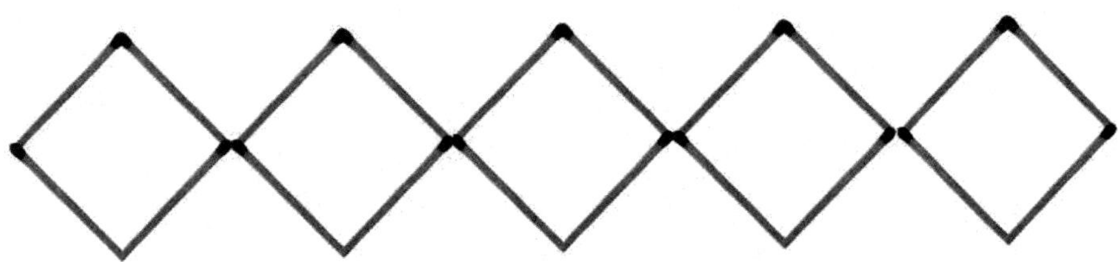

406 九变四

请移走10根火柴后，将9个正方形变成4个相等的正方形。

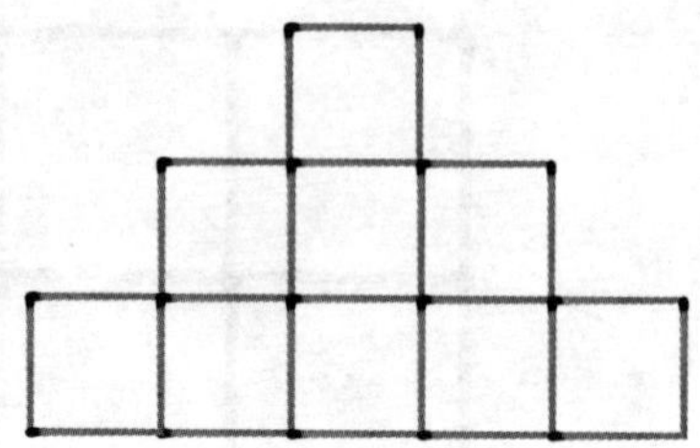

407 "E"字火柴棒

如图所示，排列火柴棒作成英文字"E"。有人说加一根火柴棒可以把"E"变小，他是如何做到的？

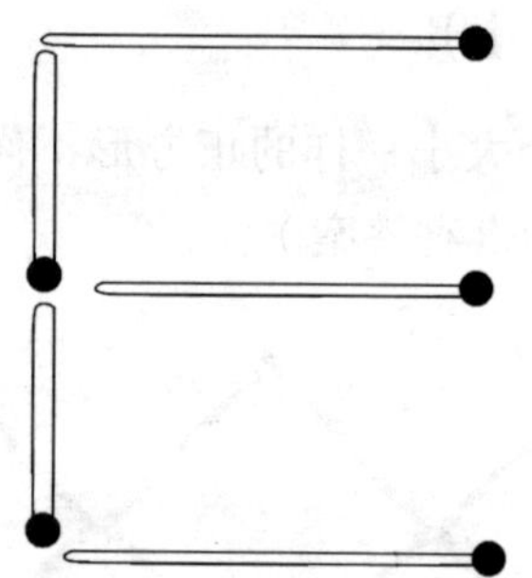

408 "V"字火柴棒

如图所示，排列火柴棒作成"V"字。请再加一根火柴棒，表现出数字1。

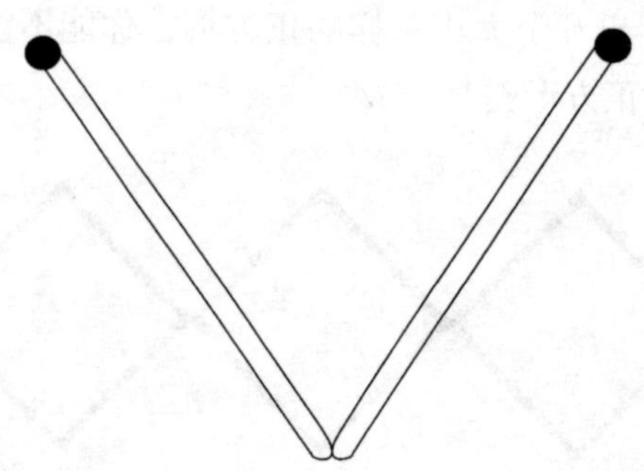

409 火柴棒与算式

移动图中的火柴棒两根，做出正确的算式。

第五辑

转动眼球，培养几何脑

眼球游戏是一种用眼睛来玩的游戏，又被称为视觉游戏。找不同、比较不同图形中阴影面积的大小等，融数学、图像甚至拓扑知识为一体，练习眼力、健康脑力。

视觉游戏是一种用眼睛来玩的游戏，因此又被称为眼球游戏。视觉游戏的起源至今无可考。据《中国游戏史》一书记载，玩视觉游戏在中国已经有一千多年的历史，它没有如七巧板、九连环和华容道那么普及，甚至也没有形成一整套有规律的体系，但其却在一些老百姓当中，以缓慢的不同的形式传播和传承着。根据现有资料记载，西方早期视觉游戏的传播和流行也大抵同中国早期是一样的，并没有受到特别的推崇。

视觉游戏的登堂入室，是在20世纪初，直至20世纪中晚期，无论是中国民间传统游戏中的“找不同”“寻画图”，以及“考眼力”“解纸环”等流传较广的智力玩意，还是由英国门萨协会所创造和推广的各种各样的观察游戏，都是在用眼睛进行游戏。尽管无论是中国还是其他国家，都还没有给这种游戏进行统一的命名，但这种游戏的流传却已是必然的了。到了20世纪80年代，美国著名的心理学家、麻省理工学院的教授艾尔·塞克尔有感这种游戏的价值和功效，首次提出了视觉游戏的概念，正式为其命名，从此，视觉游戏便以一个现代游戏的名称而卓然屹立于游戏之林了。

应该说明的是，视觉游戏虽然位列了游戏家族榜，但其在当今世界流传的所有纸上游戏当中，地位和知名度并不是很高，属于小众游戏。这一方面因为视觉游戏似乎很低端，颇有些小儿科的味道；另一方面很多视觉游戏又过于高端，太难太另类太学术，缺少情趣，使其远离了大众。这既易又难的悖论，客观上便造成了此种游戏与大众若即若离的尴尬地位，致使其内涵遭到了弱化，让这种极有益智功能的独特游戏没有“尽其所能，启乎所智”。

视觉游戏虽然是以小众游戏的渠道和方式进行着传播，但是，就是这小众的群体却对它也是乐此不疲，情有独钟。其在世界范围内的爱视游戏人当中，也发挥着这种游戏的独特效能，显示了它的非常魅力。

视觉游戏，按照塞克尔的划分，共有五大类：

第一大类：复合观察游戏

这类游戏一般是以复杂和重叠的图形来作为题目，让玩者对图形进行层层的解构和梳理，以发现每一幅图形当中隐藏着的多个相同图形。这种

游戏主要是考察一个人的聚焦观察力和空间复合力。

第二大类：辨识观察游戏

这类游戏一般是以一幅具象的场景图画来作为题目，让玩者看图猜画。这类游戏常常用“找相同”或“找不同”等形式来进行表现，或用图画来检验答题者的客观判断力。辨识观察游戏流传较广，各种智力竞赛当中，一般都少不了它的身影。

第三大类：错正观察游戏

这类游戏一般是以多幅相似的图画作为题目，让玩者找出哪一个是对的，哪一个是错的。此类游戏的最大特点，就是它的差别只在细节或毫末之间。这类视觉游戏在应用或实用的物理、化学、工程、光学等等学科中流行较广泛。玩这种游戏，对于提升一个人的科学知识和注意力最为有益。

第四大类：补充观察游戏

这类游戏的玩法，一般是先画出一个大图形或大图画，随后在大图形或大图画的当中删掉一部分，然后给出多个与所删掉的小图形或小图画面积相等的图形或图画，这些面积相等的小图形、小图画仅有细微的差别。这之后，玩者就可以据小图形或小图画来进行选择，看看哪个小图形或小图画可以补充填上大图形或大图画的删掉部分，使之成为一块完璧。这种补充游戏，对训练人的眼力非常有好处。

第五大类：幻觉观察游戏

这类游戏的玩法，一般是给出一幅或两幅相对应的图形或画面，让玩者来竞猜。由于给出的图形或画面都具有视觉上的模糊和难辨的特点，使答题者往往出现幻觉上的错位，所以，这类游戏就又被称为错觉游戏。

在视觉游戏的五大类中，幻觉游戏是小众中的小众，是高端游戏。它既有着纯粹的科学和艺术的双重色彩，又有着极具透视效果的几何内涵。因此，幻觉观察游戏的玩者，仅用一般视觉的玩法来玩，是不能够胜任的。想玩好此类游戏，必须拥有数学知识、光学知识甚至拓扑知识。这也是此类游戏之所以成为小众的关键所在。

视觉游戏从 20 个世纪末开始在部分人群里传播，尽管没有成为大规模的游戏形式，但在世界上一些国家的学生中却也一枝独秀，让喜欢它的中小学生们在练习眼力健康脑力的同时，也起到了减压的作用。

英国视幻觉游戏专家甘尼·莎孔恩曾自创了几百个视觉游戏，在英国和美国进行推广，他除了在一些艺术家、设计师和广告从业者的办公室进行传播，还针对很多中小学生进行传播。他认为现在的中小学生，如果整天对着电脑学习，势必会造成各种眼疾，并使大脑经常处于真空状态。如果能每天都轻松地玩一玩视觉游戏，就可以减少各种眼疾的发生，同时可以健脑，并且还可以增长空间智力，减少电脑压力，乃至学习压力和考试压力。

日本智力大师筱田秀美比甘尼·莎孔恩可谓更进一层。他在日本成立了世界上第一个视觉游戏研究所，还创建了视觉与脑力开发学校。这位心理学博士不仅在研究所和学校里进行视觉和脑力的研发和教学，而且把他的研究成果推广到了全日本。他开发出了一系列的锻炼眼力的视觉游戏，在中小学推广，并适时地举办视觉游戏大赛。据权威调查和资料记载，全日本受到他的视觉游戏影响的中小学生已有数十万之众。有的学生甚至认为如果在他们的书桌上没有筱田秀美的视觉游戏的陪伴，那他们的教室将会是死气沉沉的，如深潭一般。

除了练脑以外，视觉游戏在有些国家甚至还成为了治疗学生精神疾病的工具，以色列的科学家就曾用视觉游戏来诊断中小学生易犯的精神分裂症和强迫症。据资料显示，其功效甚大。

国外对视觉游戏已有了一定的普及，也发挥了它的一些功能。相比照，中国国内目前尚没有形成气候。据笔者的调查，在国内几大城市的学校里，玩视觉游戏的中小学生还非常少，简直是凤毛麟角、屈指可数。此种游戏有着其他游戏所没有的独特韵味，它对启迪中小学生的空间智能和训练超常智慧都有着巨大的促进作用，特别是对当今许多学生的电脑依赖症的扭转也有着特殊的功效。所以，在中国的学生中进行普及和推广视觉游戏应该说已是当务之急。

赶快擦亮你的眼睛，玩一玩视觉游戏吧！让因题因卷而干涩的双眸重新放射出迷人的光芒吧！

410 找三角形的数目

请你从下图中的 A、B、C、D 4 幅图中，找出各有几个三角形。

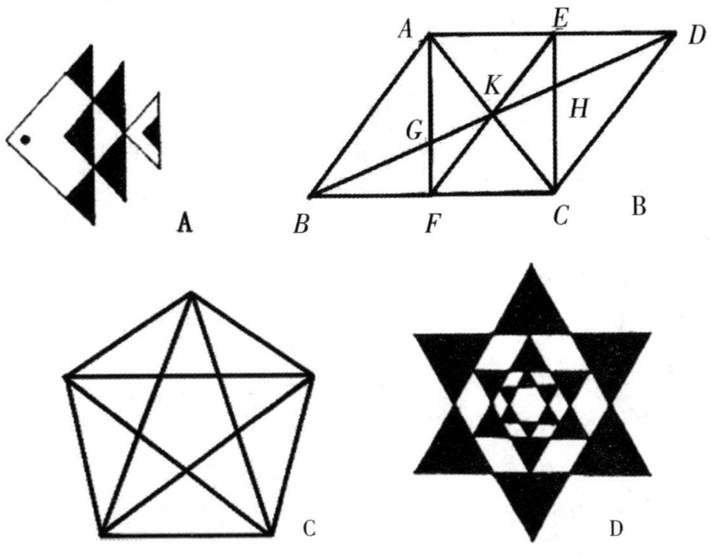

411 找图形的数目

请你从下图中的 A 中找出长方形，从 B 中找出正方形，从 C 中找出圆形，从 D 中找出立方体。

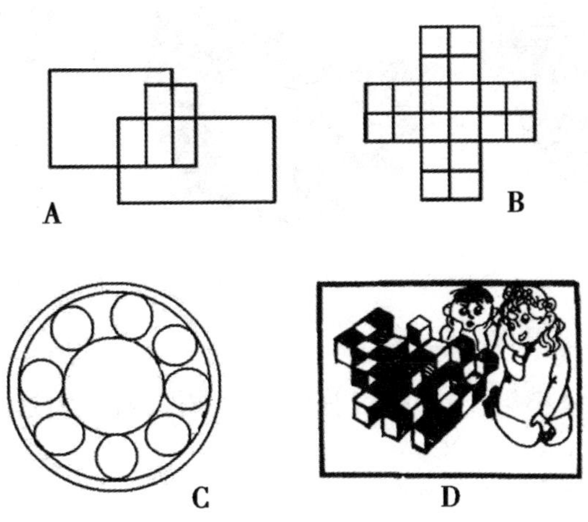

412 找复合几何图的数目

请你从下图的A图（热带鱼图）中找出三角形、正方形、圆形；从B图（火车头图）中找出三角形、正方形、长方形、圆形；从C图（蟹图）中找出三角形、正方形、长方形、圆形。

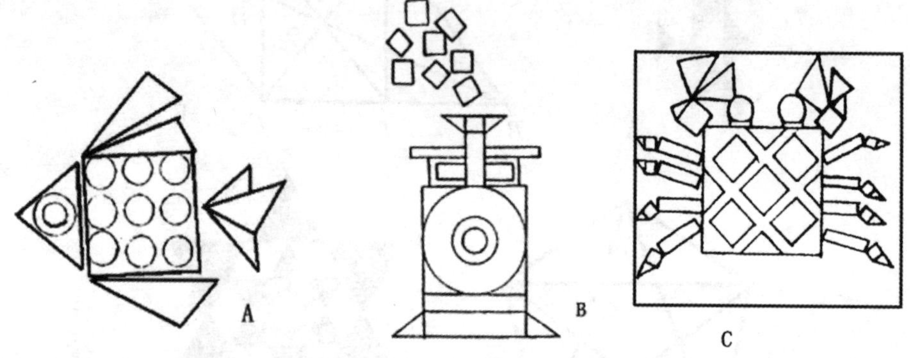

413 哪个大

下图A、B、C是3个一样大的圆，请你看一看，哪一个涂黑色的面积大？哪一个涂黑色的面积小？

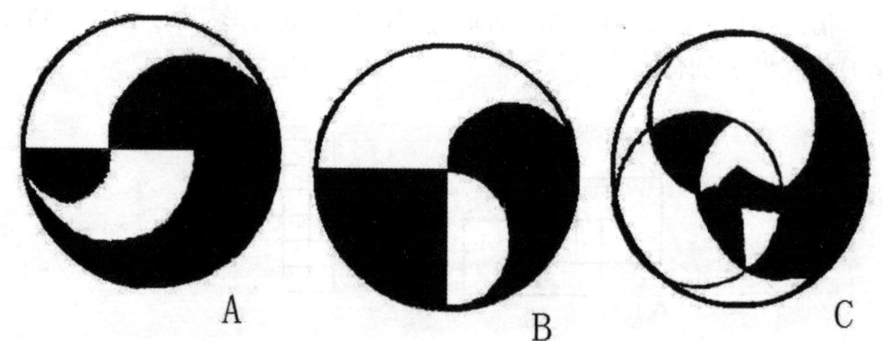

414 出去还是回来

下图中有一个小男孩站在屋门口，请你看一看，他是准备出去，还是刚刚回来？

415 谁的“屋子”大

下图中的白兔、黑兔两个屋子都是用 9 个小三角形围成，现在请你看一下，是白兔的屋子大，还是黑兔的屋子大？

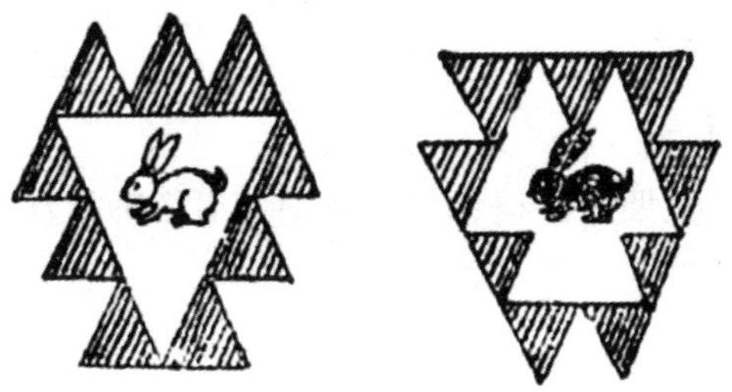

416 组图形

下图中 A、B、C、D 四个图形分别是由上面的 1~4 中某几个图形组成的，请你单凭眼力，说出 A、B、C、D 各是由哪些图形组成的？

417 哪个圆大

下面图中有两个图案，两个图案的中心都有一个圆，请你观察一下，哪个圆大？

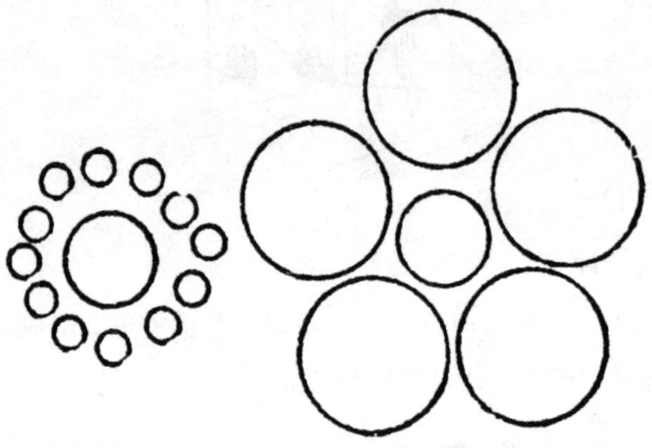

418 领奖照片

下图是一张领奖照片，请你仔细看图，摄影师是从前面拍的还是从后面拍的？

419 挑彩蛋

下图中有 9 只彩蛋，现在请你挑出一只错误的彩蛋。

420 不合格的扑克牌

下图为 6 张不合格的扑克牌，在它们出厂时被漏印了数字，请你根据此图识别一下，这 6 张牌各是什么牌？

421 九宫七巧图中找图形

下图是一个九宫七巧图，请你从中找出右边的这 8 种图形来。（8 种图形可以重叠）。

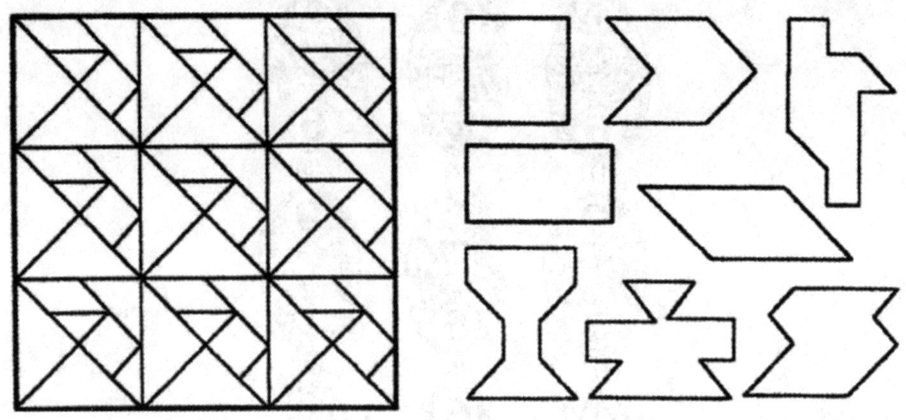

422 找篱笆

下图左上角是用黑白两色硬纸板随手插成的“小篱笆”，请你在图中找一找，哪一幅图是左上角图的背面图？

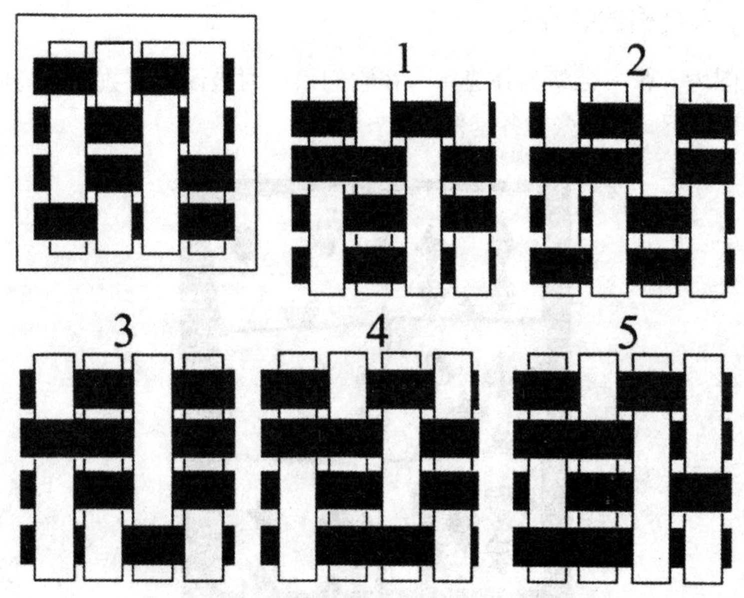

423 被遮掩起来的绳索

下图中有一根弯弯曲曲的绳子，但它的一部分被几块积木遮掩起来了，这根绳子通过每块积木的每条边，其中三角形有一条边与两个正方形共边，三角形的这条边允许通过两次，现在请你仔细看图，看能不能画出这条被遮掩起来的绳子。

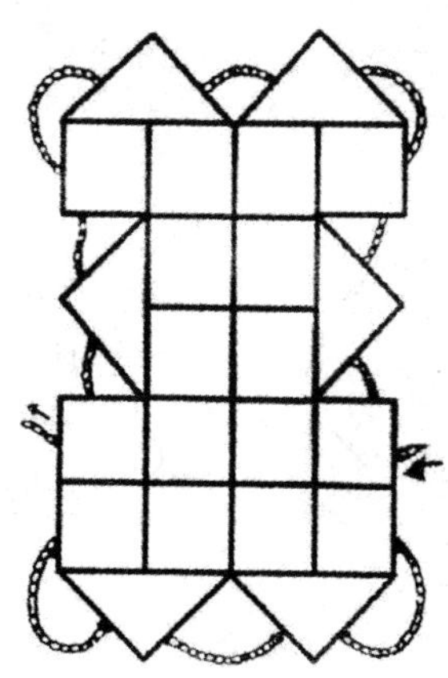

424 找赝品

下图中 18 件文物，其中有 6 件是赝品，现在请你将它们找出来。

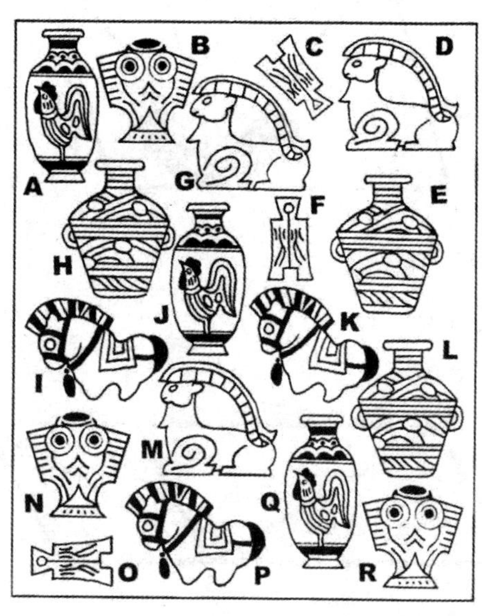

425 找特殊

下面 4 幅图中有一幅比较特殊，请你把它找出来。

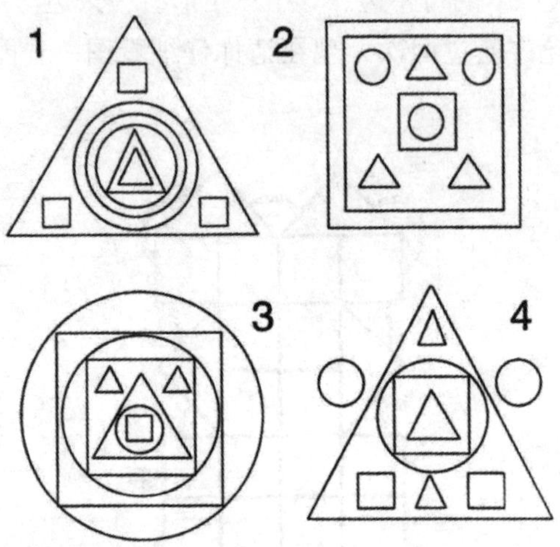

426 哪个勺子大

下图中是两个勺子，请你猜猜哪个勺子大？

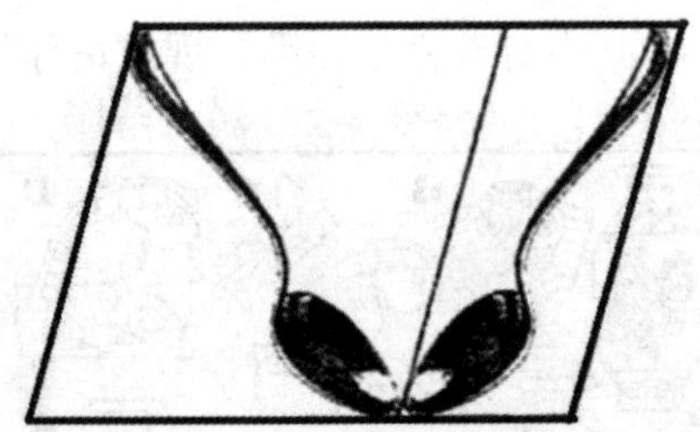

427 哪个线段长

下图中 AB 的线段长，还是 AC 的线段长？

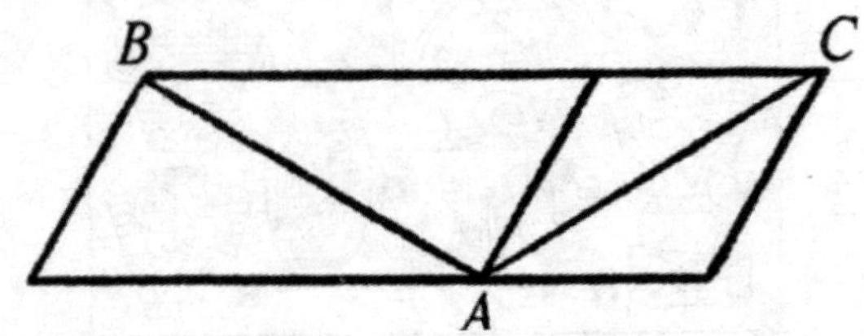

428 谁高谁矮

下图中的 3 个人，谁最高谁最矮？

429 距离是否相等

（1）图中A、B两只燕子的喙的距离是否等同于B、C两只燕子喙的距离？

（2）图中上下两条线是否相等？

（3）图中加短线部分是否与不加短线的部分相等？

（4）图中上下两条加细毛的弧线是否相等？

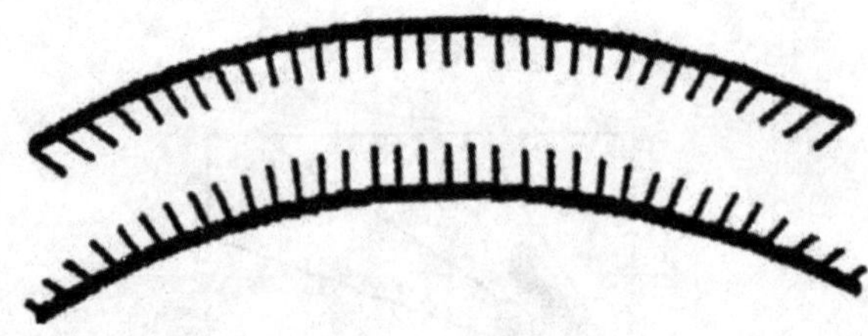

430 多少只鸽子

有个人养了一群鸽子，飞得满屋都是，你能数出有多少只吗？

431 奇妙在哪儿

下图中 3 个头像还有更奇妙之处，你能看出来吗？

432 放回原处

你能把下图中的 5 块小图放回原处吗？

433 找五角星

在黑白相间的图中藏着一个五角星。你能把它找出来吗？

434 补空

阿凡提笑眯眯地走来，他给你出了一道题：找出 1、2、3、4 中哪一块补在图中空缺处最合适？

435 哪个弧度大

甲画了 3 条弧线问乙：“这 3 条弧线哪个弧弯度更大一些？”乙不假思索地说：“当然是 A 了，那还用说？”请问乙说得对吗？

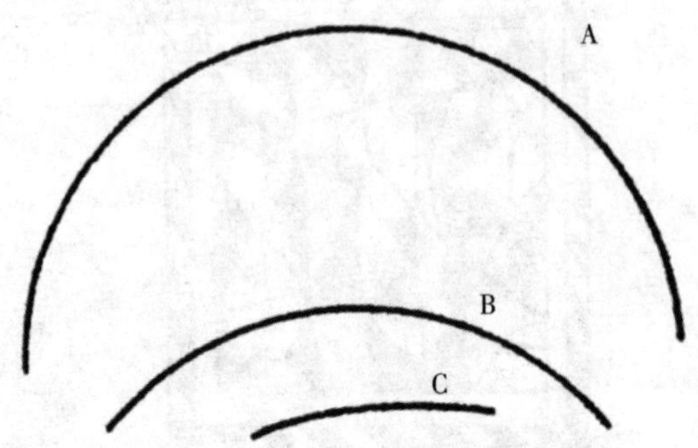

436 哪一幅图对

某人画了 5 幅图，但只有一张图中的电线杆影子是对的，你知道是哪一幅吗？

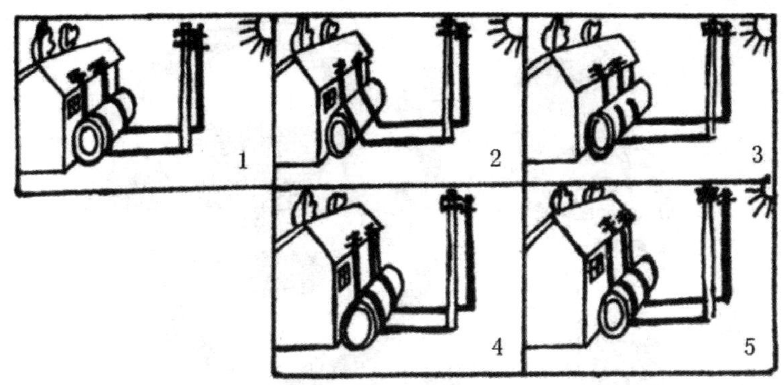

437 找出对称的部分

这张画中有两格画是相对称的，你能找出来吗？

438 哪种颜色面积大

这是一个对称的图案，请你仔细观察一下在这个大圆里的黑白两部分，哪种颜色面积大？

439 找人头像

请你仔细观察下面这张图，看看在图中能找出多少个人头？

440 找鲨鱼

下图有多少鲨鱼，请你找出来。

441 找正确的玻璃杯

下图中 3 只玻璃杯里，放着相同的饮料，有 3 根吸管分别插在里面，但只有一个是正确的，是哪一个呢？

442 哪一张是先照的

某人准备去旅行，出门前妻子帮他收拾整齐，准备好东西，他还照了一张像，在旅途中又照了一张，你能从照片中分出哪一张是先照的吗?

A

B

443 补充图画

下图中少了一块，现在请你根据1、2、3、4四幅小图中的画选择一块补完成。

444 找出相同的图案（1）

下图中 3 对形态完全相同，请你迅速把它们找出来。

445 找鱼头

请说一说，下面画中鱼头在哪个方向？

446 看图排列

下图中的4个圣诞老人略有差别，影子也不一样，但这里人和影子搞乱了，你能把它们一一辨别出来吗？

447 图中还有什么

下图中是些有趣的动物，除动物外还有什么？

448 鲁班锯木

鲁班是木匠的祖师爷，手工极精巧。有一天他决定做两个完全相同的圆柱筒。他准备了木料，并锯好了成形的材料，你知道鲁班是怎样来拼这些材料的吗？

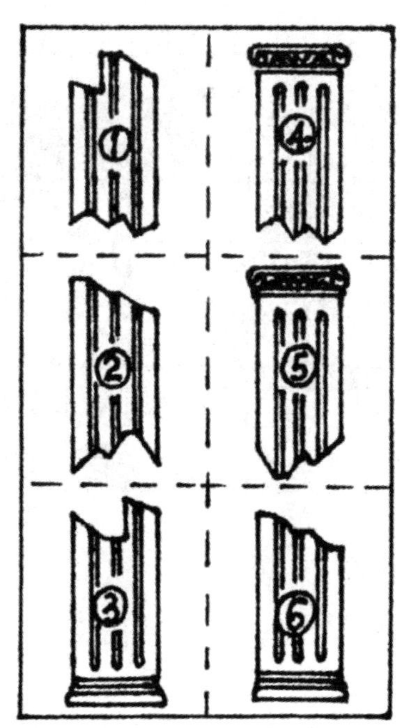

449 猜猜看

下面为 4 种动物的下身图形，你知道这是四种什么动物？

450 找出相同的图案（2）

小莹和小华在晚会上载歌载舞，小强是个绘画迷，他把这个场面画了下来。画由 63 个小方格组成，其中有 4 个小方格的图案完全相同，请你将它们找出来。

451 找出相同的图案（3）

下图中有 4 个小方格里的图案是完全相同的，请你将它们找出来。

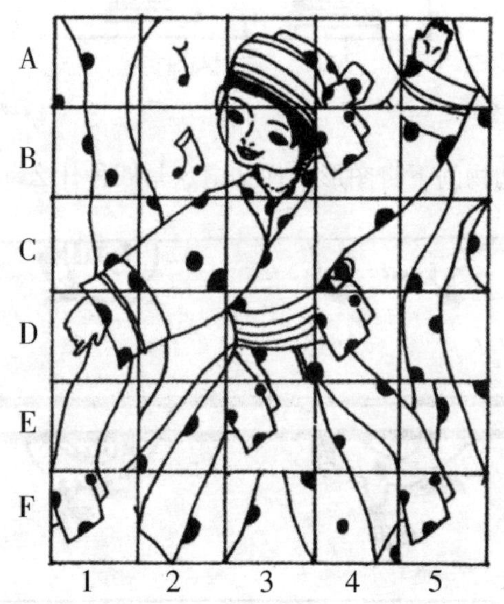

452 改正混乱的图形次序

下图的 6 个图形中，有 2 幅图次序乱了，请你把它找出来。

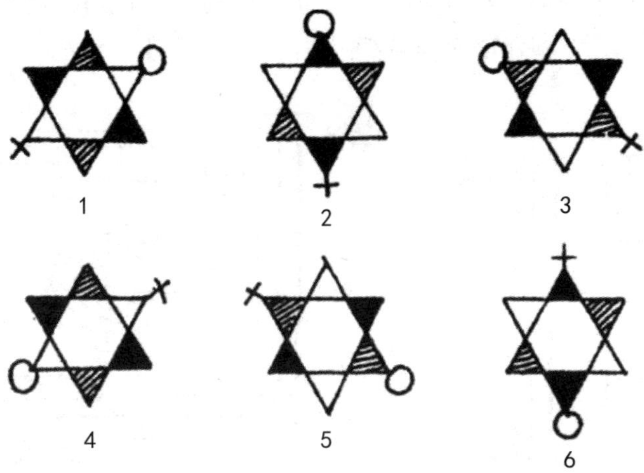

453 哪幅面积大

下面两幅图中，哪一幅的黑色面积大一些？

454 填残缺的射箭靶图

古代有个人去拜一位有名的箭师学射箭。老师拿出一张射箭靶图说："如果你能在半分钟内看出左边 4 个小图中，哪一个应填在靶图的右下角，我就收你为徒。"现在请你看一看，应该选择哪个小图？

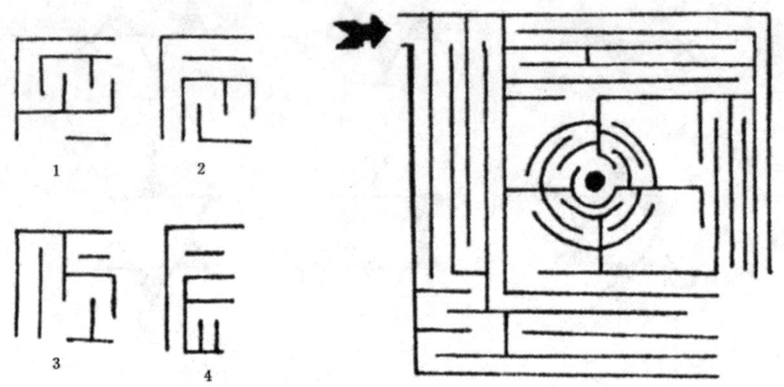

455 谁先到达

小金和小梁体重相等，骑着同一型号的摩托车，用同样的技术开足马力向相反方向驰去。他们要去的目的地距离也一样，你知道他们谁先到达吗？

456 挑出相同的图案

下图有 25 个图案，只有两个是完全相同的。请你把它们找出来。

457 比面积

A 和 B 哪个角度大？正方形 A 和 B 的面积哪个大？

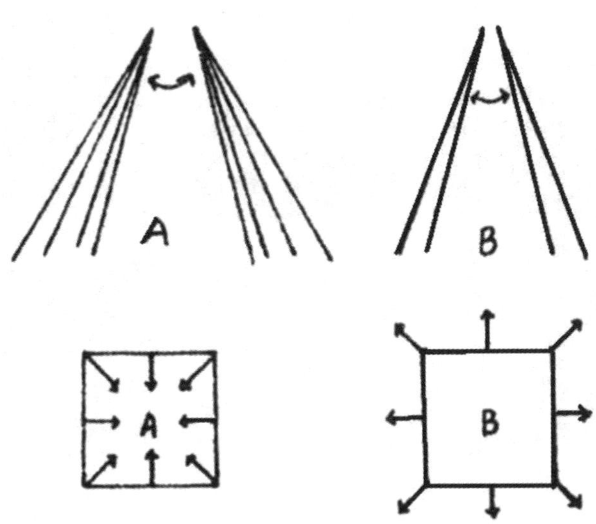

458 比比看

比一比，1、2 哪条线段长，3、4 哪个面积大？

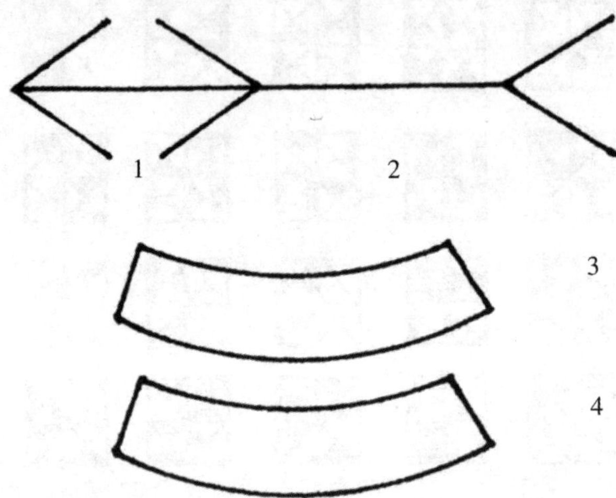

459 挑出相同的图形

下图有两块形状完全一样，请你挑出来。

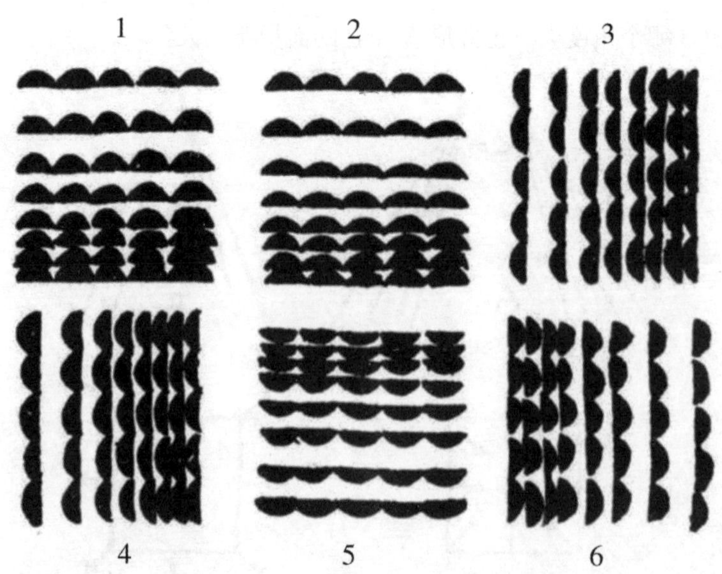

460 哪个阴影大

两图中阴影部分哪个大些？

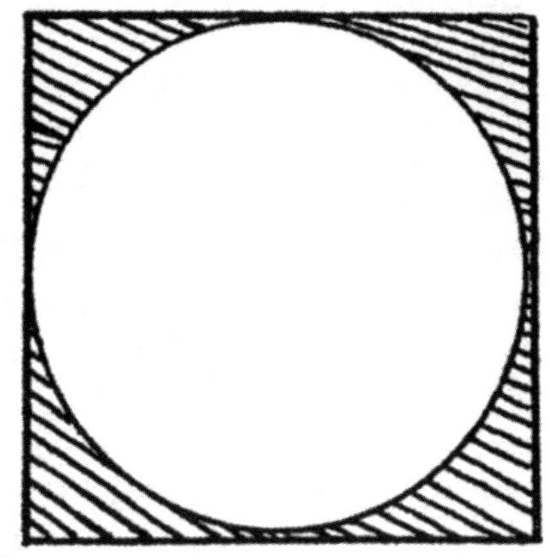

461 哪块表是真的

下图中的两块表，一块是真的，一块是玩具手表，请你认一认，哪块表是真的？

462 放风筝

下图是一幅春天放风筝图，现在请你仔细观察，看看图中 A、B、C 三人谁放得最高，谁放得最低？

463 占方格的骆驼

请说出骆驼在大正方形中共占了多少小方格？

464 哪盏灯亮着

某人走在大街上，在他左右两边的上方各有一盏灯，其中有一盏亮着，你知道是哪一盏吗？

465 哪个重

下图这两只小船大小一样，吃水线也一样，你能说出是大象重还是石头重吗？

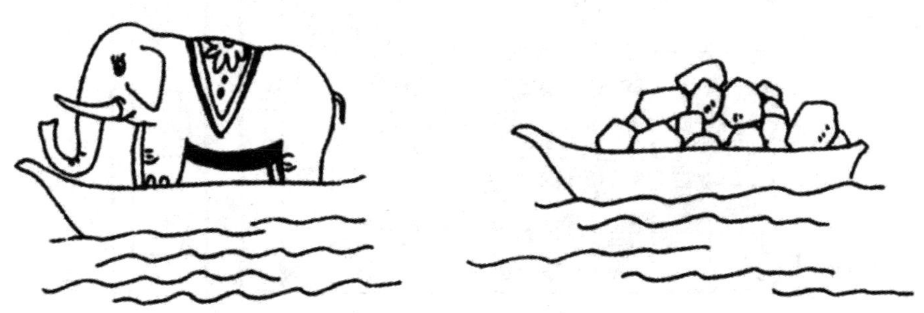

466 哪块多余

请你从上图里找出4块图形，把它拼成下图的形状，并指出在上图里的5块小图形中，哪一块是多余的？

467 它们在原图的哪儿

下图是古代的一个战场场面，图的右侧，有5个小图案，你能指出它们各在原画的什么地方吗？

468 留在玻璃上的弹孔

某寓所发生一桩枪杀案，下图是窗户上的玻璃被枪击后留下的两个弹孔。你能分辨出哪个孔是先射的，哪个孔是后射的吗？

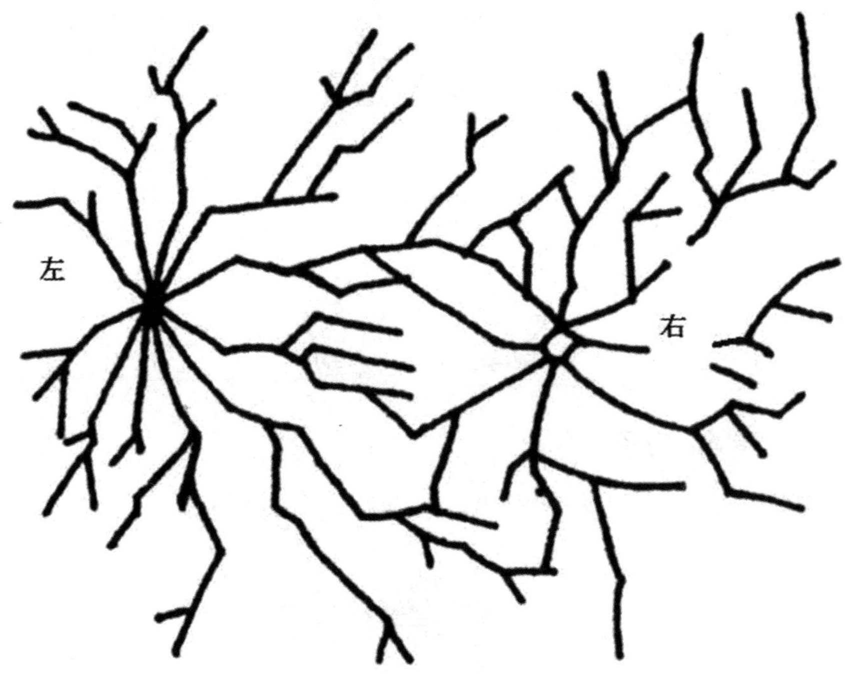

469 云朵变森林

你能不能使下图这些云朵变成一片森林？

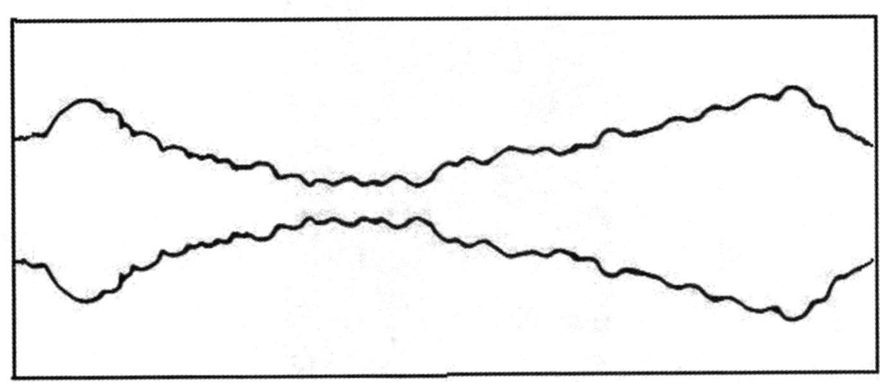

470 是否吻合

下图中 A、B、C 中哪一个形状可以与图中的五边形的洞完全吻合？

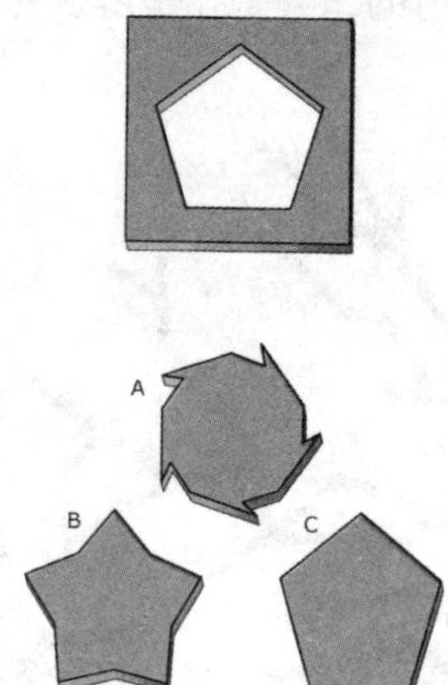

471 奇怪的房子

仔细观看这幅图，你能找出图中的 3 处奇怪的地方吗？

472 被切下来的奶酪

仔细看图，看A、B、C三块奶酪，哪个是从上图的半圆形奶酪中切下来的？

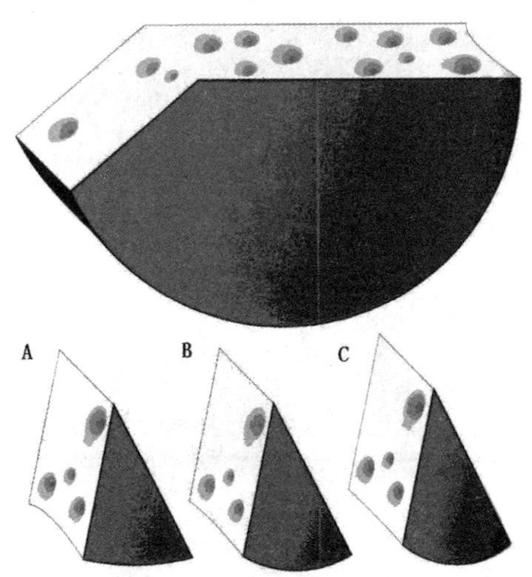

473 朗诵的人

仔细观看下图，看看图中左边坐着朗诵的人，是否有听众？

474 说者与听者

下图是一个人物背景的幻觉图。现在请你仔细地观察，看能在图中找到几个人？

475 寻找正方形

请你在下图中寻找一下，看有多少个正方形？

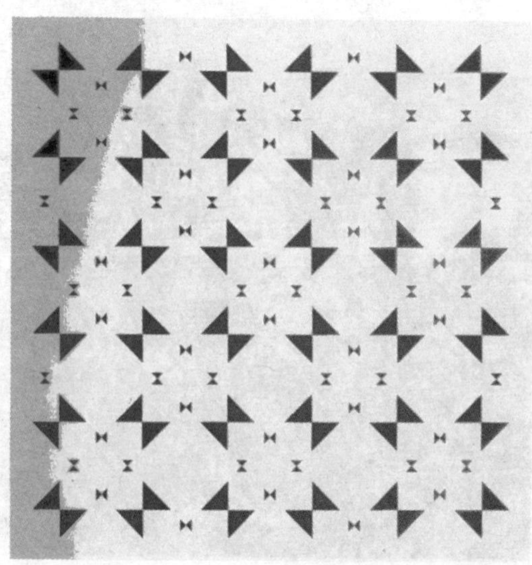

476 深灰色的线

下图中深灰色的线是直的吗？

477 神奇的硬币

图中哪个硬币立起来后高度与 A 图中硬币高度一样？

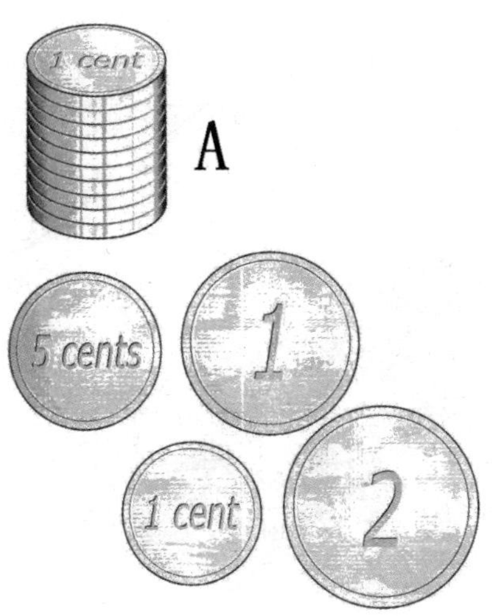

478 杯子之谜

请问在图中你看到的是两只杯子，还是有两层玻璃的一只杯子？如果你看到的是两只杯子的话，哪个在前，哪个在后？

479 找暗藏的五角星

仔细观看下图，请你在图中找出暗藏的五角星？

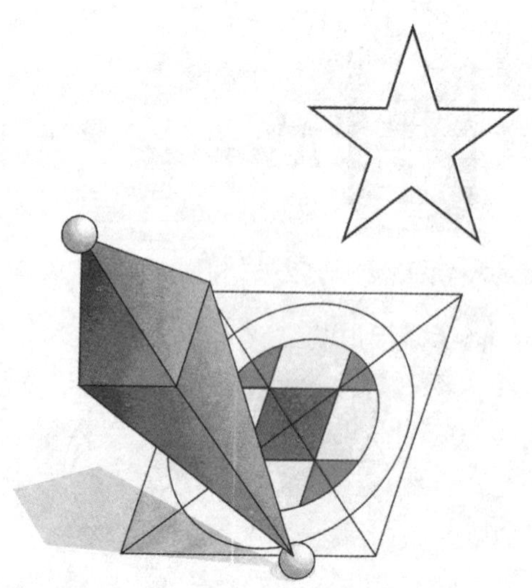

480 找暗藏的十字架

仔细观看下图，请你在方形中找出暗藏的十字架？

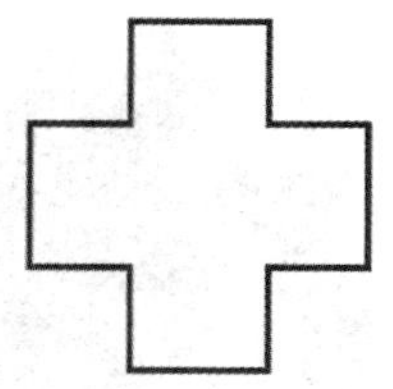

481 暗藏的图形

请你在下图中的三角形中找出一个正方形来？

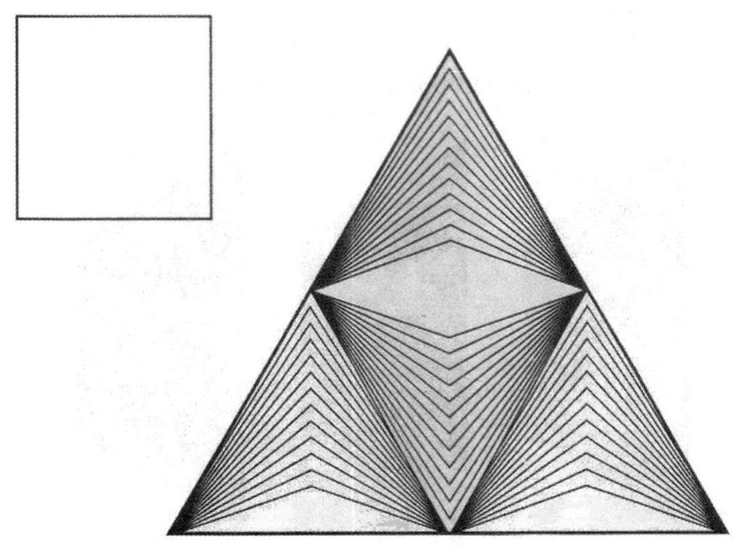

482 哪个高

下图中 A 塔和 B 塔哪个更高一些?

483 变三角形

仔细观察下图，然后用这 3 块板摆出一个金字塔的形状。

484 神奇的数字方框

仔细观察下图，看这个 4×4 的数字方框有什么神奇之处？

485 装满货车

仔细观察下图，看看能不能将 A、B、C、D、E、F、G 的箱子装进货车？

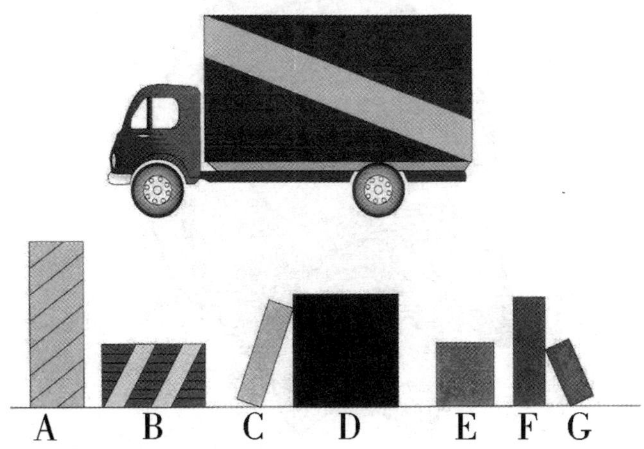

486 孤独的舞者

仔细观察下图，看图中除了 3 个跳舞者外，还隐藏了什么？

487 奇丑无比的狗

请你在下图这只奇丑无比的狗中找到一只可爱的猫。

488 平行与否（1）

下图中 A、B 两条线笔直而且相互平行吗？

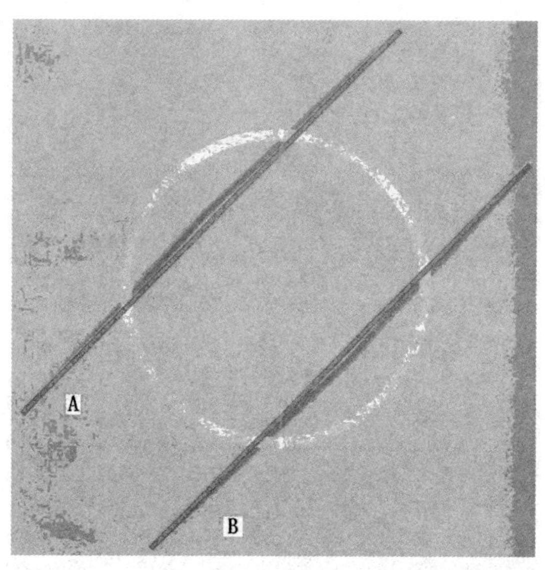

489 平行与否（2）

下图中 A、B 两条线笔直而且相互平行吗？

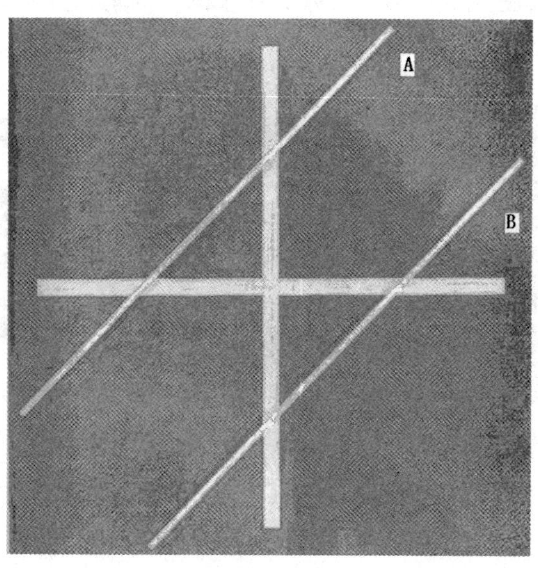

490 同心圆

请你仔细观察图中的圆盘，判断出它是一些同心圆呢，还是一个螺旋形圆？

491 垂直和水平切块，哪个一样

请认真观察图A和图B的图形，哪个图中的垂直方向切块与水平方向的切块完全相同？

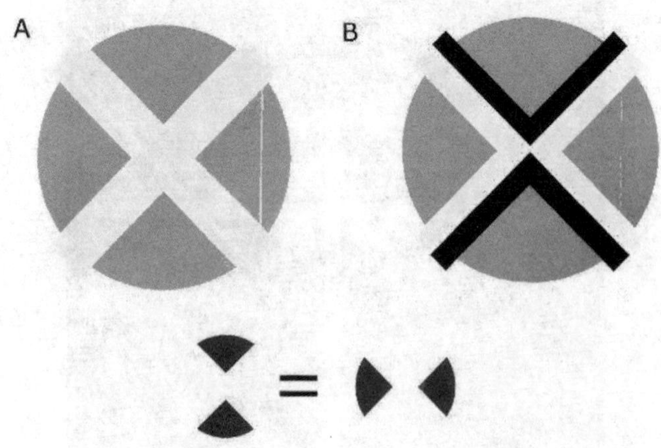

492 哪条线长（1）

下图中 C 线是不是比 A、B 两条线都长？

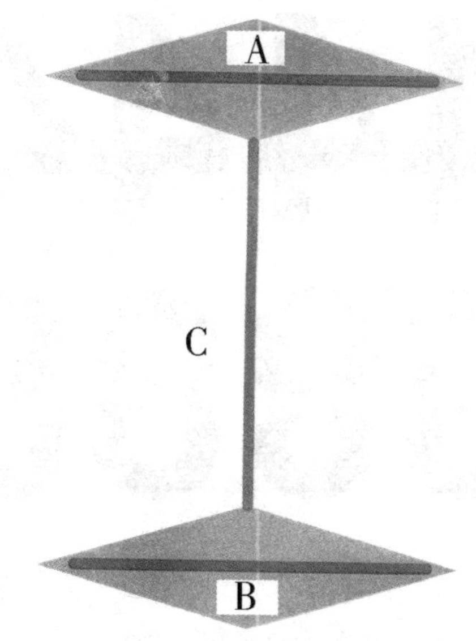

493 两条直线能对齐吗

下图中 A、B、C、D 哪两条线能够形成一条直线？

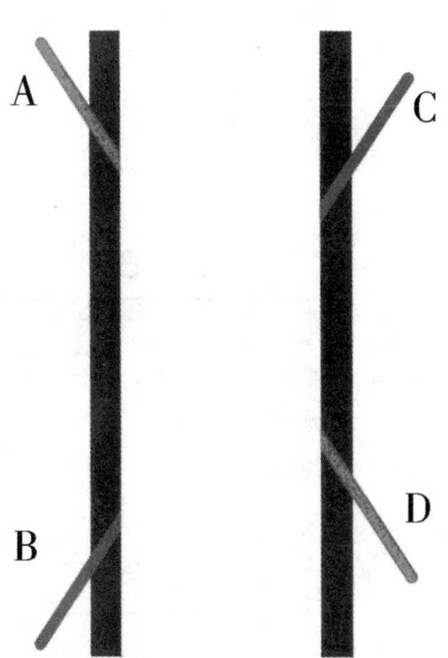

494 4和8

请你认真观察下图中的两种数字，所有“4”“8”的线条都一样粗吗？

444444

888888

495 哪条边短

下边的A、B两幅中，哪条边显得短一些？

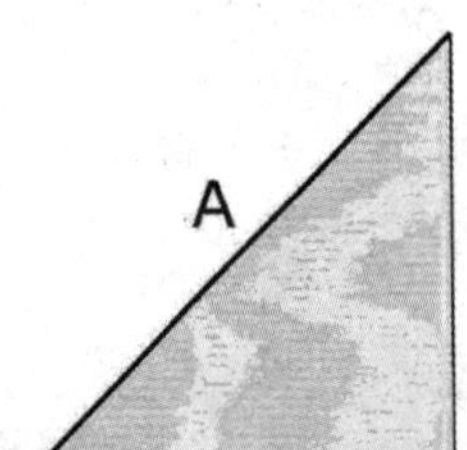

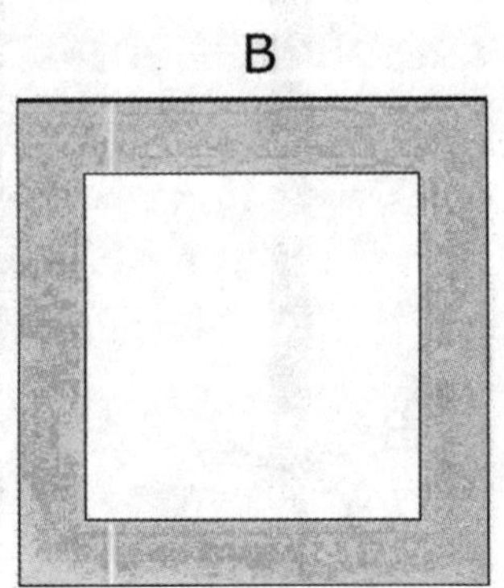

496 哪条线长（2）

下图中，线段 A 和线段 B 哪条线长？

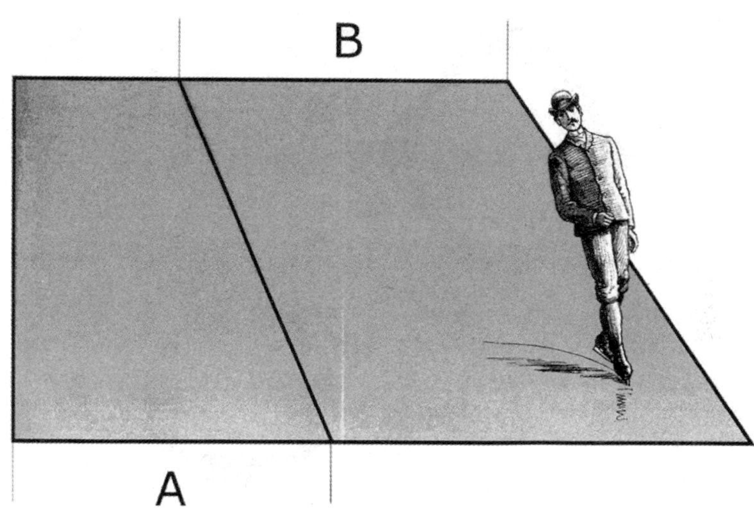

497 A和 B 一样长吗

下图中线段 A 和线段 B 一样长吗？

498 依次套进去

下图中的 A、B、C 3 图能否依次套进去？

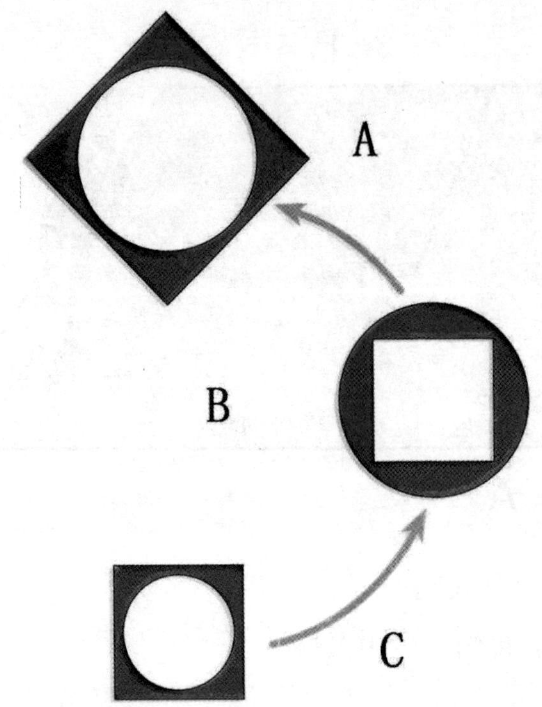

499 哪个弧线长

下面两幅图中是 A 图中的弧线长，还是 B 图中的弧线长？

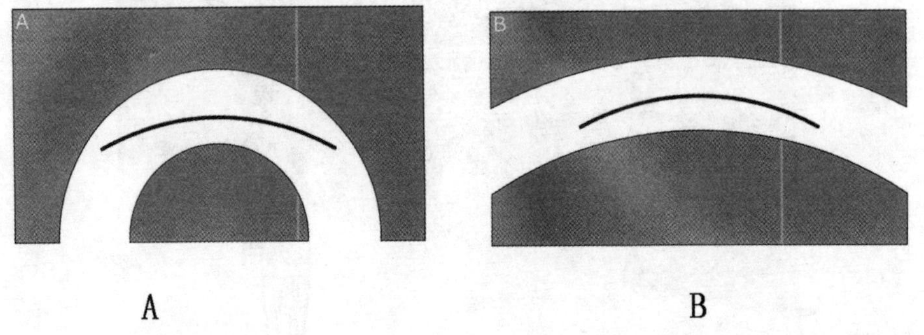

500 哪个线条长（1）

下图中线段 A 和线段 B 哪个长？

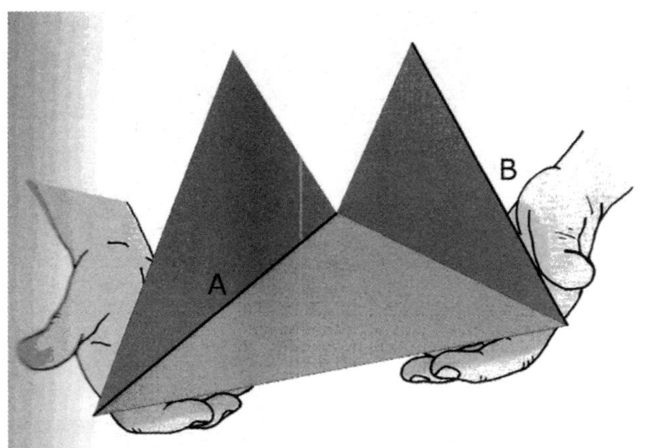

501 哪个线条长（2）

仔细看图，是 A 图中的线段长，还是 B 图中的线段长？

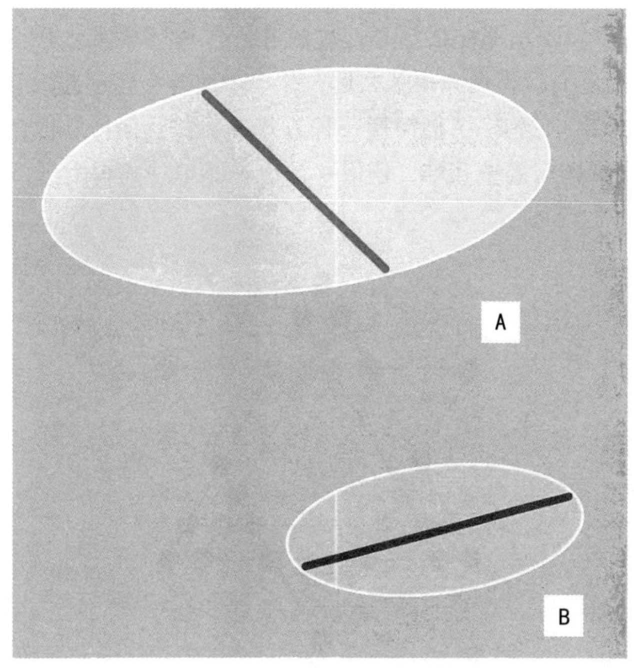

502 哪个箭头长

仔细看图，是A图中的箭头长，还是B图中的箭头长？

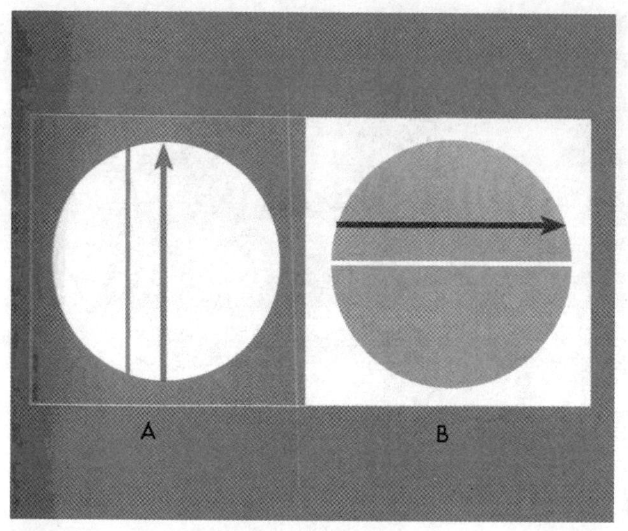

503 种杨树

27棵杨树如图示那样很漂亮地种成9行，每行6棵，但园艺师却认为这种种法不好。有3棵树离得那么远，孤单单地耸立在那儿。

现在大家试把这27棵杨树换一种方式种，仍要保持9行，每行6棵，但要把这27棵杨树集中3堆，任何一棵也不能单独离得太远，并且排列上要对称。

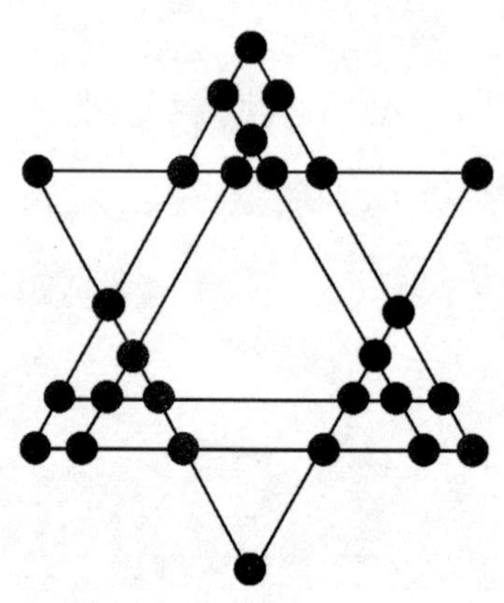

504 8颗星

图为由白方块组成4个形状大小一样的图形。现在要求在每个图形上各放2颗星。但不准2颗星（8颗星中的）处在同一横行或直行上，也不准在同一条对角线上。现在在其中的一块白方格内已放了1颗星，那么剩余的7颗星怎么放置?

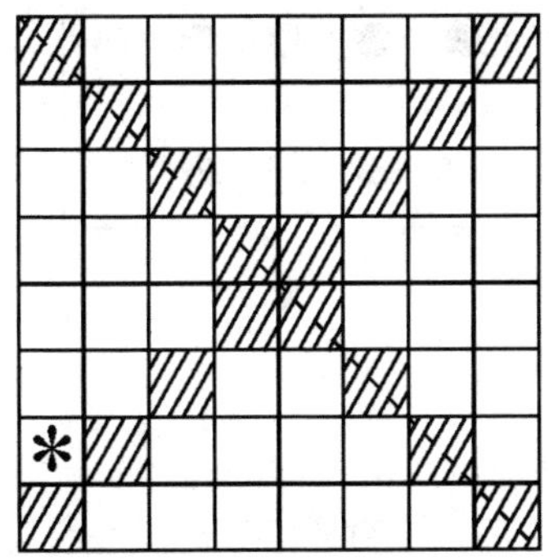

505 围棋的另类玩法

将32枚围棋子分别放在标有数字的33个圈中。这时有一个小圈是空着的。

游戏规则：把所有的子吃掉，仅剩一子。剩下的子必须在最初空着的那个圈中。吃的方法：可以前后左右走，以一子跳过另一子跳到空圈，另一子就算吃掉了。每走一步只能吃一子，因此需走31步解决问题。这个游戏你会玩吗?

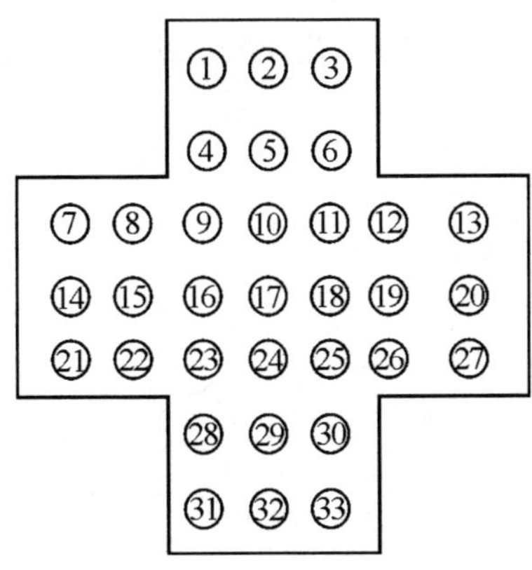

506 分割铁片

一个十字形的铁片上有 8 个圆孔和 4 个方孔。怎样将铁片分隔成 4 个形状、尺寸相同的图形，同时每个图形中要有 2 个圆孔和 1 个方孔？

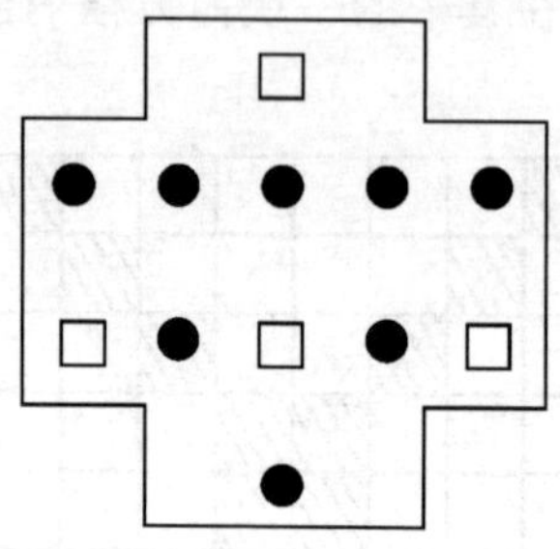

507 遮挡窗户

小明想把自己房间的那个 120×120 平方厘米的正方形窗子遮住，可是手边又没有别的东西，只有一块长方形胶合板。胶合板的面积正好与窗的面积一样，但是尺寸不同，是 90×160 平方厘米的。

他想了一会儿，拿尺子在胶合板上迅速画了些线，照画好的线把胶合板锯成两块，用这两块正好拼成一块尺寸适合遮窗的正方形板。

请问小明是怎么做的呢？

508 难题

图形 ABCDEF 是由 3 块相等的正方形的木板构成。

要求把这图形截成 2 份，使截得的 2 份能拼成一个中心为正方形孔的正方形方框，并且正方形的孔还要与图形 ABCDEF 的任何一块正方形方块相等。

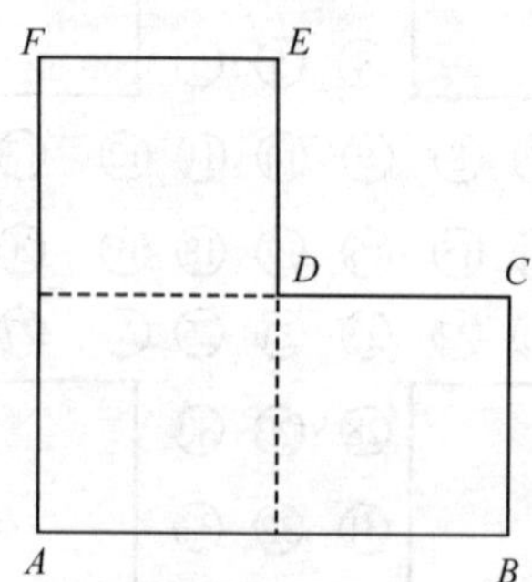

509 截断磁铁

画个C形磁铁，再考虑画2条直线，然后照这2条直线把磁铁截成6段，截的时候不准移动磁铁，应该如何画线才能做到？

510 “罐”形变成正方形

将图上的罐状图形画在纸上，再用两条直线形截线把它截成3份，要使这3份能拼成一个正方形。

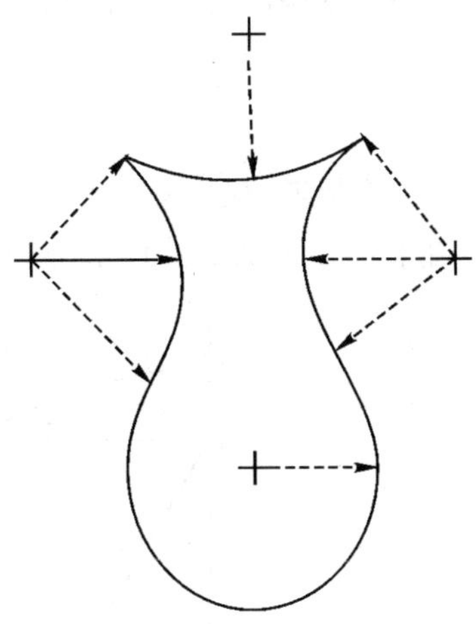

511 八角星

将图上的正八角形画在薄纸板上，中央再开个正八角形孔。要求将这图形剪成8块，把它们拼成一个八角星，并且也要有一个八角形的孔。

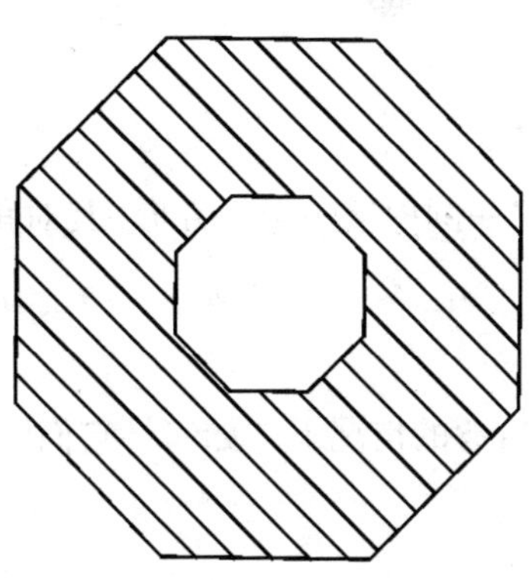

512 翻毛皮

阿新是皇帝的毛皮匠。一天，皇帝命他将一件毛皮大衣补好，这件毛皮大衣不知为何破了一个不等边三角形的洞。阿新于是剪了一块同样的毛皮做补丁，但由于疏忽大意，剪下来的那块毛皮只能在反面补洞。这下可如何是好？如果被皇帝知道了，肯定会要了阿新的脑袋。阿新可以用什么办法把它翻个面，并且仍能保持原来的三角形形状呢？阿新终于想出办法，他把这块毛皮割开，再把割开的各块在原来位置上翻面，就可以使这块毛皮顺利地补在那件毛皮大衣上，阿新是怎么做的呢？

513 七个三角形

用橡皮泥把3根火柴的头连起来，很容易连成一个等边三角形，如下左图。现在用同样的方法，如何把9根火柴连成7个等边三角形呢？

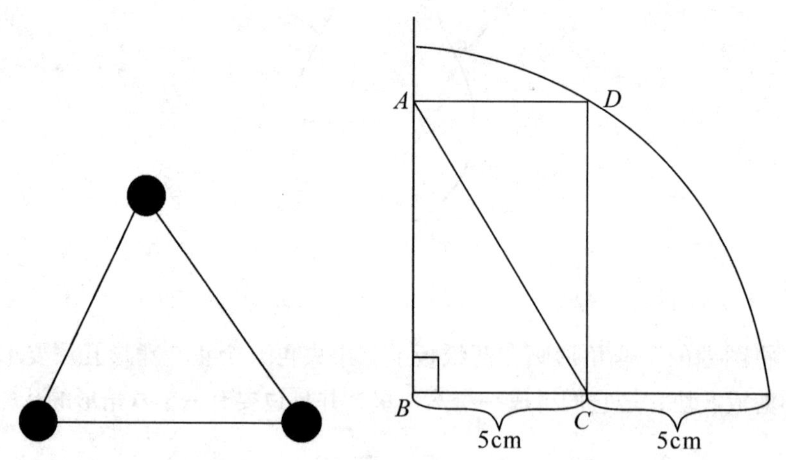

514 对角线的长度

如上右图，在四分之一圆内接一个长方形，其对角线AC的长度为多少？

515 围三角形

有3根棍子，在不折弯的情况下，如何将它们围成一个三角形？

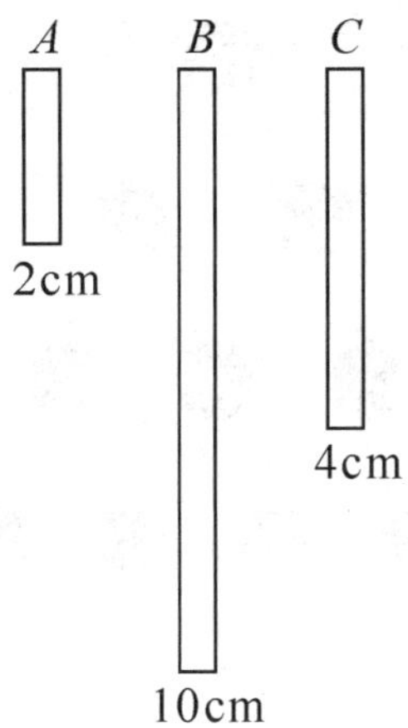

516 砖头对角线

有一个大小如图的砖头，请问如何才能知道这块砖内部对角线 AB 的长度？

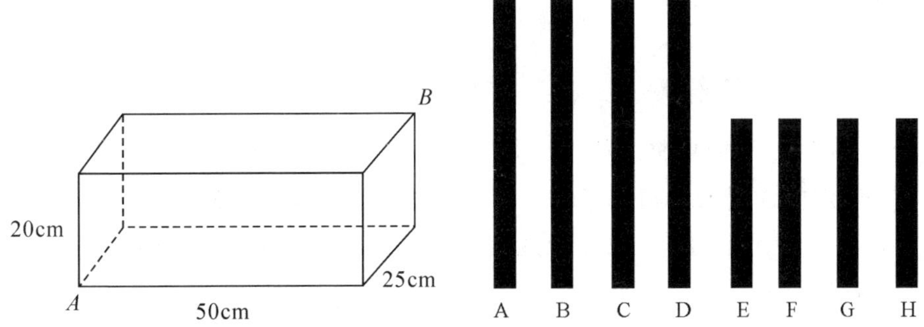

517 铁丝做正方形

如上右图，有 8 根铁丝，其中四根的长度是另外 4 根的一半，那么在不能折弯的情况下，如何用这 8 根铁丝做成相同大小的 3 个正方形？

518 如何移动煤球

把 10 个煤球排列成一个正三角形，若要动 3 个最短距离的煤球，把三角形的方向整个倾倒过来，该如何移动呢？

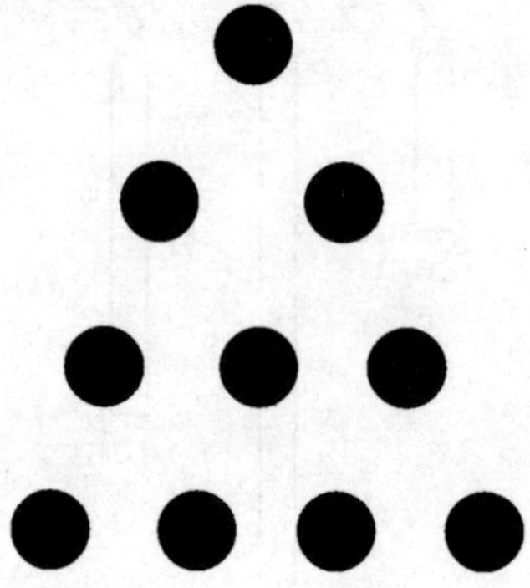

519 画一条直线

画一条通过五角形其中四边的直线。

520 用铅笔画线

用一支铅笔在一张纸上画线，请问，用什么方法可以一次就同时画出两条线?

521 数字方阵

在图中，2 加 9 加 4，7 加 5 加 3，6 加 1 加 8，其和均为 15。其横的、直的、斜的加起来总和也都是 15，这称作魔术方阵。那么，如果要制造一个总和均为 16 的方阵，应如何调整？此 9 个数字均为以目前的数加上某一个一样的数字。

6	7	2
1	5	9
8	3	4

522 指挥棒的组合图形

若将 3 支指挥棒如下图般组合起来可产生五个直角。如果想利用 3 支棒子做成 12 个直角，请问应该如何组合？（指挥棒的粗细不匀及厚度不考虑。）

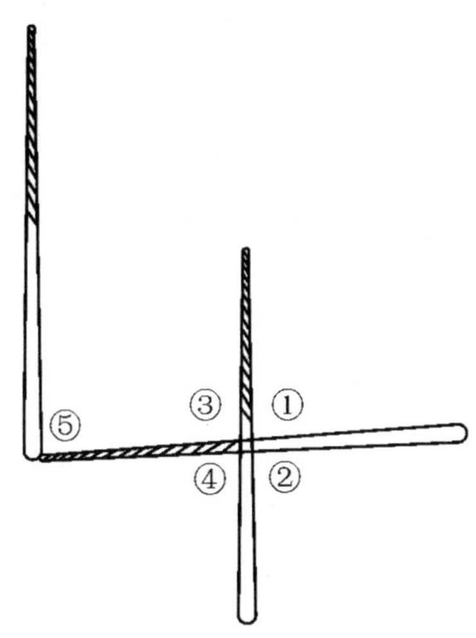

523 分割梯形土地

一块如图般的梯形土地，其上种植了 4 棵樱桃树。若将此土地平均分给 4 个人，且每块地上均需有一棵树。请问应如何分割？

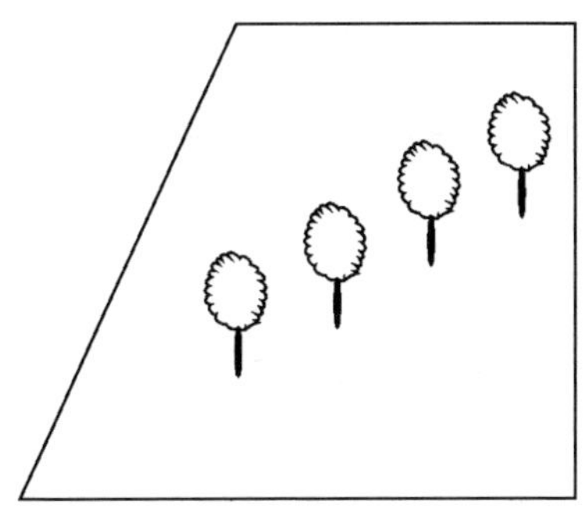

524 直角折成三等分

这里有一张长方形的纸，在不使用任何工具的前提下，如何将一个直角折成三等分？

525 画线通过圆

如左下图所示，9 个圆并排一起，以一笔画过的线通过所有的圆。图中通过圆的线有 4 个转折角，现在请你用一笔画过的线通过圆，并且将转折角的数目减到最小。

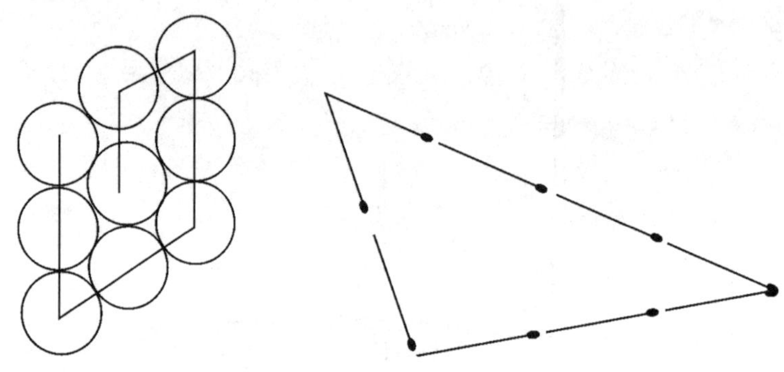

526 排火柴棒

用边长为 2 根、3 根、4 根火柴棒排出如右上图所示的三角形。现在你要在不能折断、弯曲火柴棒的情况下，只能用另外 2 根火柴棒把这个三角形分成两个面积相等的图形，请问要怎么排呢？

527 直线距离测量立方体

如图所示，用 8 块等大的石头堆成的立方体上，假设 P 到 A 的长度为 1，P 到 B 的长度为 2；那么从 P 要画到立方体的哪里长度才为 3 呢？请以直线距离测量。

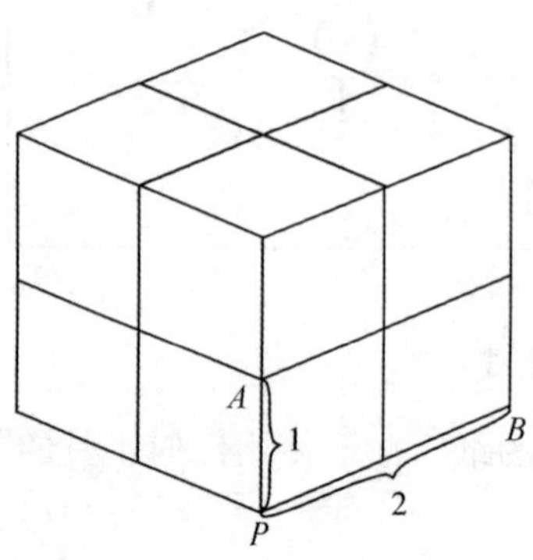

528 平均分割土地

有一个人打算把这块怪状的土地赠给那些能把它划分成两块相同大小、形状的人。你也来试试吗？

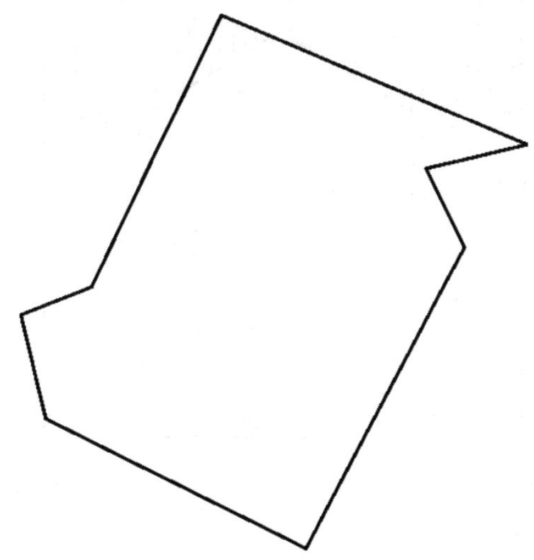

529 哪个图可以代替

在图中，选项中的哪个盒子的平面展开图符合给出的平面展开图？

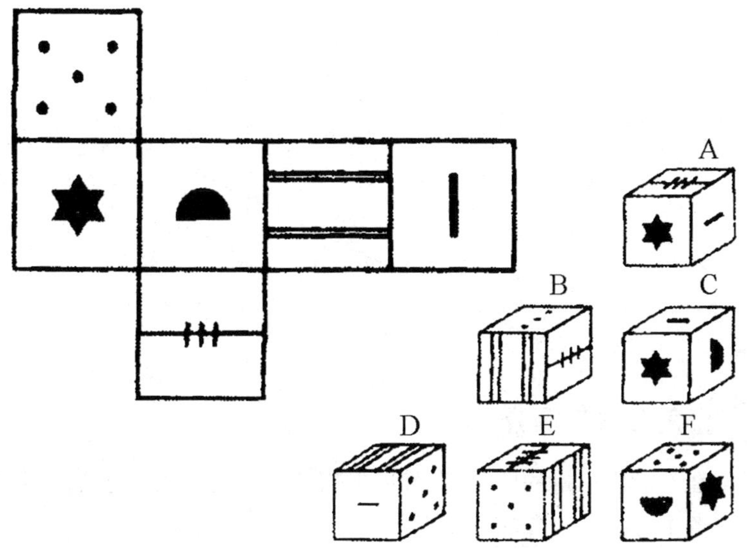

530 穿过六边形需要几条线

如图，如果想用直线穿过一个正六边形所有的边的话，最少需要几条线？

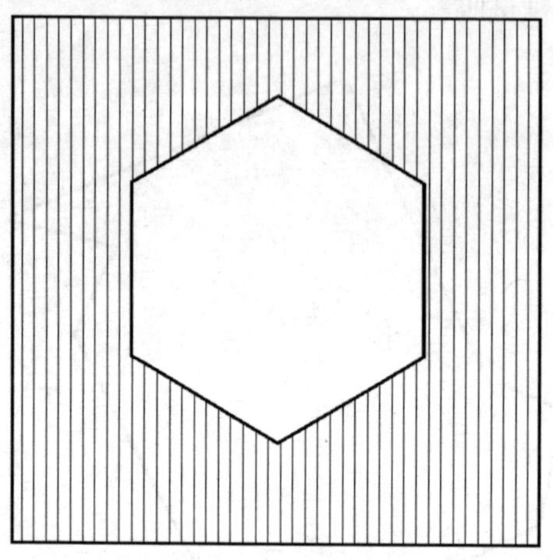

531 阻击平行线

AB 和 CD 是两条平行线段。但有人表示，他只要画上 3 条线就能让它们不能平行。在不能变动 AB、CD 的情况下，这个人会怎么做呢？

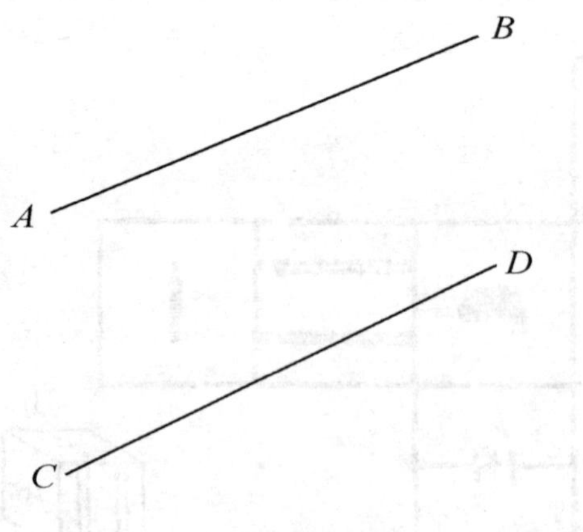

532 直角分成三等分

请问在不能用尺量的情况下，你要如何把 A、B、C 三点构成的一个直角（B 点所在位置）分成三等分呢？

533 前方作业

四位下属分别对上司报告。A 说：“B 正在我的前方作业。”B 说：“C 正在我的前方作业。”C 说：“D 正在我的前方作业。”D 说：“A 正在我的前方作业。”

请问，有这种工作情况吗?

534 教室最大的三角形

学校的美术教室是一间壁面长、宽、高都是 6 米的正立方体。阿毛在墙上画了一个底部 6 米宽、高度 6 米长的三角形，并且宣称，在这间教室里，用三条直线所画出的三角形，以他这个方式画出来的最大，你认为阿毛说的对吗?

答案

第一辑

001 如图所示：

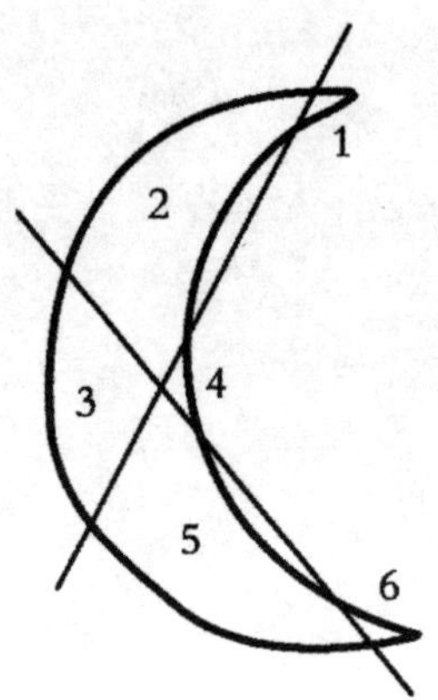

002 C。黑色三角形长边接着空白的正方形。

003 旗子会上升。

004 2、3、8 和 10，每一排的圆圈都是沿着顺时针方向旋转 90°。

005 如图所示：

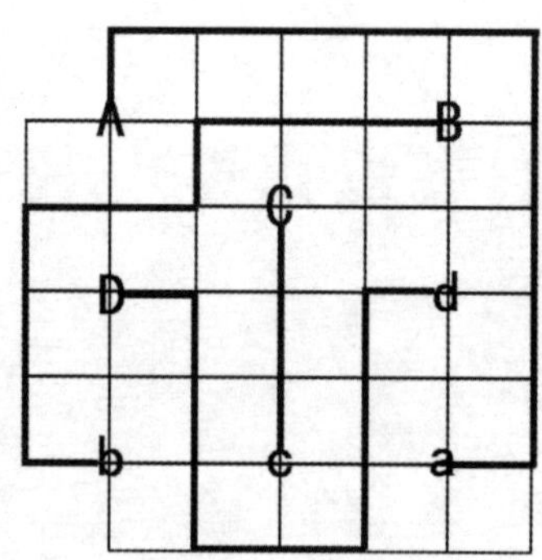

006 3108 个。

007 B。

008 所有给出的图形都是由里外两部分组成的，而且外面的图形都是由三角形、正方形、圆形组成，并且每一横行（或每一竖行）中都没有重复的图形。这样我们可以先确定 A、B、C 外面的图形。A 的外部图形是正方形，B 的外部图形也是正方形，C 的外部图形是三角形。同理可知 A 的内部图形是正方形，B 的内部图形是三角形，C 的内部图形是圆形。形状确定好以后，我们还要注意各个图形的内部图形是有不同颜色的，分别由点状、斜线和空白三种组成，确定的方法和确定形状是完全相同的，请你自己把三个图的颜色确定出来。最后 A、B、C 应分别如图所示。

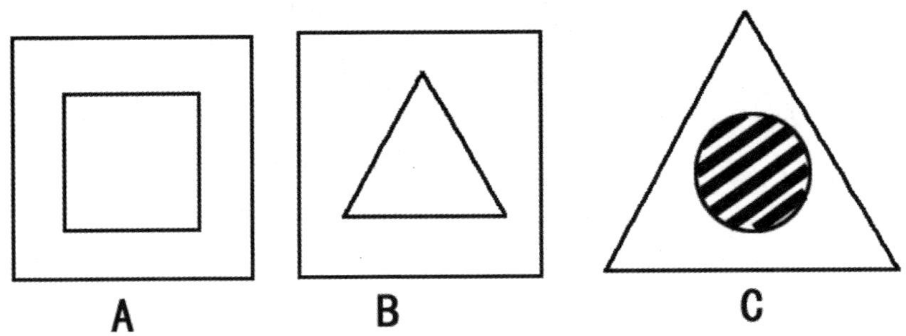

009 157 块砖。如图所示：

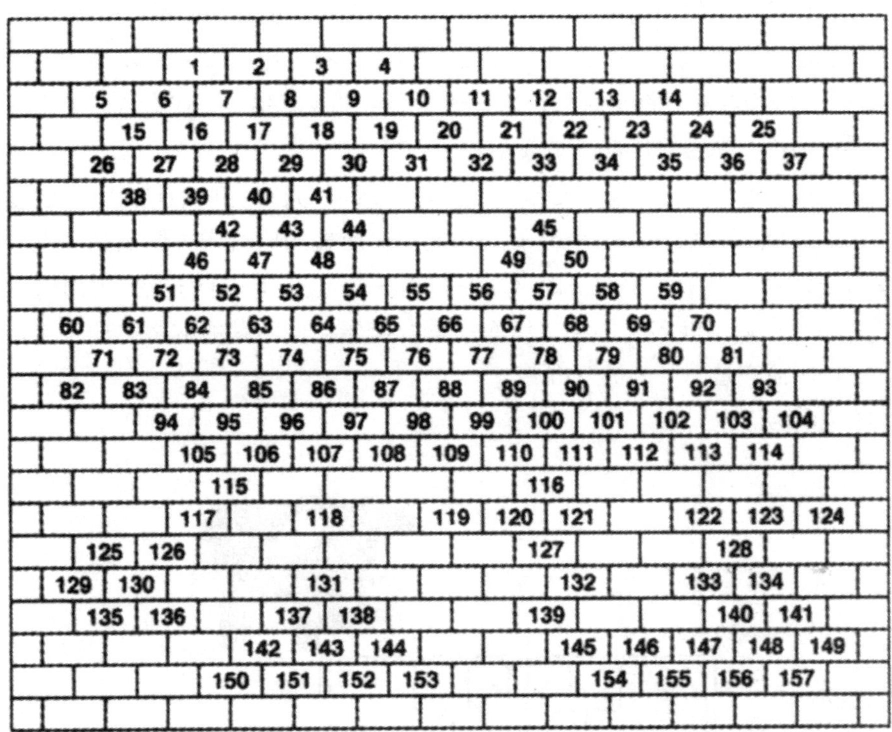

010 丙。

011 如图所示：

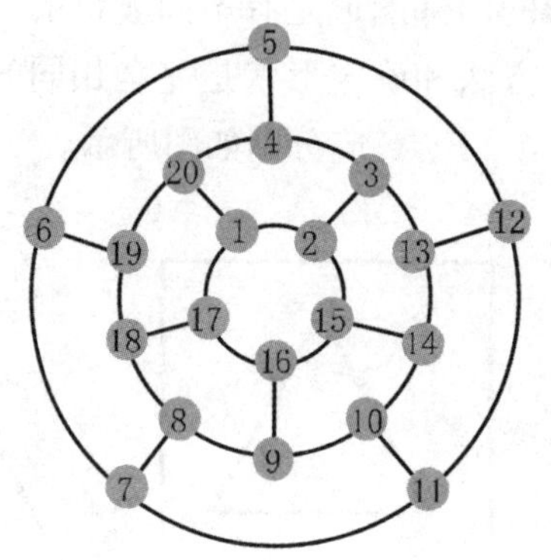

012 F。

013 C。其他各图都是对称的。

014 不能。

欧拉把该问题简化为网络图，并且归纳为“一笔画”的几何问题，即把两岸、小岛和半岛看作是网络中的4个节点。小岛连有5座桥，两岸和半岛各连3座桥。因为3和5都是奇数，所以这4个点都是奇顶点，或奇点。如果连有偶数座桥，则为偶顶点或偶点。

欧拉发现，对于一个可以一次走遍（遍历）的网络，其奇、偶点具有许多性质。特别的，欧拉注意到：一个奇顶点在这种遍历式的旅行中，要么是起点，要么是终点，由于一个遍历的网络只能有一个起点和一个终点，因而这种网络的奇点数不能多于两个。然而在哥尼斯堡七桥问题的网络中却有4个奇点，因而它是不可能被遍历的。

015 如图所示：

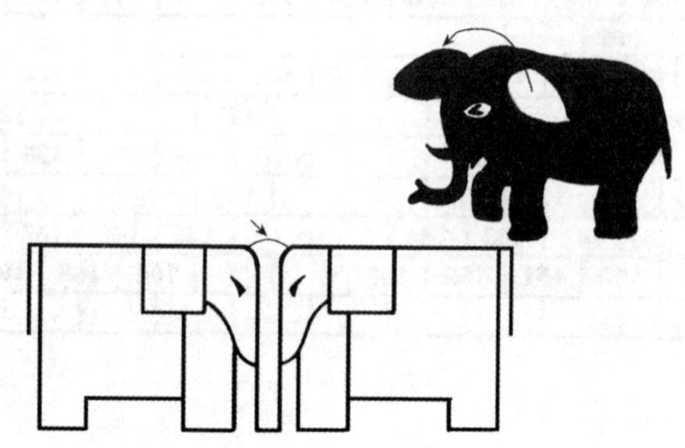

016 对于这个问题来说，当你看到立体实物之后就会一目了然。这个立体实物需要按照一定的程序才能做成。首先，从前面看它的形状是十字形的，把十字形的柱体剖通，再从上面将其剖成“工”字形，就可以了。也就是说，从三个方面剖成从各个角度所看到的形状，就能够贯通整体。

017 如图这样画。

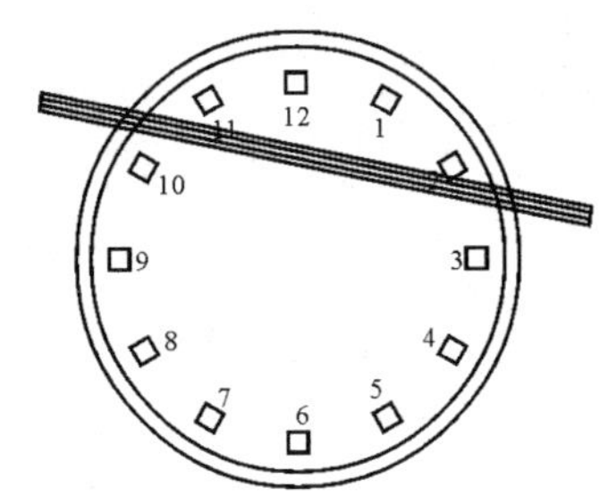

018 如图所示：

019 B。

020 1 点朝上。同学们可以自己动手试一试！

021

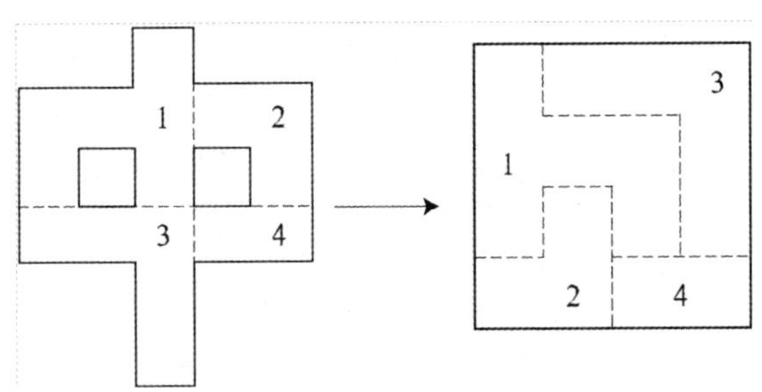

022 巡视员的行走路程可以减少到19千米，他只需重复两次路过两条铁轨。他的巡查路线为：E—I—J—K—J—F—B—C—B—A—E—F—G—H—D—C—G—K—L—H。重复路过的两条铁轨是JK段和BC段。

023 36种。只要利用A、B、C 3种色彩和旗帜素面时D的色彩，便能做出如表中所列的36种旗帜。

A色位于左端的排法：

ABA	ACD
ABC	ADA
ABD	ADB
ACA	ADC
ACB	共9种

B、C、D色位于左端的排法也各有9种。

9×4=36

024 他的帐篷图不符合几何图形的要求，在现实中根本不存在。

设计图中的帐篷形状是正六棱锥，那么棱锥底面是正六边形，每个内角等于120度。如果侧面是正三角形，那么侧面的每个底角都是60度。这时在棱锥底面任一顶点处的三面角中，三个面角将是60度、60度、120度，不满足“任意两个面角之和大于第三个面角”。所以，这样的三面角不存在。

025 离远一些。

026 每一条狗的路径将是一条等角螺线。

考虑以匀速直线运动的目标点T和随时都指向T的动点P，如果P点从最外面的椭圆上的任何一点出发，点T从外面的椭圆的集点出发，那么点P总是在同一点，即椭圆的中心处俘获T。

每一条狗的路径将是一条等角螺线，如果适当数量的狗从任何正多边形的每一个顶点出发，那么结论同样成立。这种图形给人以一种强烈的深度感。

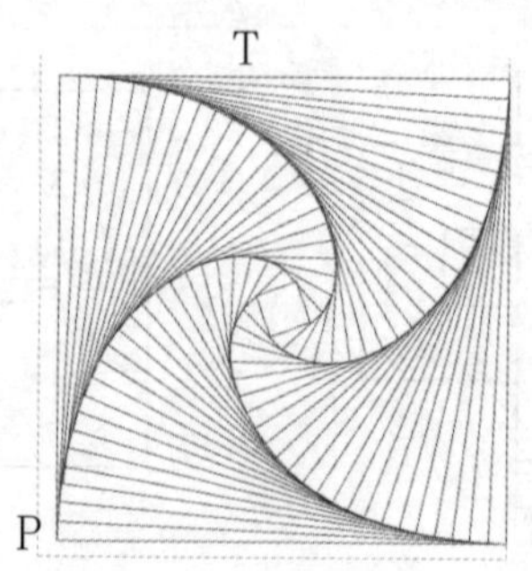

027 如图所示：

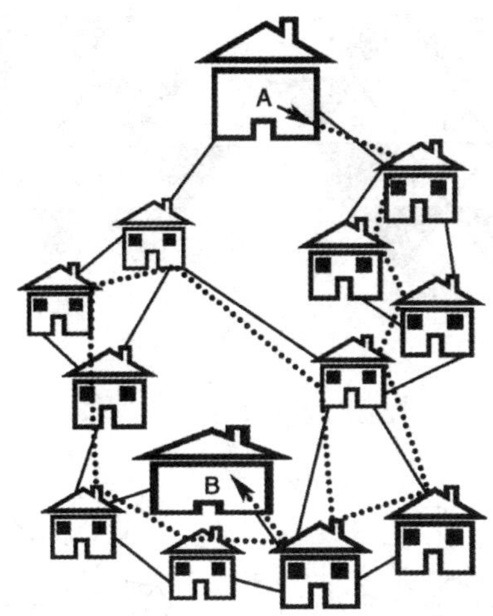

“一家不漏”并不排除去两次以上。更要注意这种严密性。

028 把图颠倒过来，就能看到这块剩下的蛋糕了。

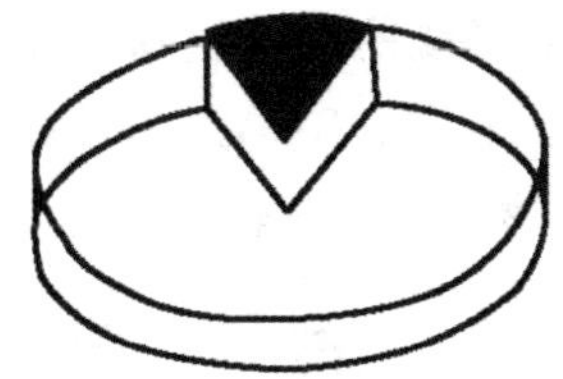

029 如下图所示：

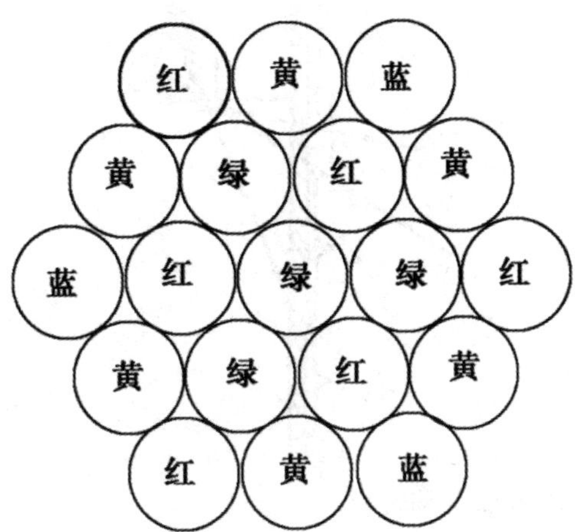

030 第一幅图中的空白面积大。如图所示：

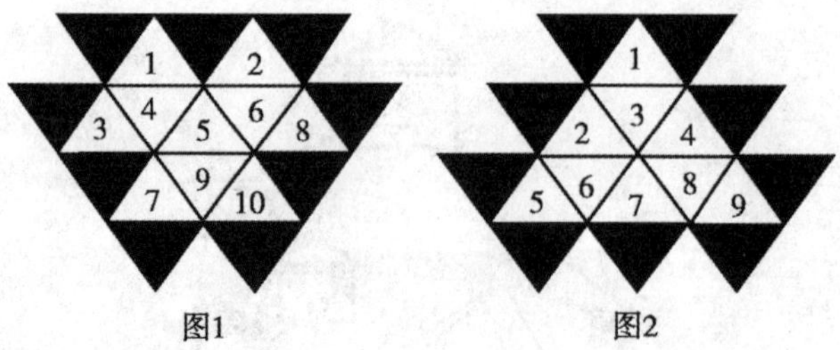

图1　　图2

031 如图所示：

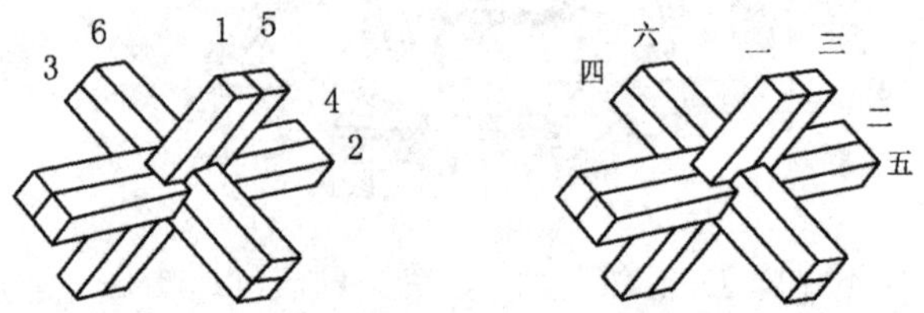

032 图中打 × 处，就是无法被光照到的地方。虽然只是一个很单纯的照明问题，事实上，照在墙壁上光线的明暗度却有差异，差异大约可分成五种程度，亮度顺序由大而小是 1、2、3、4，不过如果灯罩的内侧不是可以折射的材质的话，4 的部分应该也无法照到。

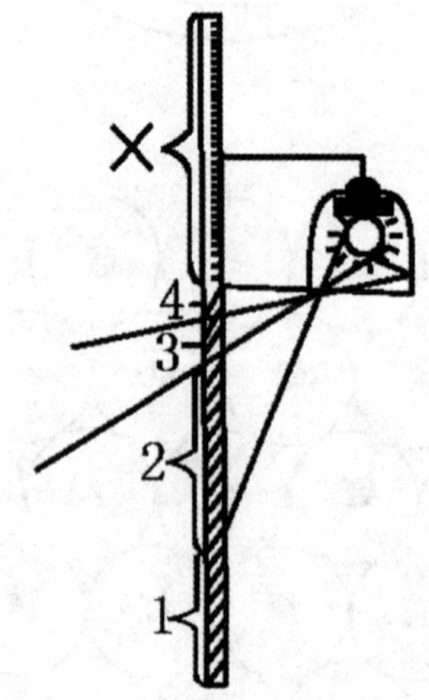

033 C。先水平翻转再垂直翻转。

034

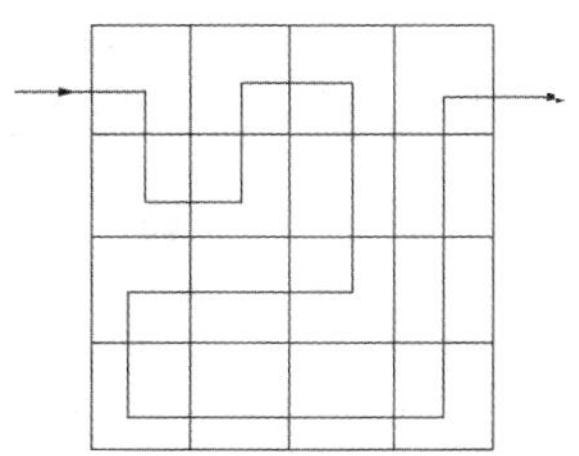

035 这是一道超难的题！除了图中的答案外还有许多走法，即使回不到原点，也算正确！

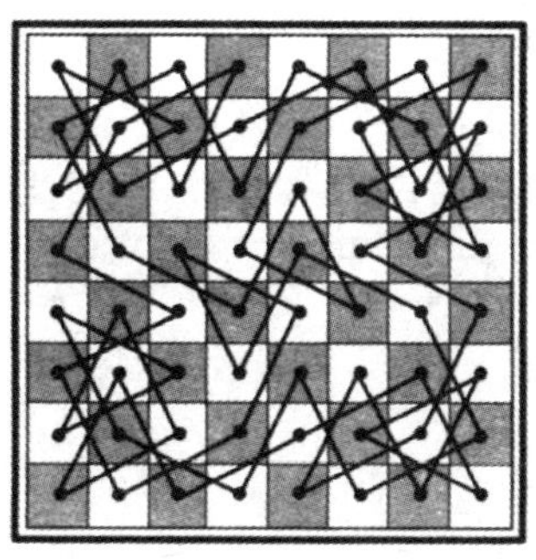

036 如图所示：

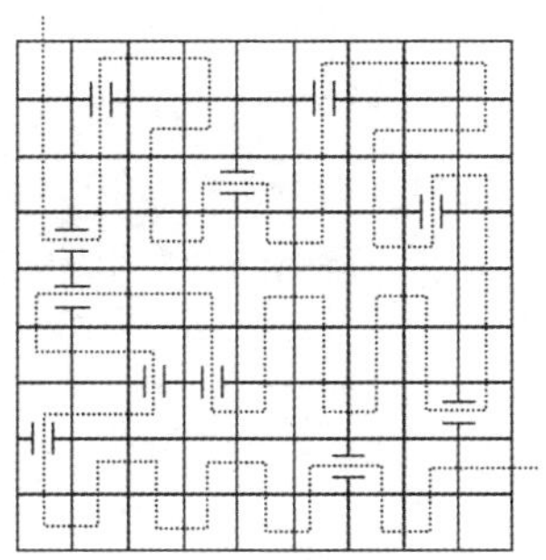

037 B。其规律总是接下来画两个向内的弧线。

038 18 条路线。

解决这道谜题最简单的方法，就是在起点处开始，确定出能够带你到达一处交叉点的路线的数目。到达每个连续交叉点的路线的数目等于与之“相连”的路线的数目的总和。

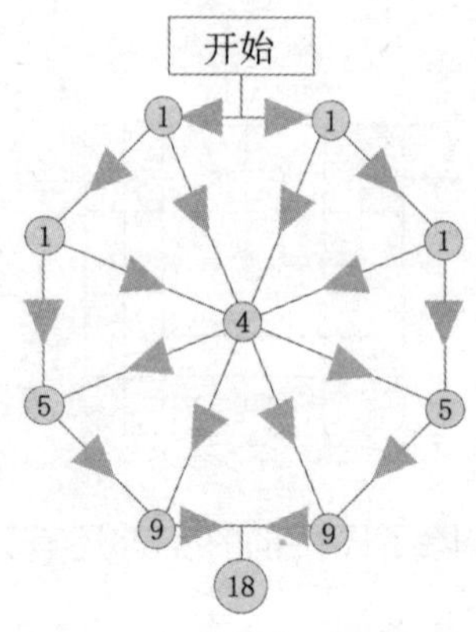

039 如图所示：

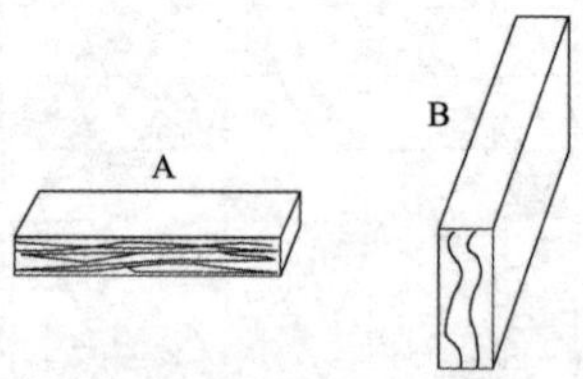

040 如图所示：

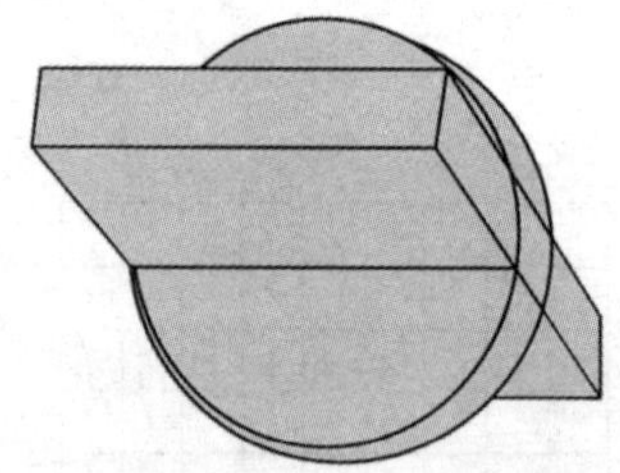

041 OK
042 如图所示：

043 依次与画面中的3，7，4相同。

044 如图所示：

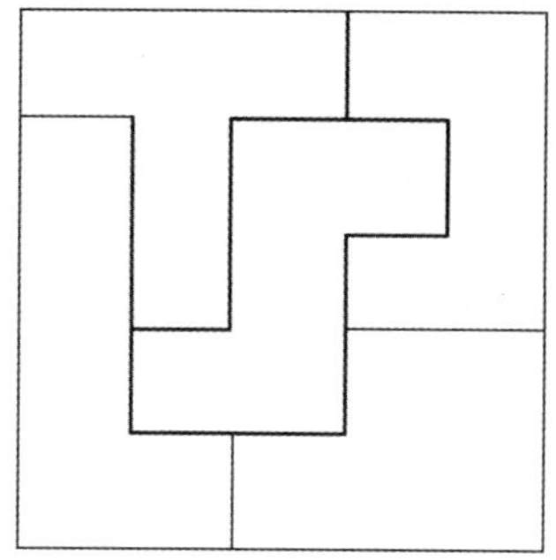

045 如图所示：

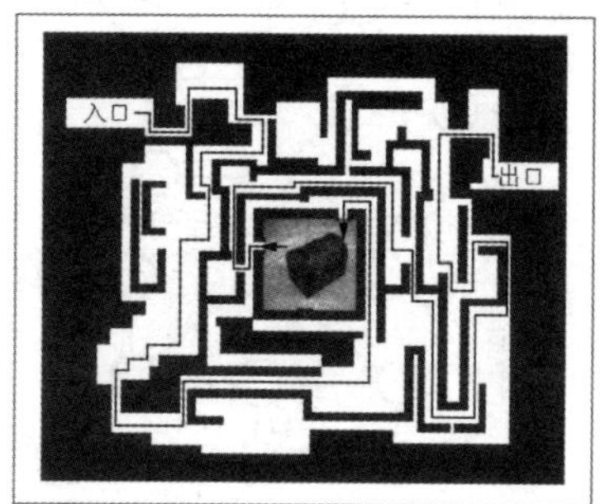

046 入口有8个，可是出口只有一个，只要从出口往入口找路线就十分简单了。

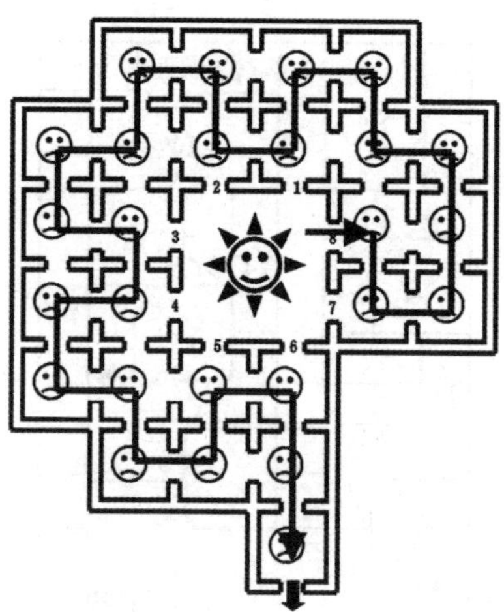

047 丙。逐面比较。

048 D。其他各图都可以配成形状完全相同的一对：A 和 H；B 和 G；C 和 F；E 和 I。

049 A 会上升，B 会下降。

050 C。正方形中的两根线段，一根每次是顺时针旋转 90 度，另一根每次顺时针旋转 45 度。

051 B。只要再加一个小圆就可以和左图相同。A 完全与左图相同，其他几个相差太大。

052 如图所示：

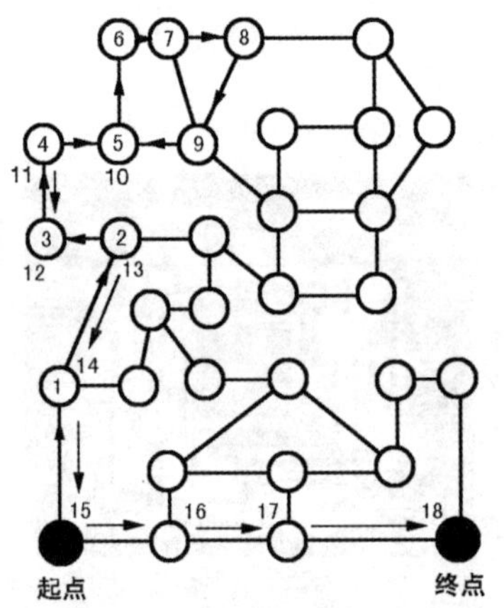

053 如图所示：

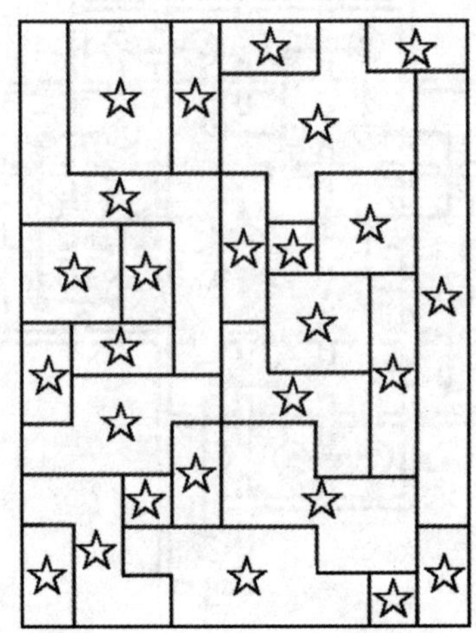

054 最多可放 5 个“王后”，有 3 种放法，见下图：

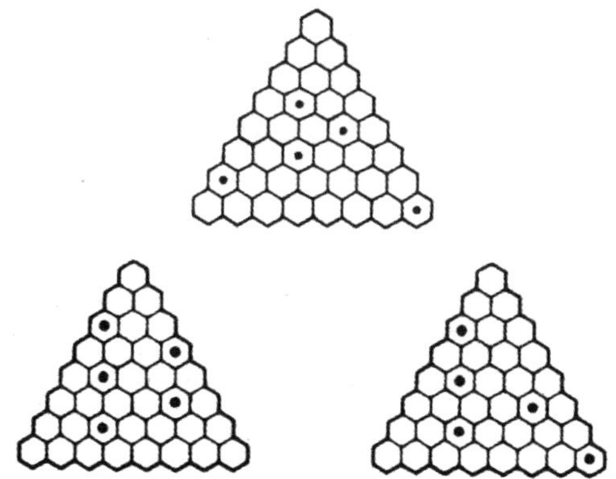

055 如图，三个轮子相对应的一瓣中都各有一黑二白分瓣，黑分瓣位置各不相同。

056 出现了两次的是空圆。

一个图形或者出现一次，或者出现两次。假设空圆只出现一次，则图一和图二中的空圆是同一个侧面上的空圆。这样，和空圆相邻的四个侧面上，是四个互相不同并且与空圆也不同的图案。因此，图一中位于底部的图案一定出现了两次，这和条件矛盾。所以，图一和图二中的空圆是两个不同的侧面上的空圆，即出现了两次。

057 D

058 E

059 E

060 C

061 E

062 B

063 F

064 E

065 A

066 C

067 E

068 E

069 A

070 D（提示：圆和叉从左向右移两格，从上往下移两格。）

071 D（提示：ABCE 中共同的特点是同一种图形一黑一白，加一个三角形，而 D 不是。）

072 E（提示：ABCD 中右边的个数等于左边黑白个数相乘，而 E 不是。）

073 E（提示：ABCD 中都有横线，而 E 没有。）

074 D

075 E

076 D

077 D

078 B

079 B

080 E

081 A

082 B

083

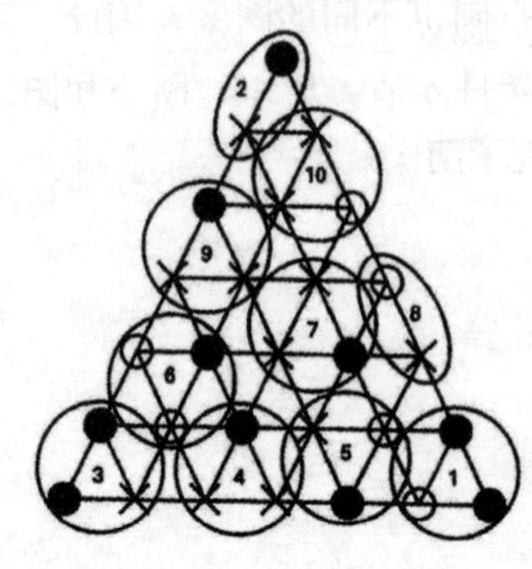

084 E
085 1B
086 2B
087 D
088 C
089 D
090 B
091 C
092 D
093 C
094 F
095 G
096 B
097 D（提示：第三个图是第一个图去掉圆形，第四个图是第二个图去掉圆形。）
098 B【提示：从延续顺序上看不可能是正方形和圆形（相邻不能是相同图形），如果是三角形，应选择对称的图形。】
099 B、D
100 E
101 D
102 D
103 B
104 D
105 C
106 E
107 C
108 B
109 D
110 B
111 A
112 D
113 B

114 D
115 A
116 D
117 B
118 D
119 C
120 B
121 G
122 E
123 E
124 B
125 E
126 D
127 B
128 A
129 E
130 B
131 B
132 A
133 D
134 B
135 D
136 B
137 C
138 E
139 B
140 B
141 A
142 C

第二辑

143

144

145

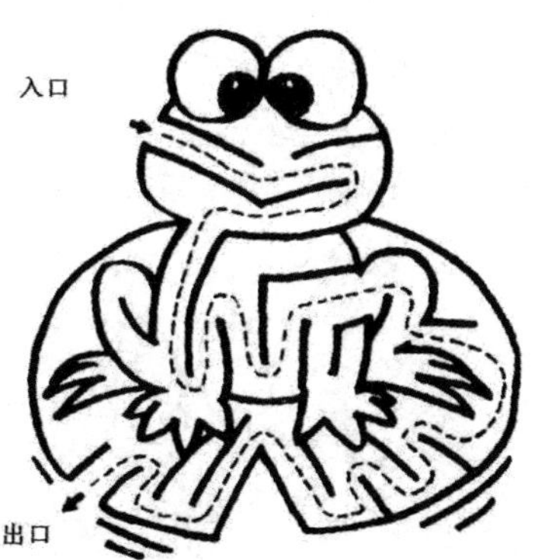

146

147

148

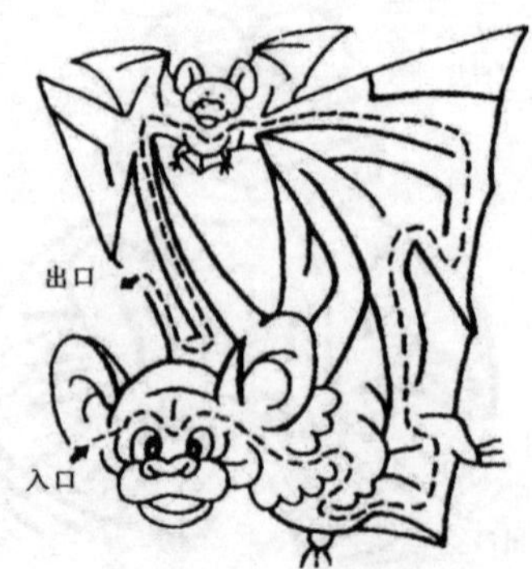

149

150

151

152

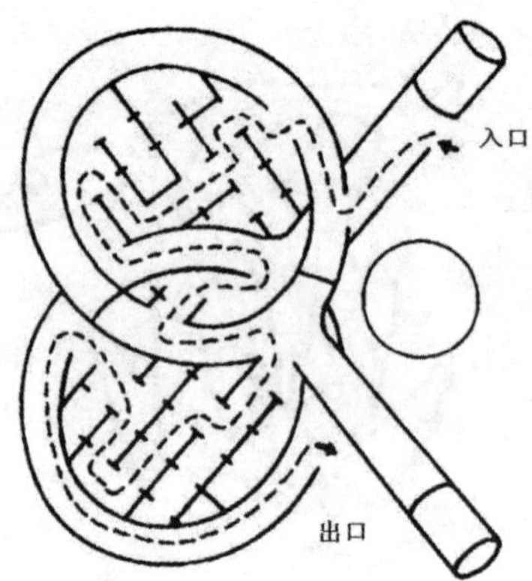

153

154

155

156

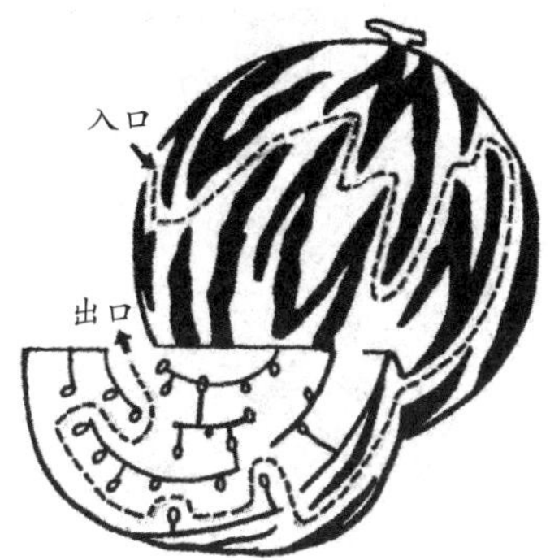

157

158

159

160

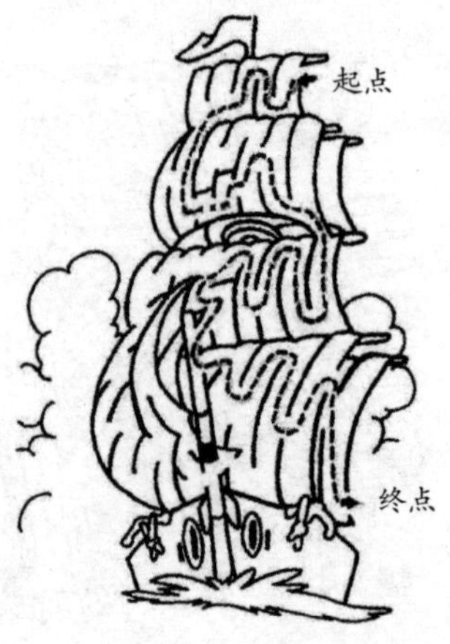

161

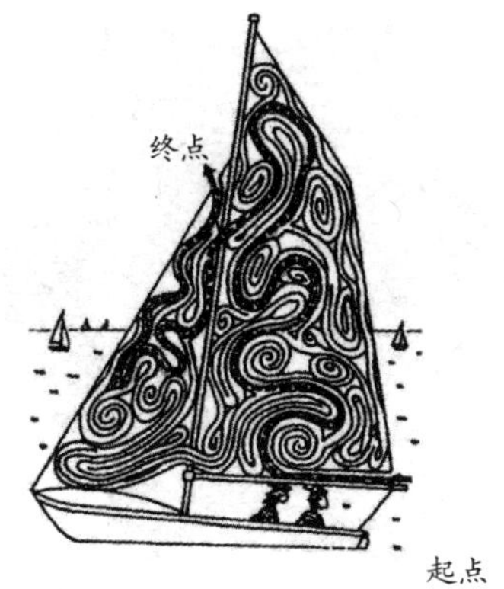

162

163

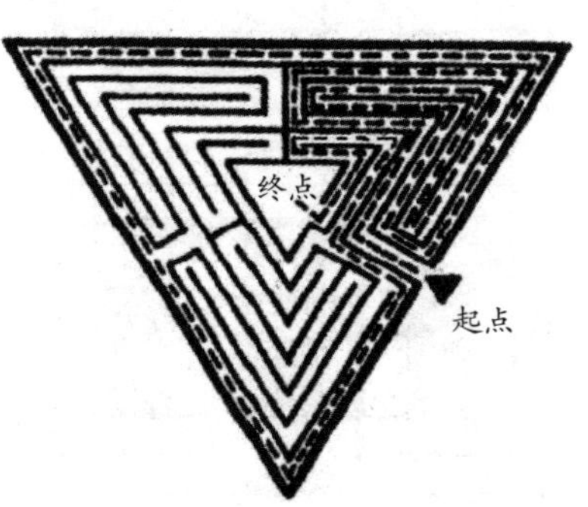

164

165

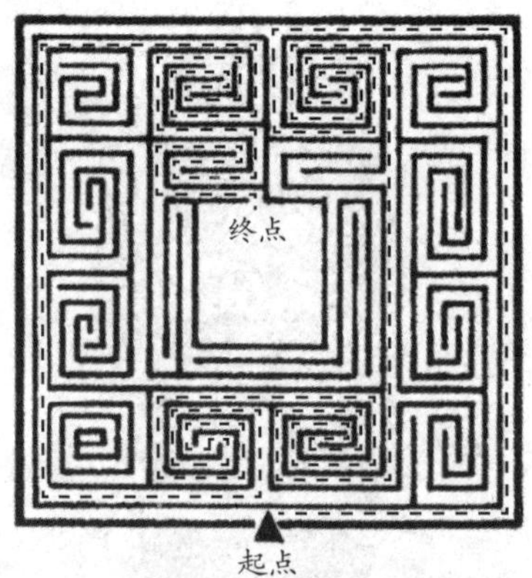

166

167

168

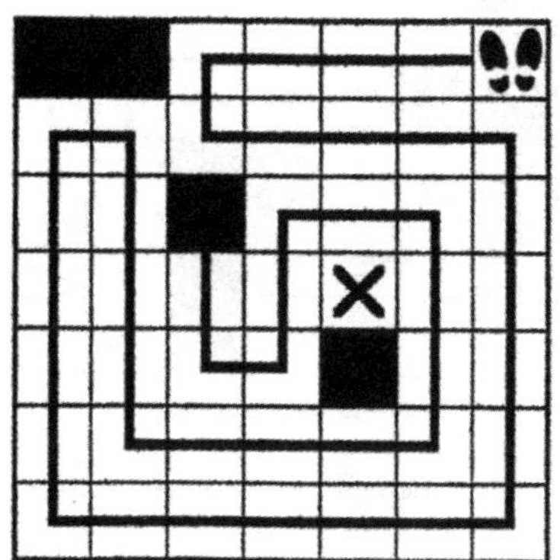

169

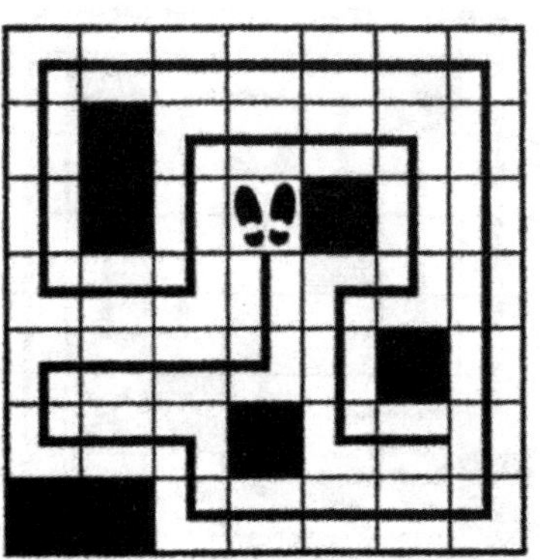

170

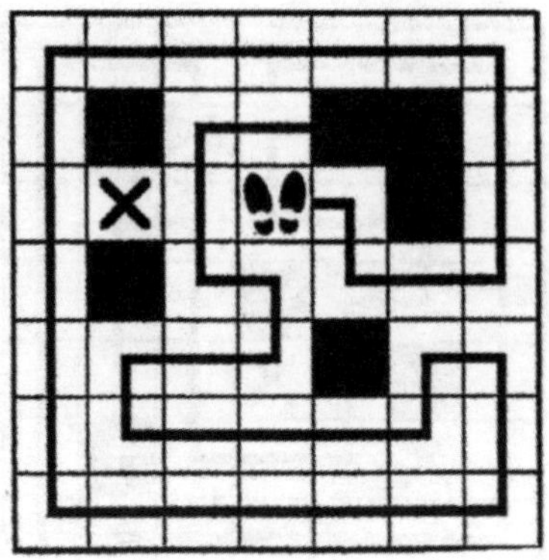

171

172

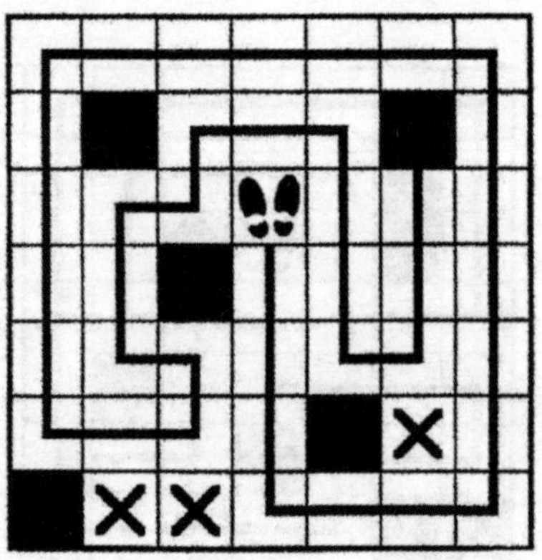

173

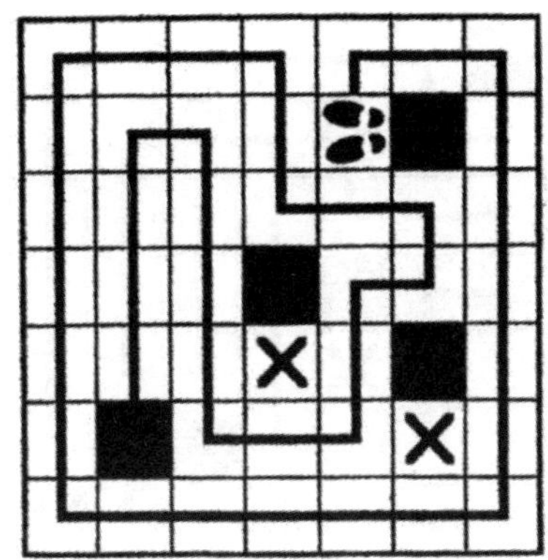

174

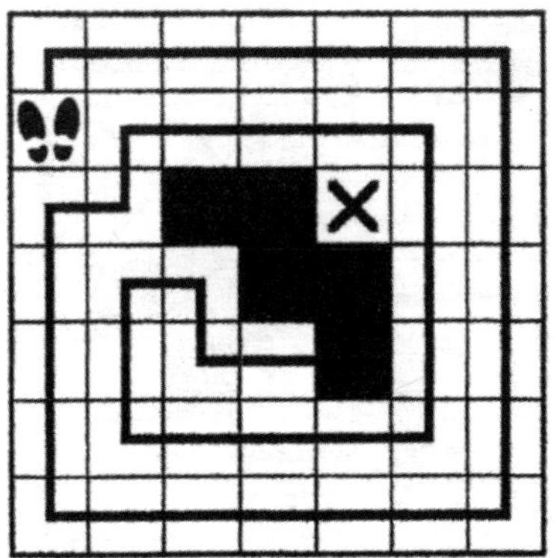

175

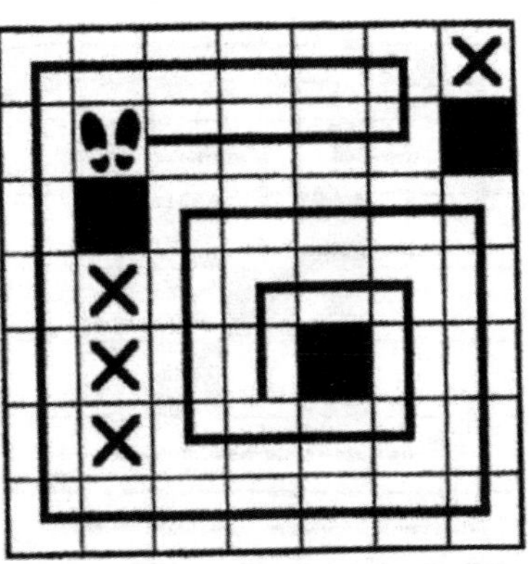

176

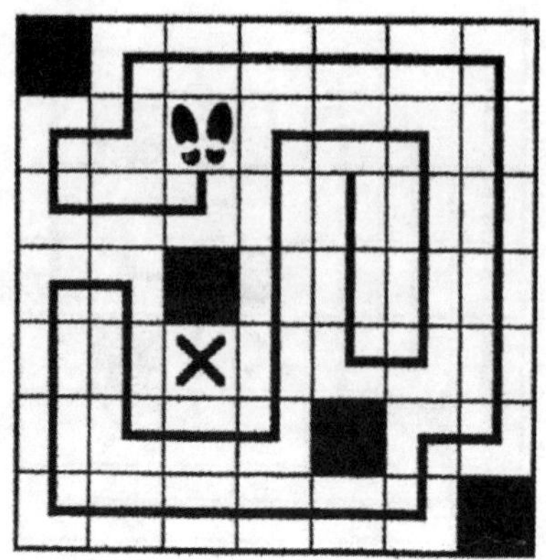

177

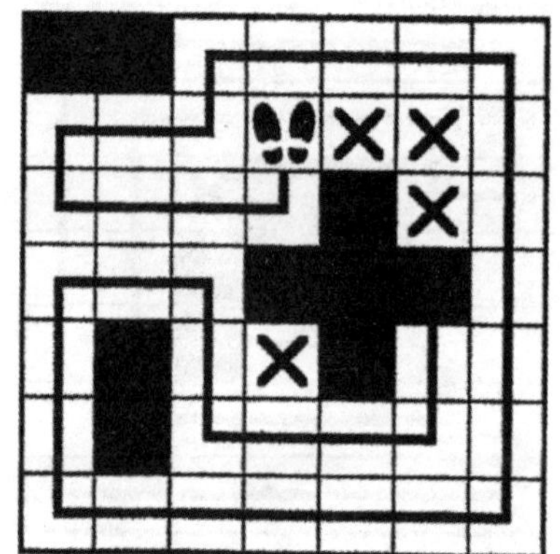

178

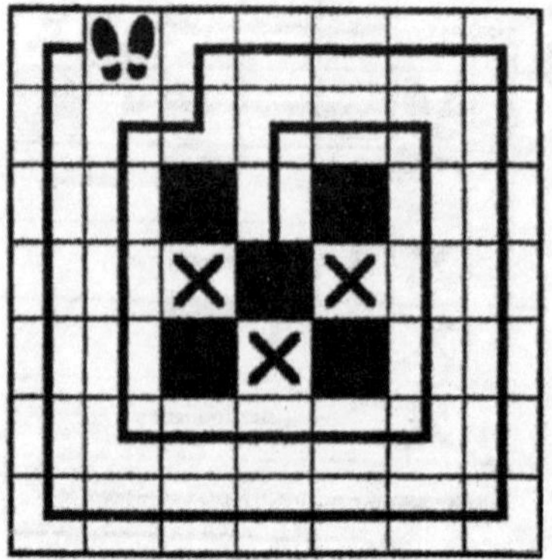

179

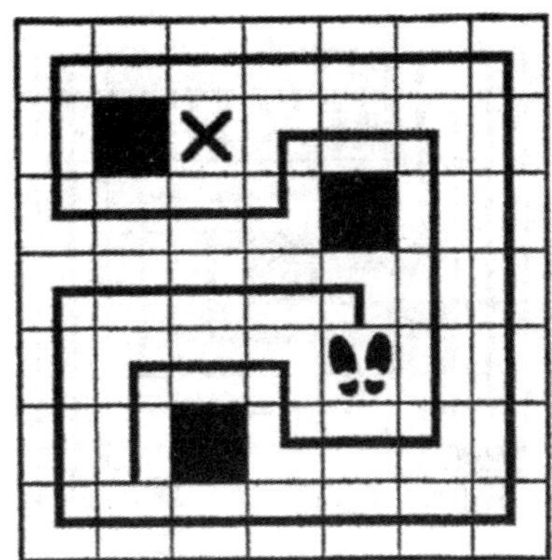

180

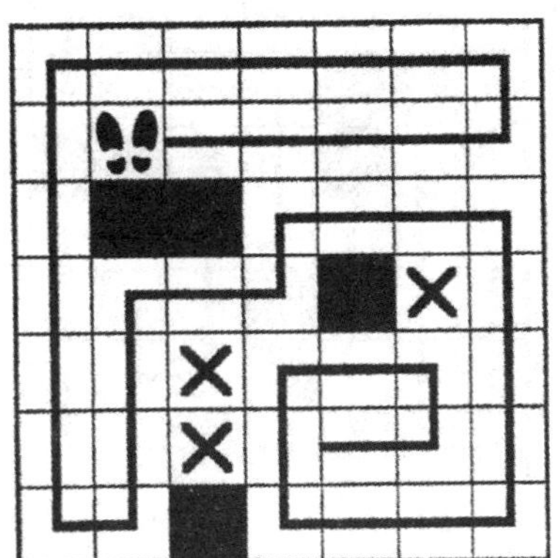

181

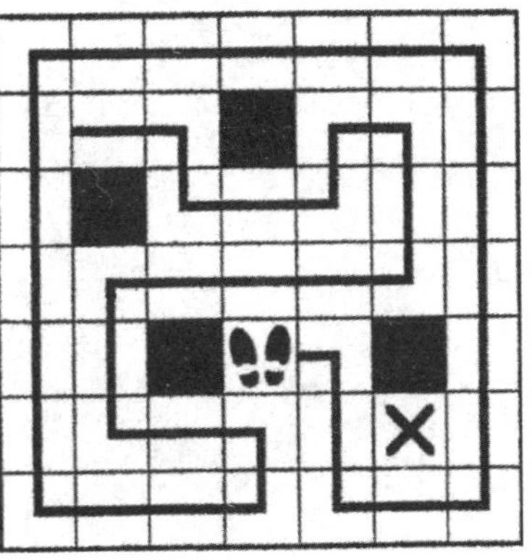

182

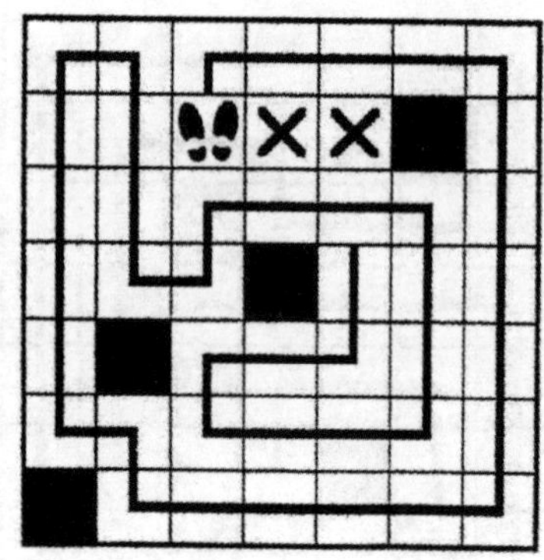

183

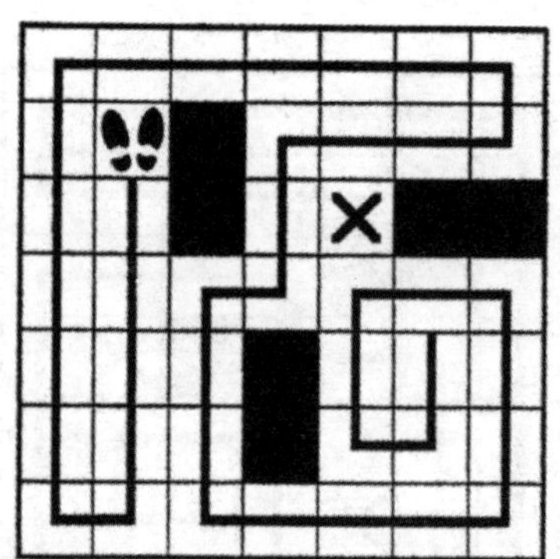

184

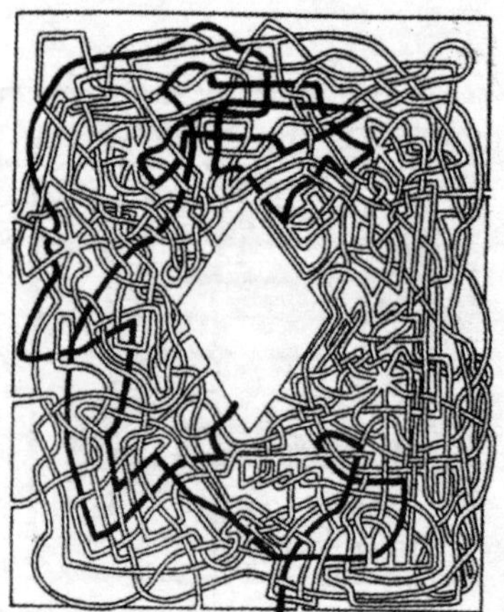

185

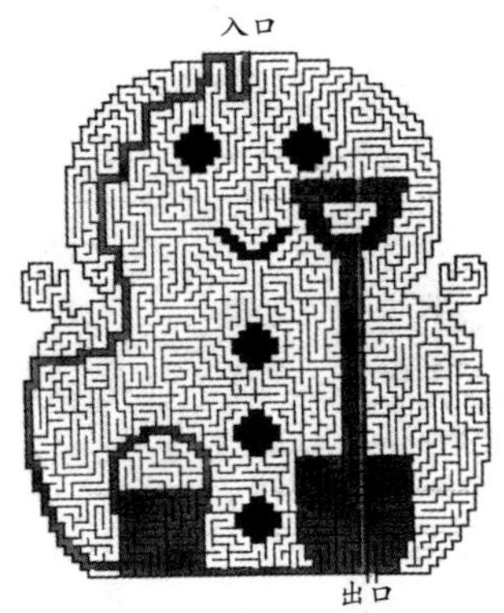

水桶旁边的是铁锹

186

牛的图形出现了

187

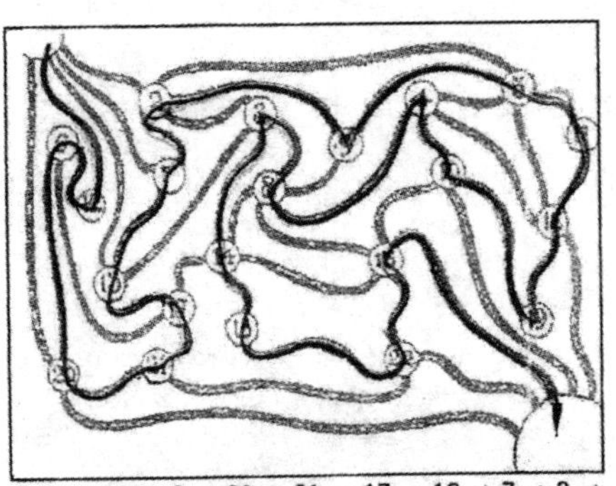

入口→12→6→20→21→17→13→7→2→9→5→11→16→19→10→4→8→3→14→18→22→15→出口

188

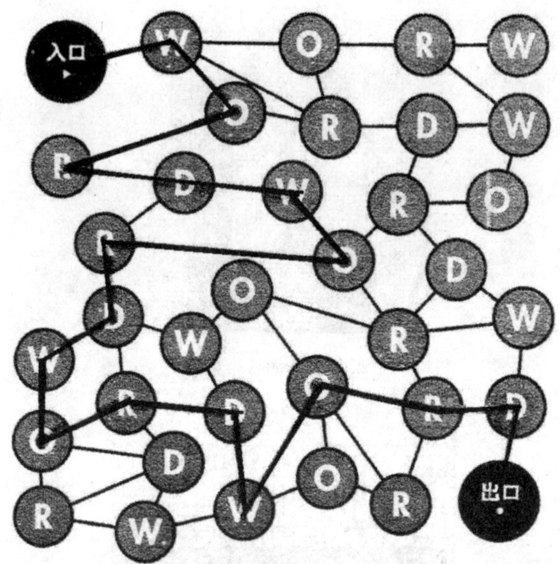

189

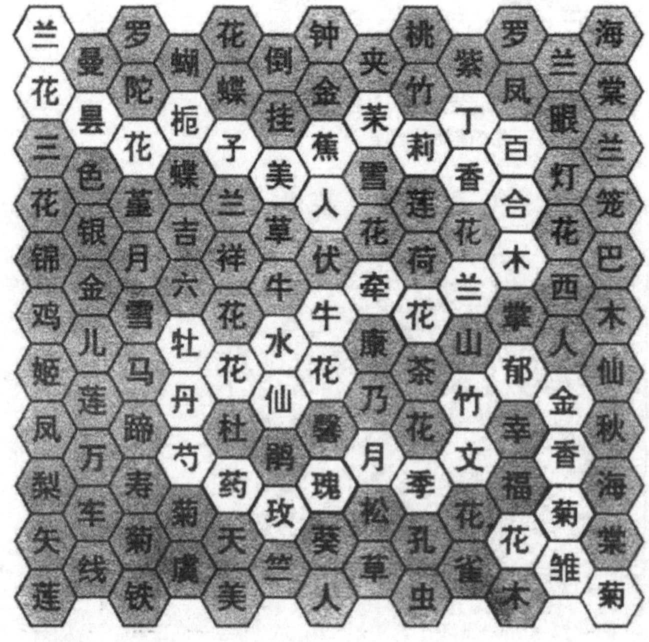

兰花→昙花→栀子→美人蕉→茉莉→丁香→百合→木兰花→牵牛花→水仙花→牡丹→芍药→玫瑰→月季→文竹→郁金香→菊花→雏菊

190 马铃薯、红萝卜、茄子、绿豆芽、馄饨、方便面、辣椒粉、虾米、香蕉、大葱、饺子。

入口

马	铃	薯	菜	豆	黄	苹	果
番	甜	红	萝	卜	瓜	柠	子
茄	芦	笋	蒜	茄	子	檬	梨
菜	胡	椒	芽	豆	绿	密	哈
便	方	饨	馄	甜	椒	橙	瓜
面	葱	瓜	木	桃	油	子	葡
辣	椒	粉	干	萄	大	葱	饺
茴	香	虾	米	香	蕉	杏	子

出口

191

入口

雪	雪	雪	雪	雷	震	震	雷
雪	雷	震	雪	震	霜	雷	雪
雪	雪	霜	雷	雪	雪	霜	雪
雷	雪	雪	雪	雪	震	雪	雪
雪	雪	雷	震	雷	霜	雪	震
雪	雷	雪	震	雪	雪	雪	雪
雪	震	雪	霜	雪	霜	震	雪
雪	雪	雪	雪	雪	雷	雷	雪

出口

192

入口

汉	患	贝	株	闲	环	核	惯
各	观	汗	间	舰	害	探	看
男	权	乾	海	犬	割	今	欢
感	干	刊	鉴	甘	冠	官	关
言	卷	婚	见	勘	活	家	现
缶	贯	开	格	换	管	寒	根
觉	单	元	馆	肝	确	还	完

出口

193 A处。

194 暗号：祝你生日快乐，你最喜欢的礼物藏在花园后面的小房子里，晚上举行生日宴会哦！

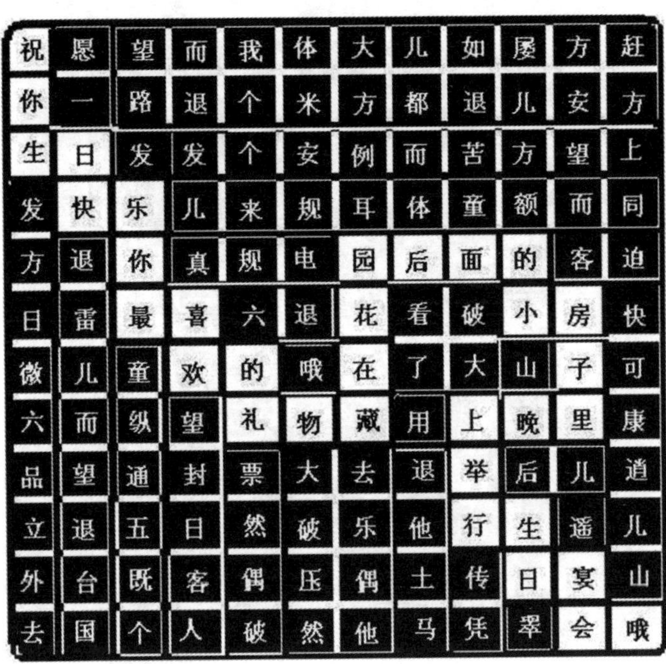

祝 愿 望 而 我 体 大 儿 如 屡 方 赶
你 一 路 退 个 米 方 都 退 儿 安 方
生 日 发 发 个 安 例 而 苦 方 望 上
发 快 乐 儿 来 规 耳 体 童 额 而 同
方 退 你 真 规 电 园 后 面 的 客 迫
日 雷 最 喜 六 退 花 看 破 小 房 快
微 儿 童 欢 的 哦 在 了 大 山 子 可
六 而 纵 望 礼 物 藏 用 上 晚 里 康
品 望 通 封 票 大 去 退 举 后 儿 逍
立 退 五 日 然 破 乐 他 行 生 遥 儿
外 台 既 客 偶 压 偶 土 传 日 宴 山
去 国 个 人 破 然 他 马 凭 翠 会 哦

195

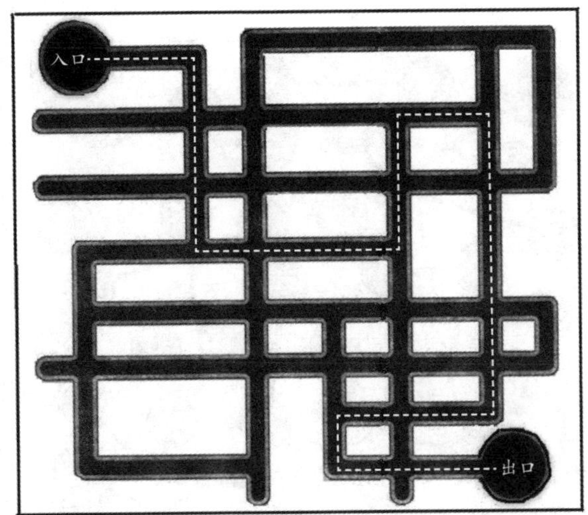

196

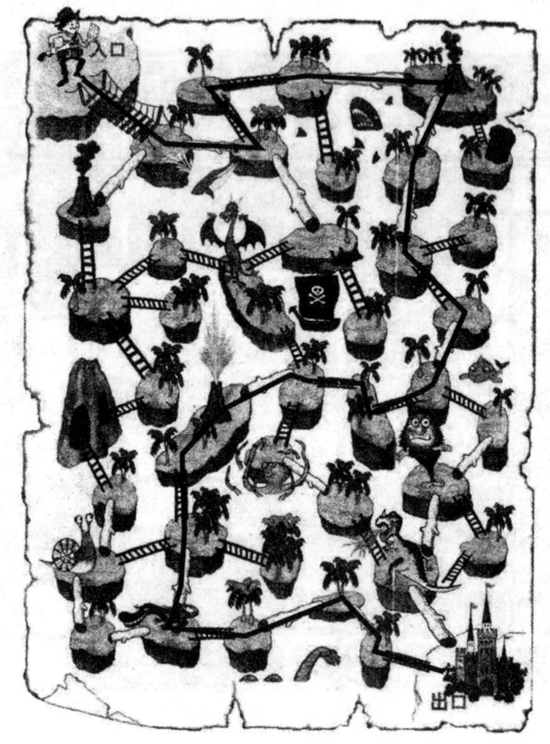

197

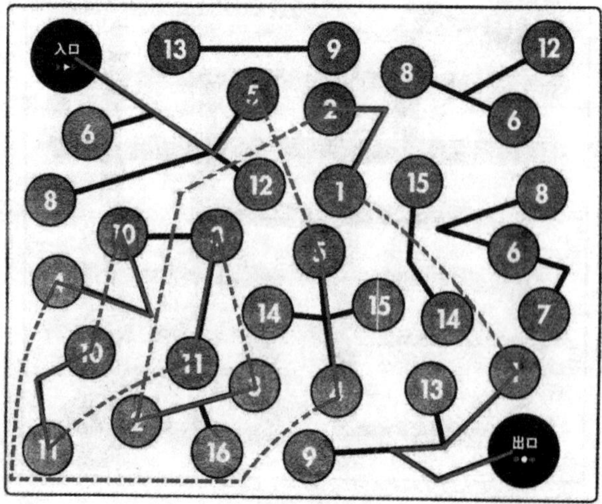

198

199

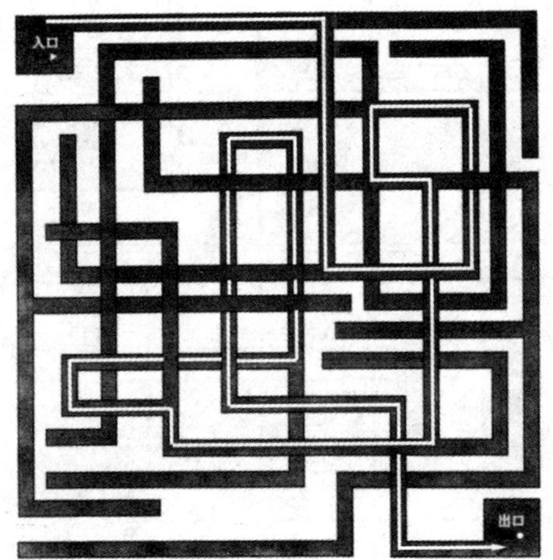

200

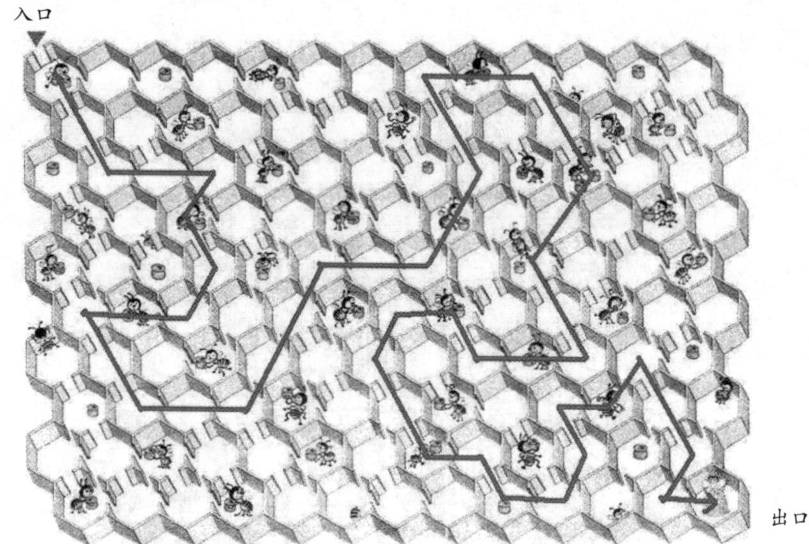

201

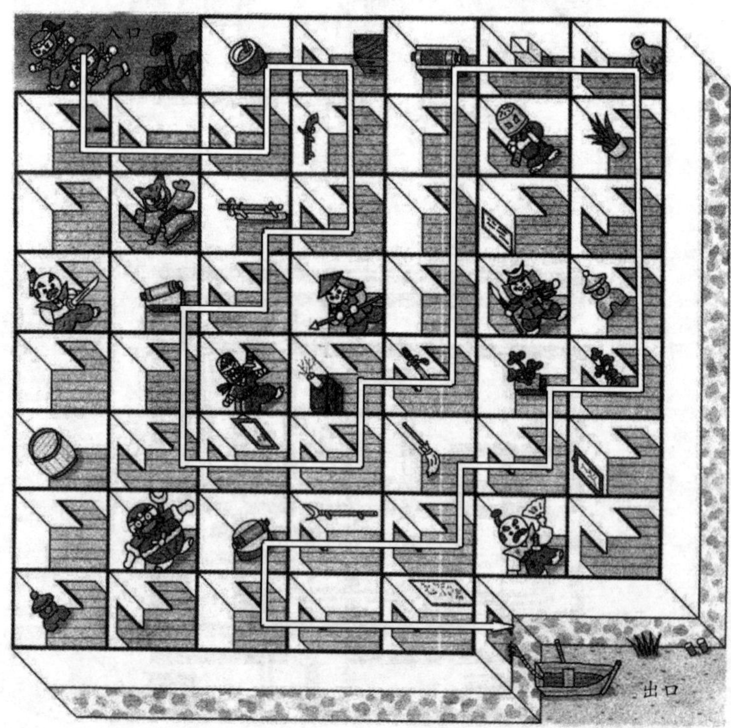

202

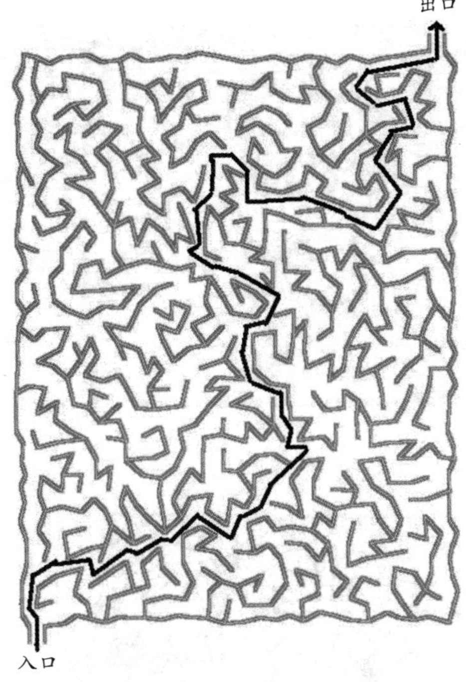

203

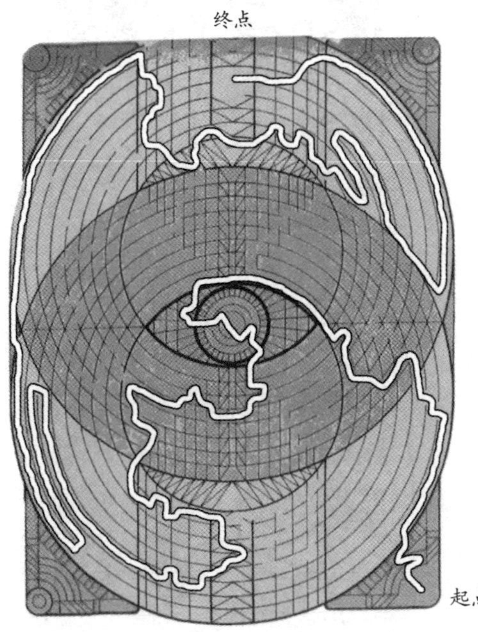

204

205

206

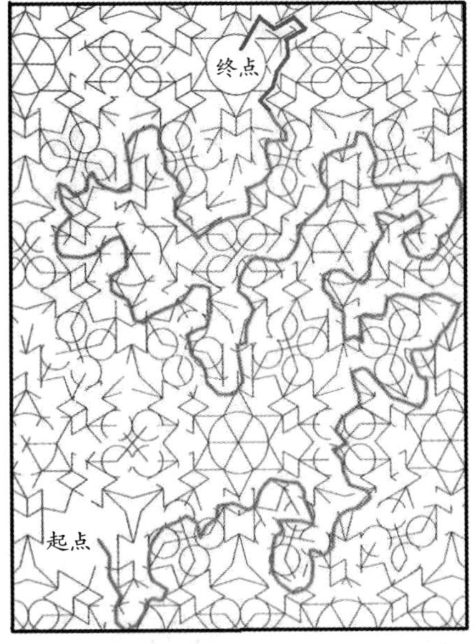

207

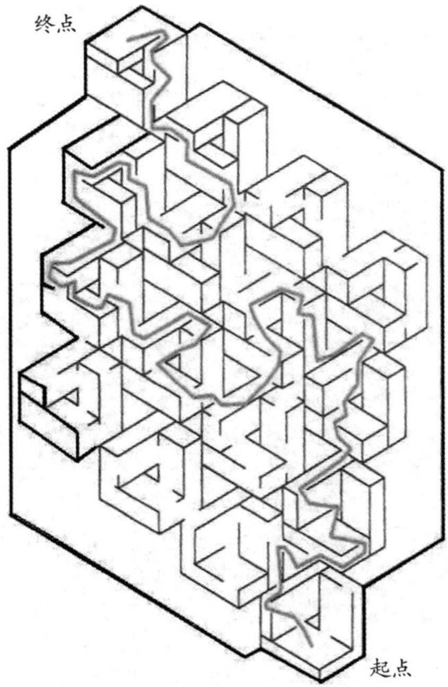

208

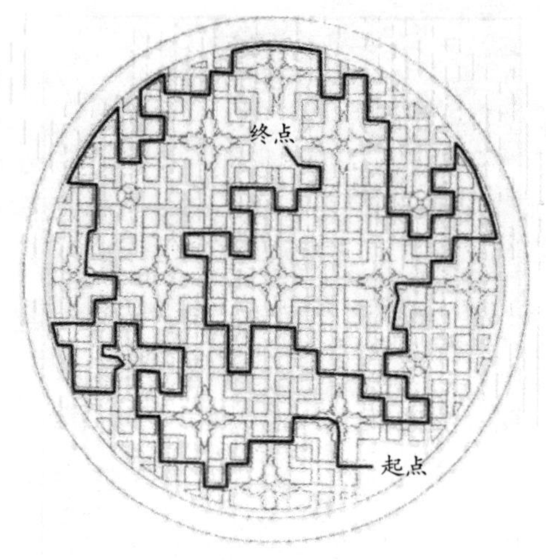

209

210

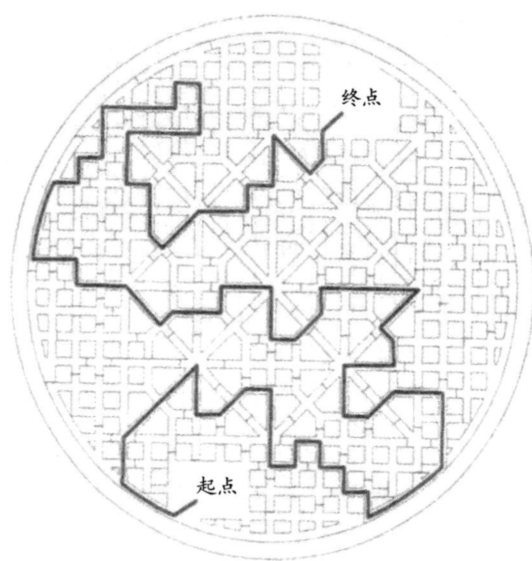

211

212

213

214

215

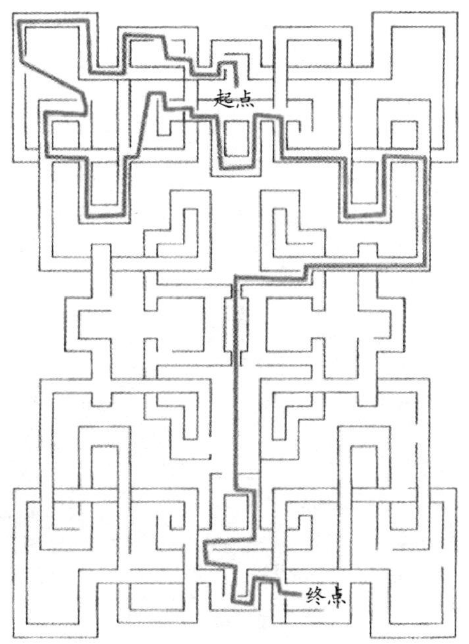

216

217

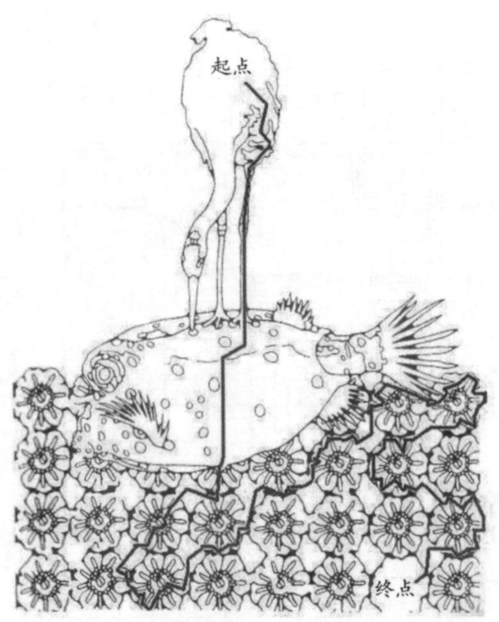

218

219

220

221

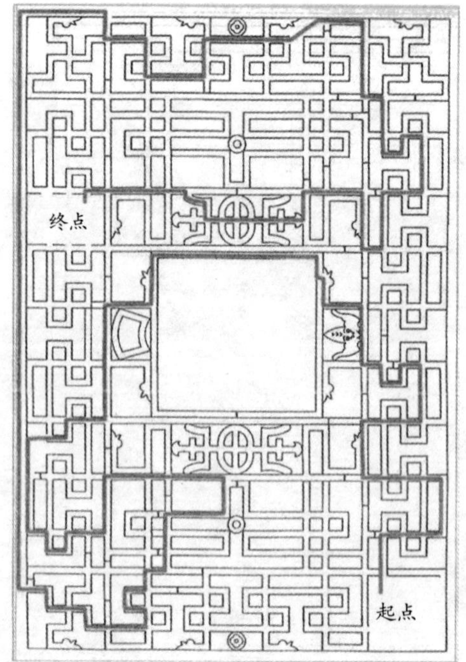

222

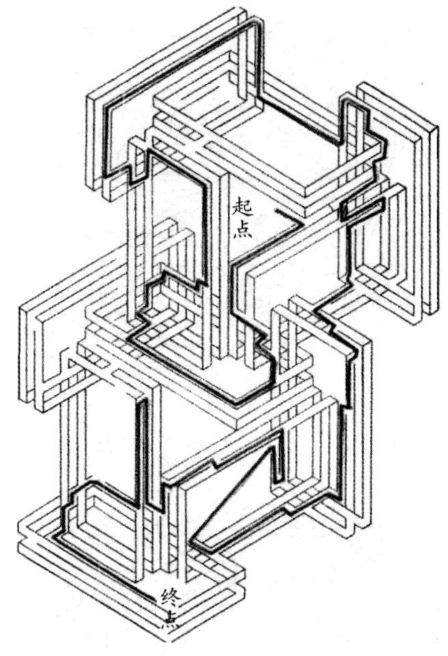

223

224

225

226

227

228

229

230

231

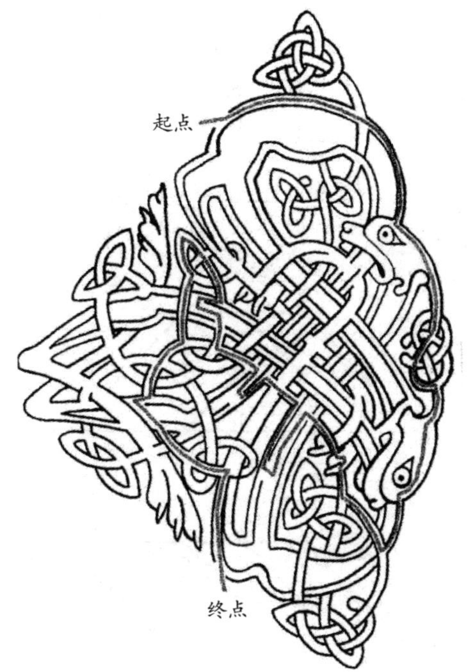

232

第三辑

233

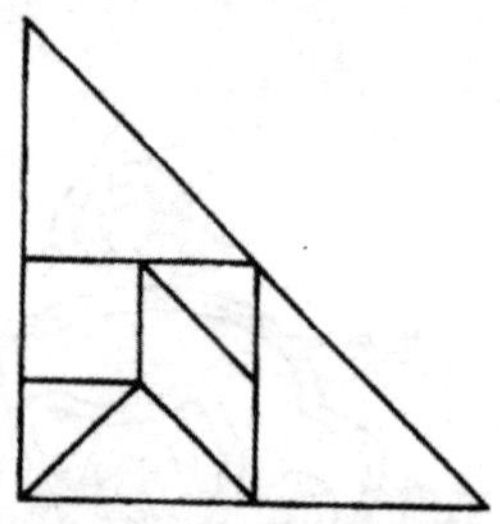

234

235

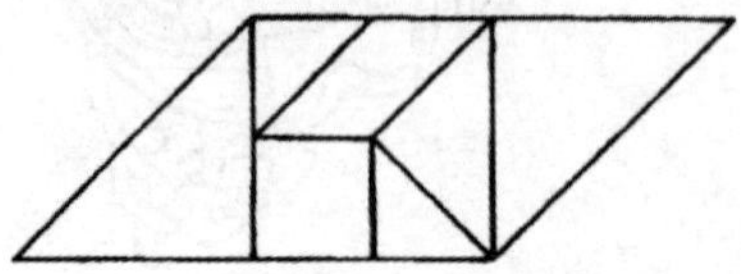

236

237

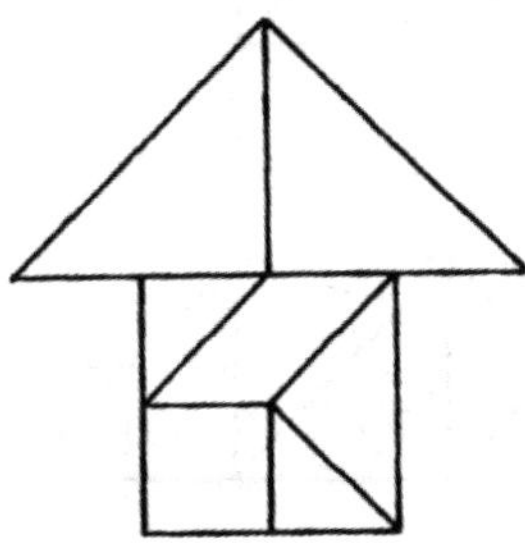

238

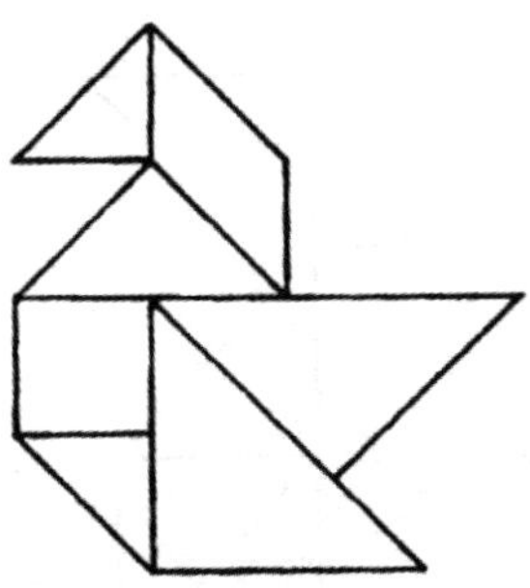

239

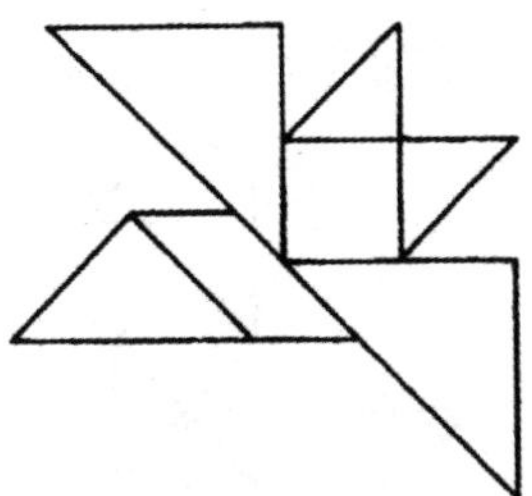

240

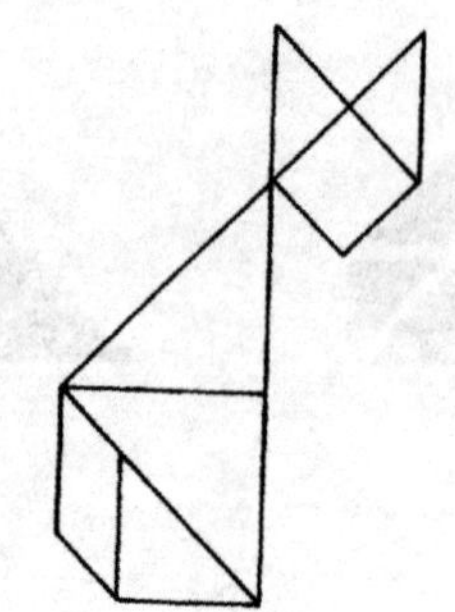

241

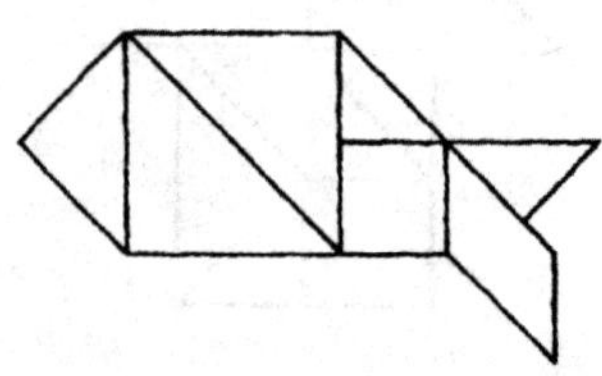

242

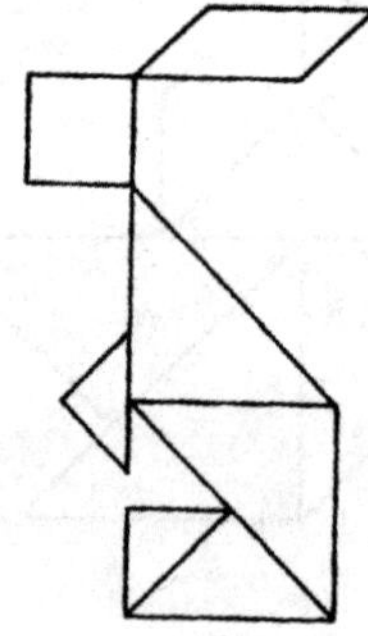

243

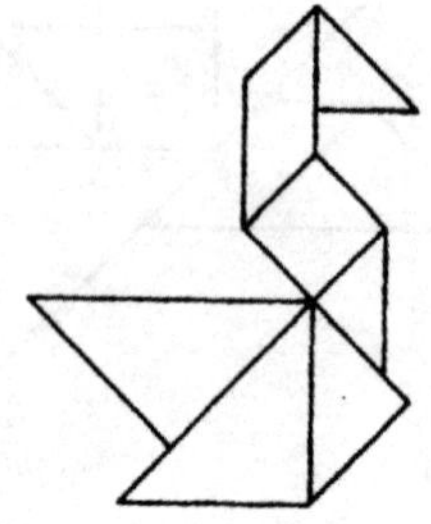

244

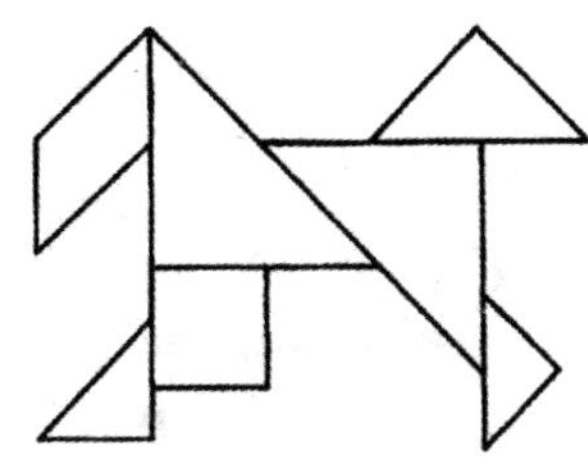

245

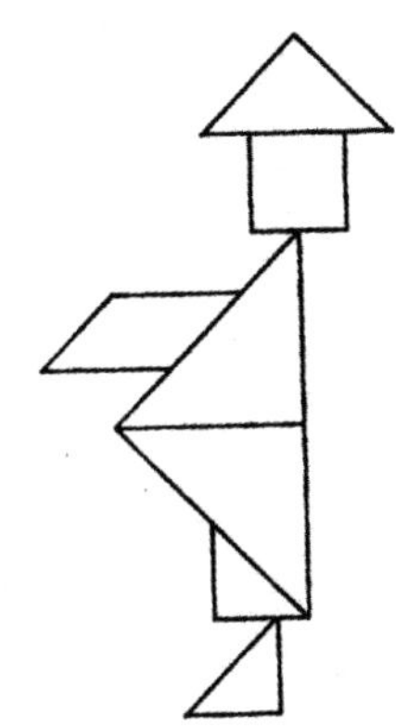

246

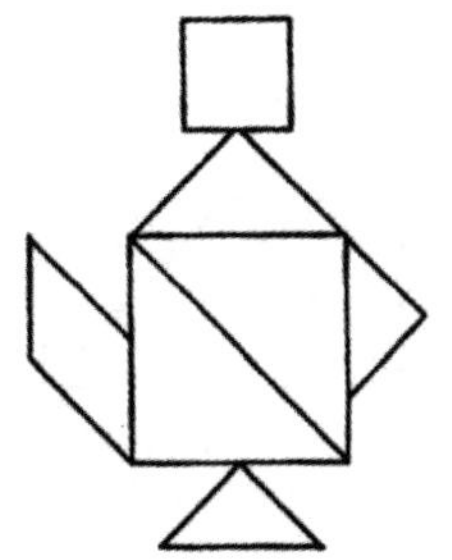

247

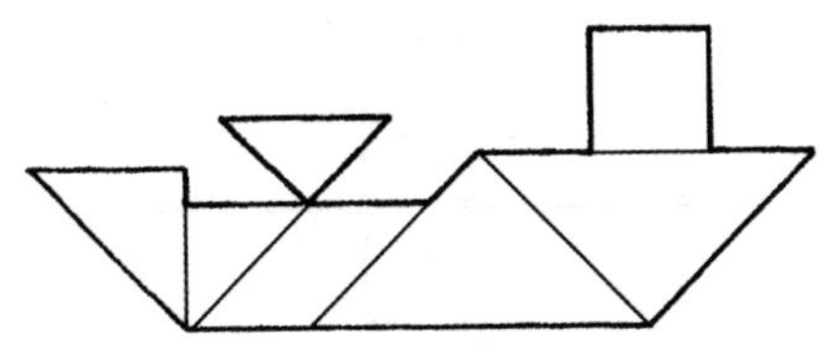

248

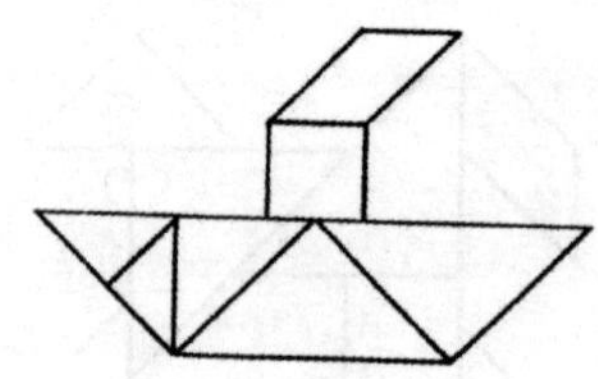

249

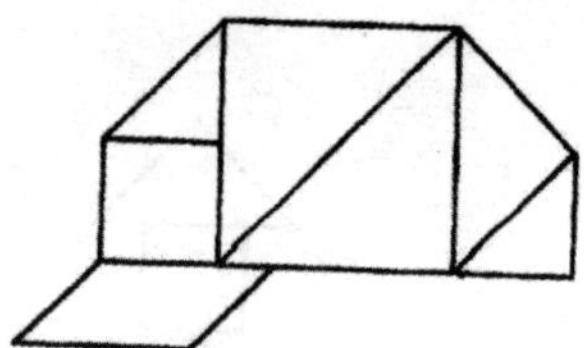

250

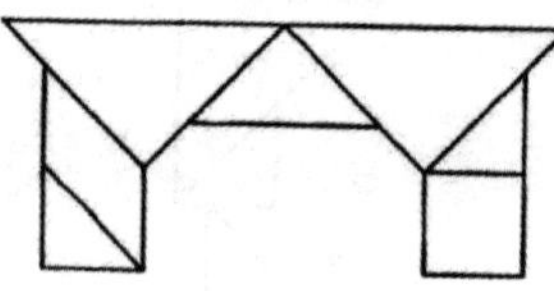

251

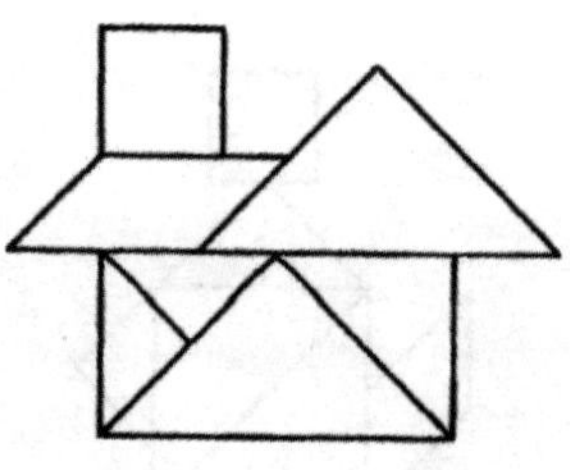

252

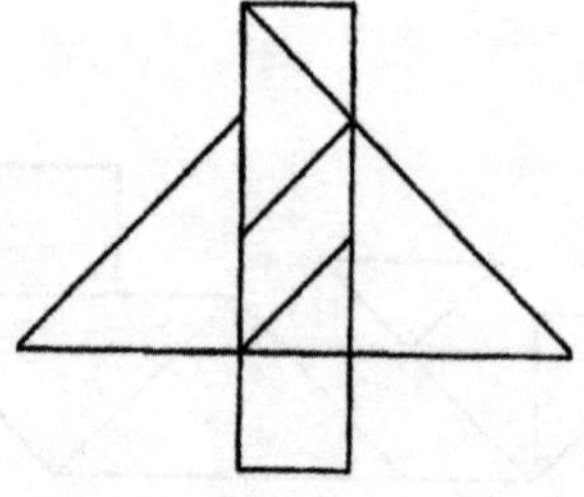

253

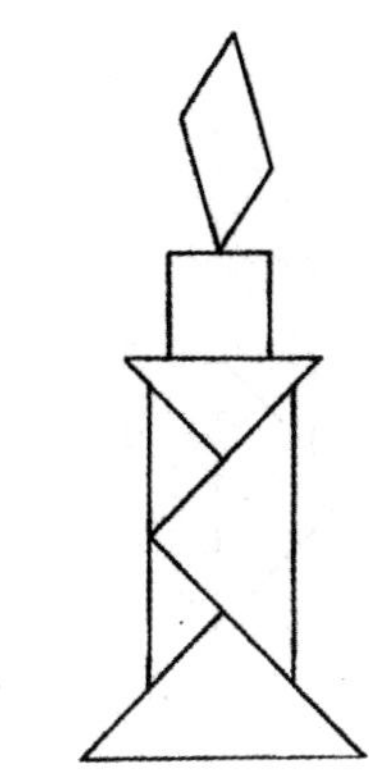

254

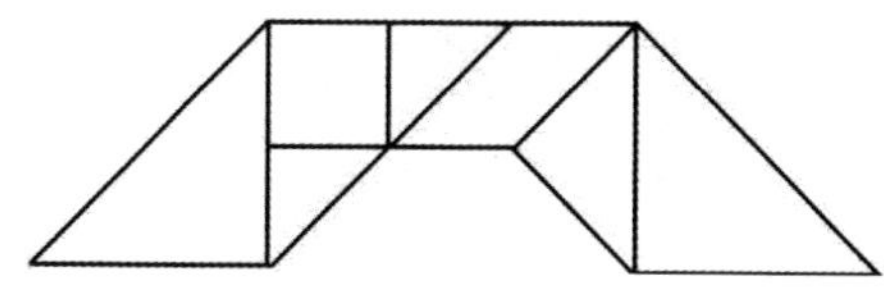

255

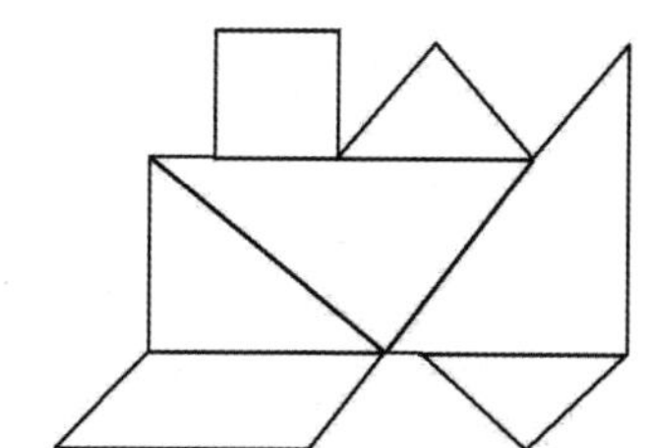

256

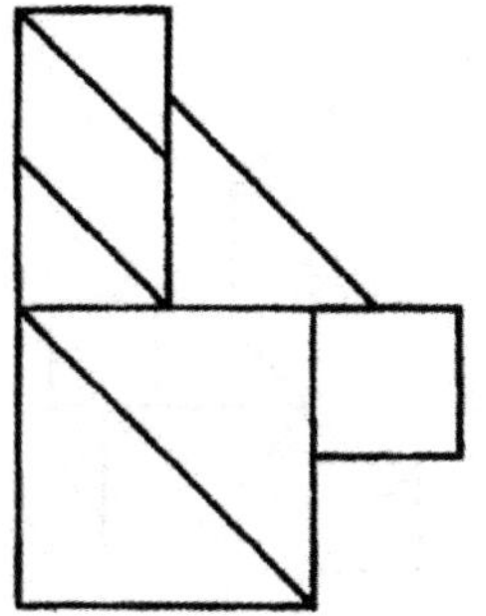

257

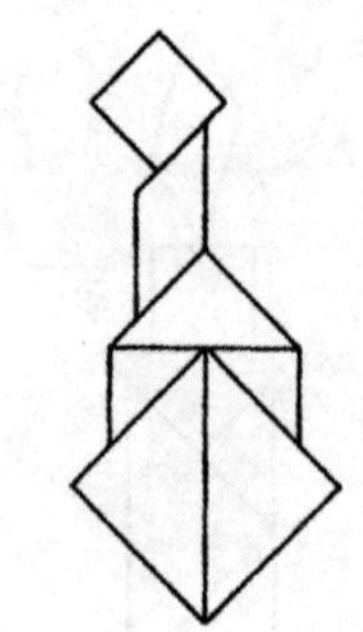

258

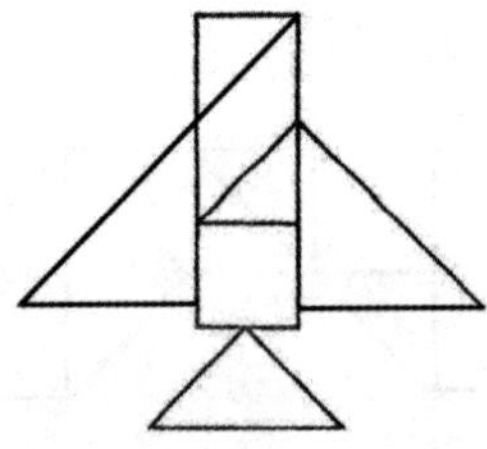

259

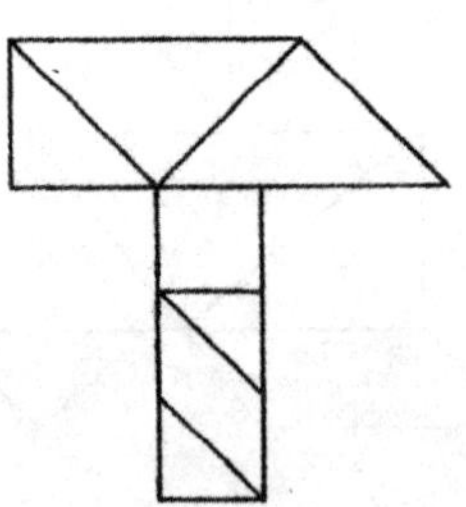

260

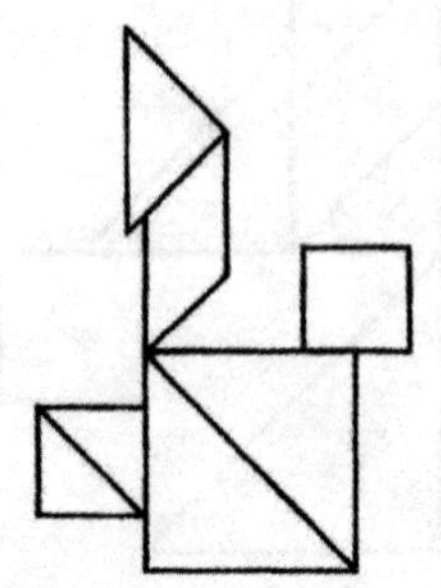

261

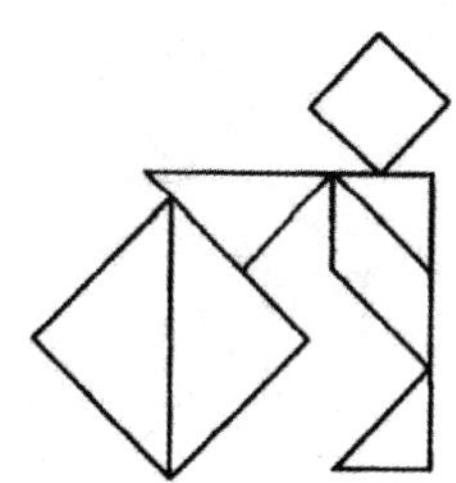

262

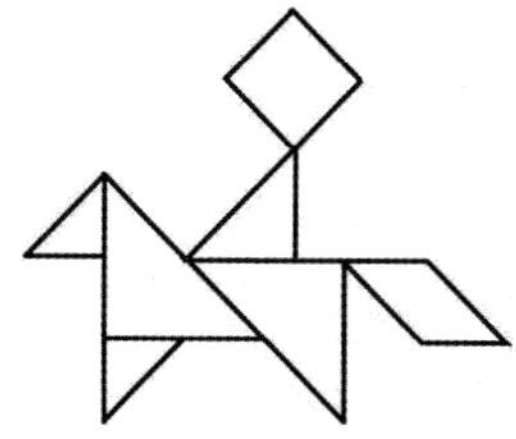

263

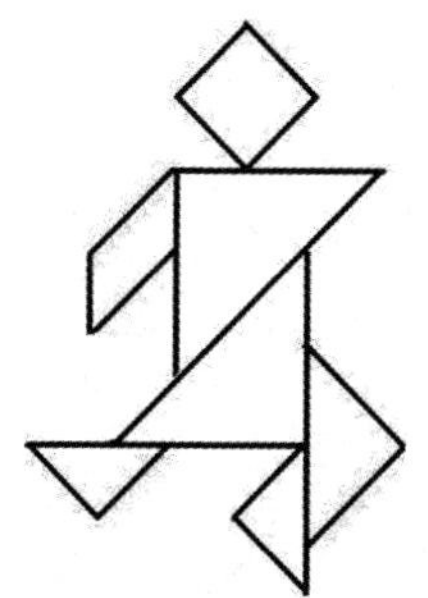

264

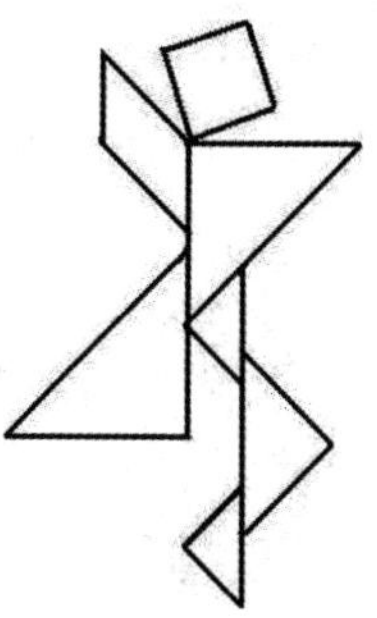

265

266

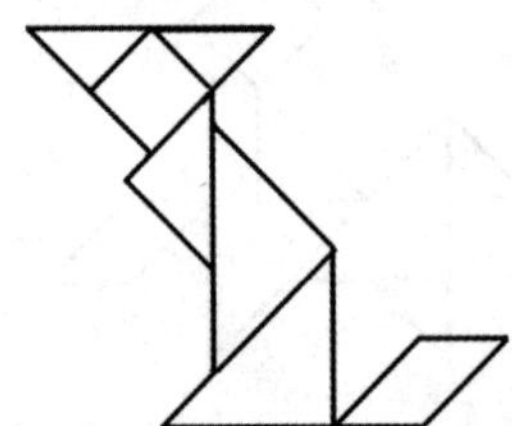

267

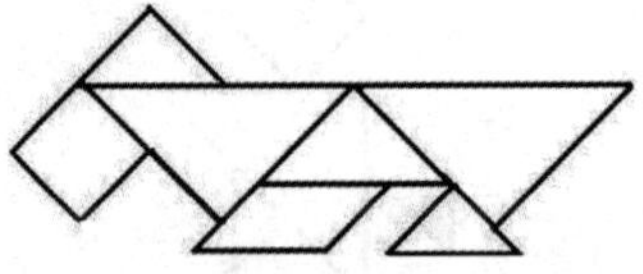

268

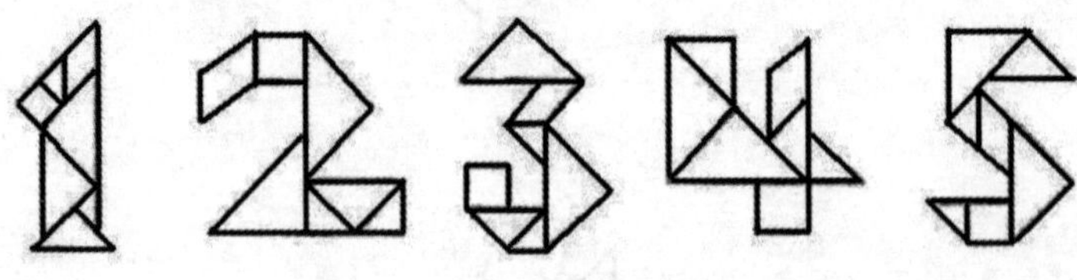

269

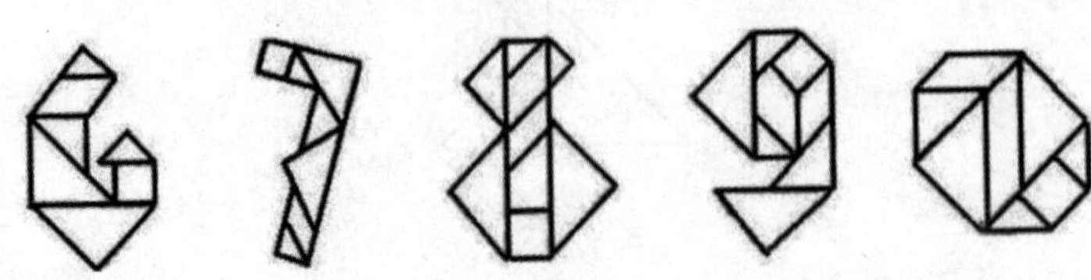

270

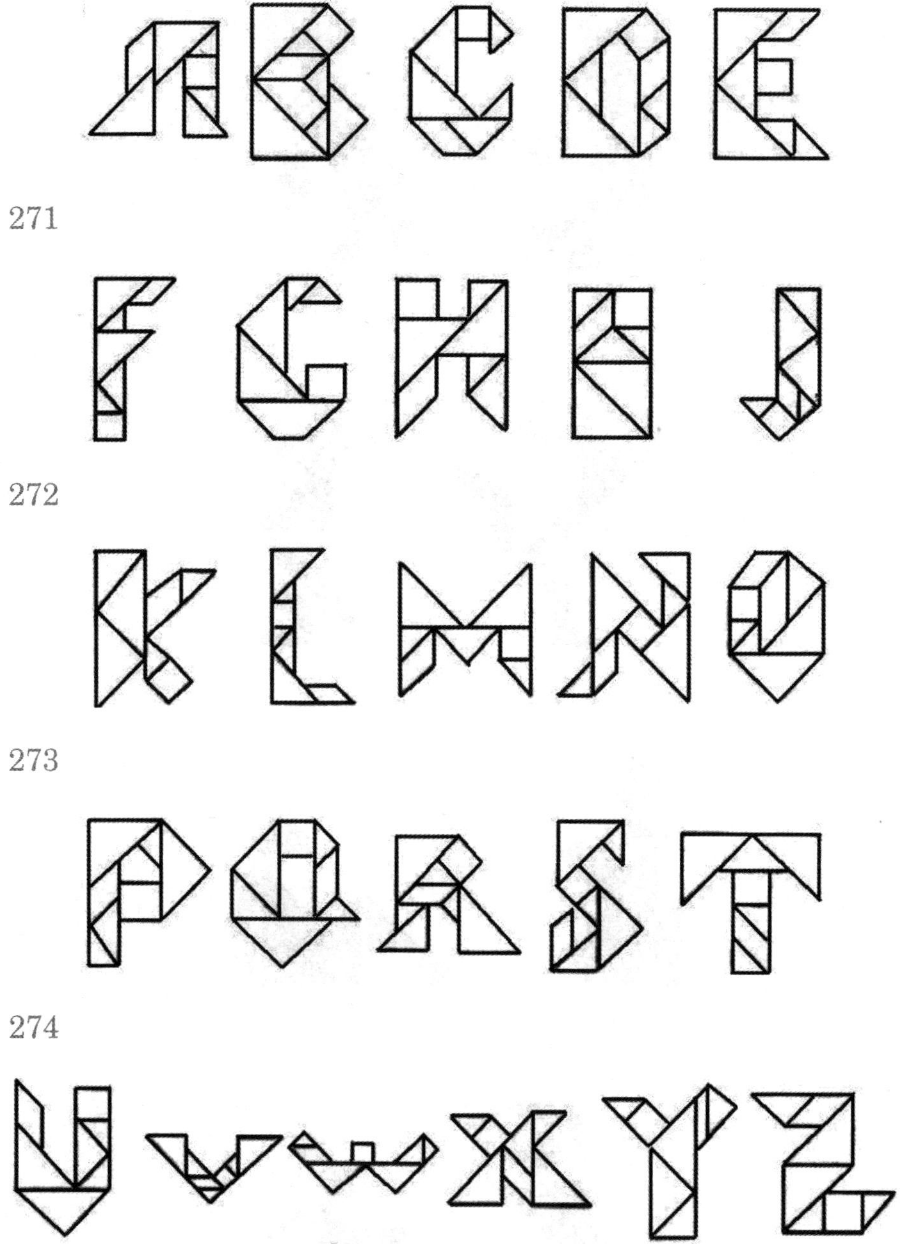

275

276

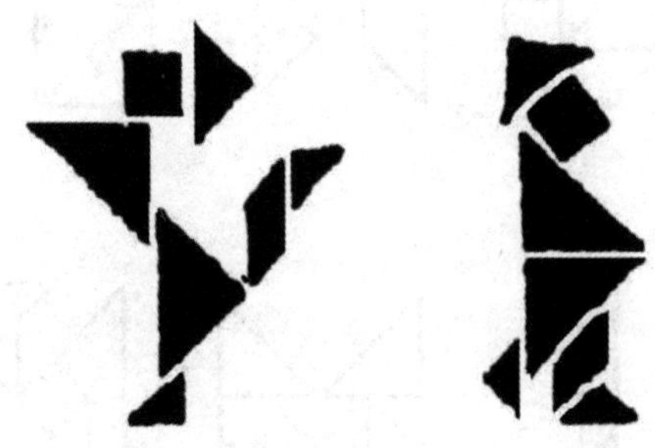

277

278

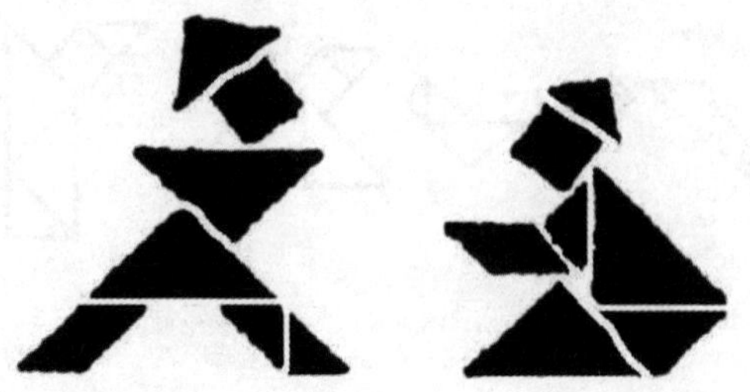

279

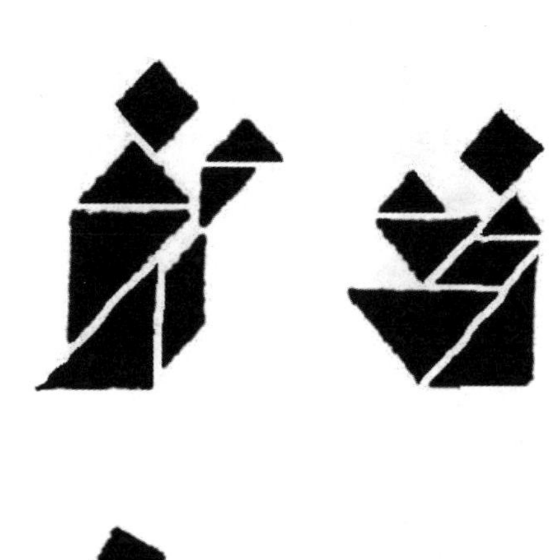

280

281

282

283

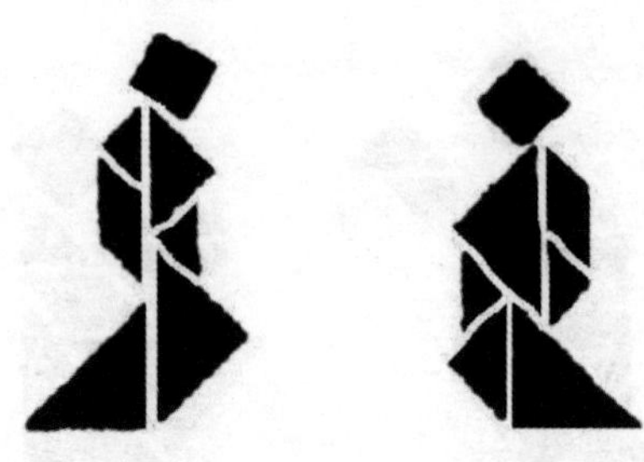

284

285

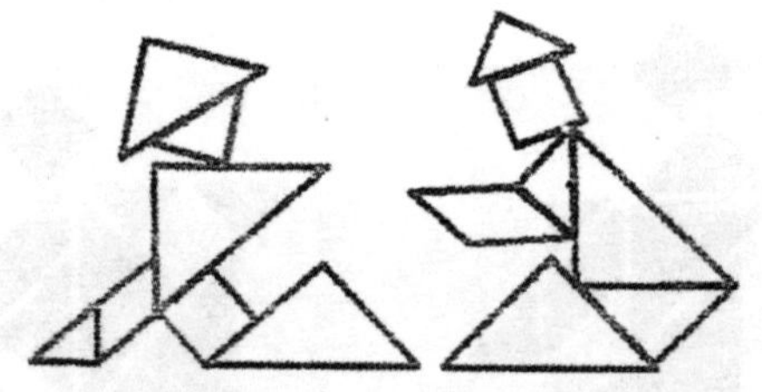

286

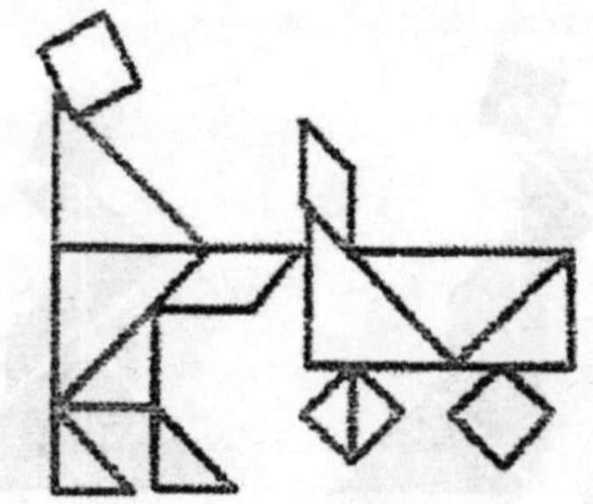

287

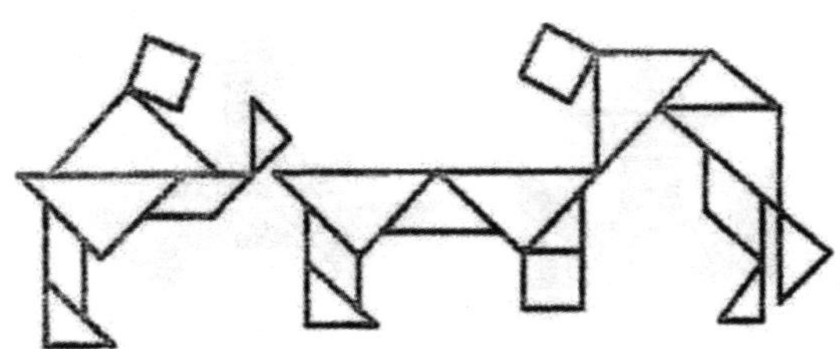

288

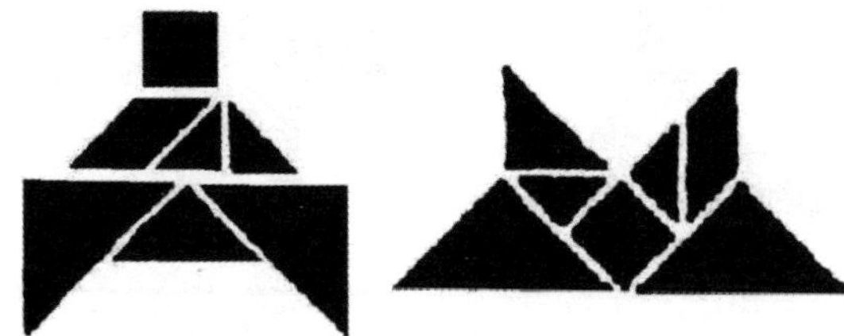

289

290

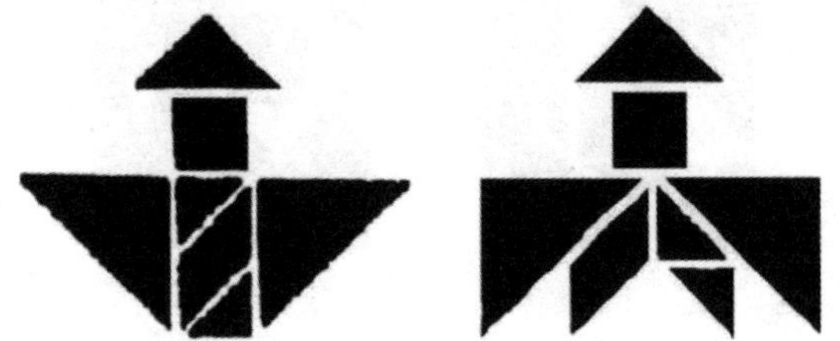

291

292

293

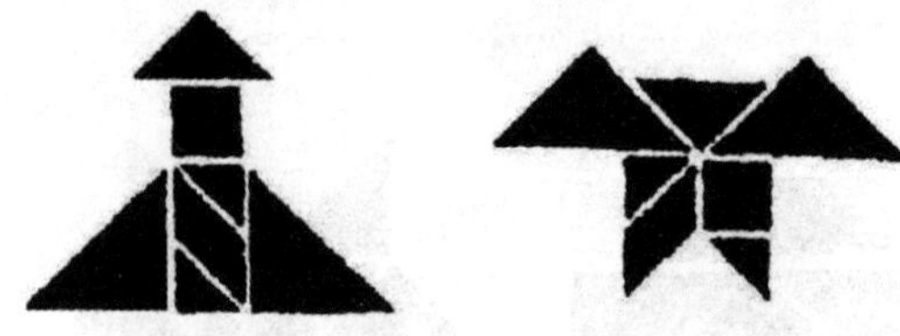

294

295

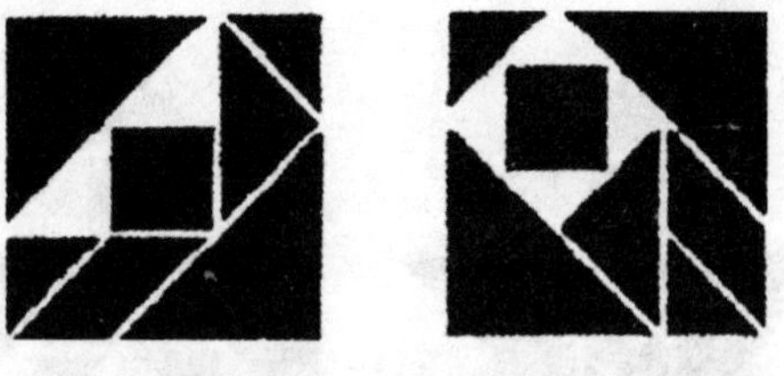

296

297

298

299

300

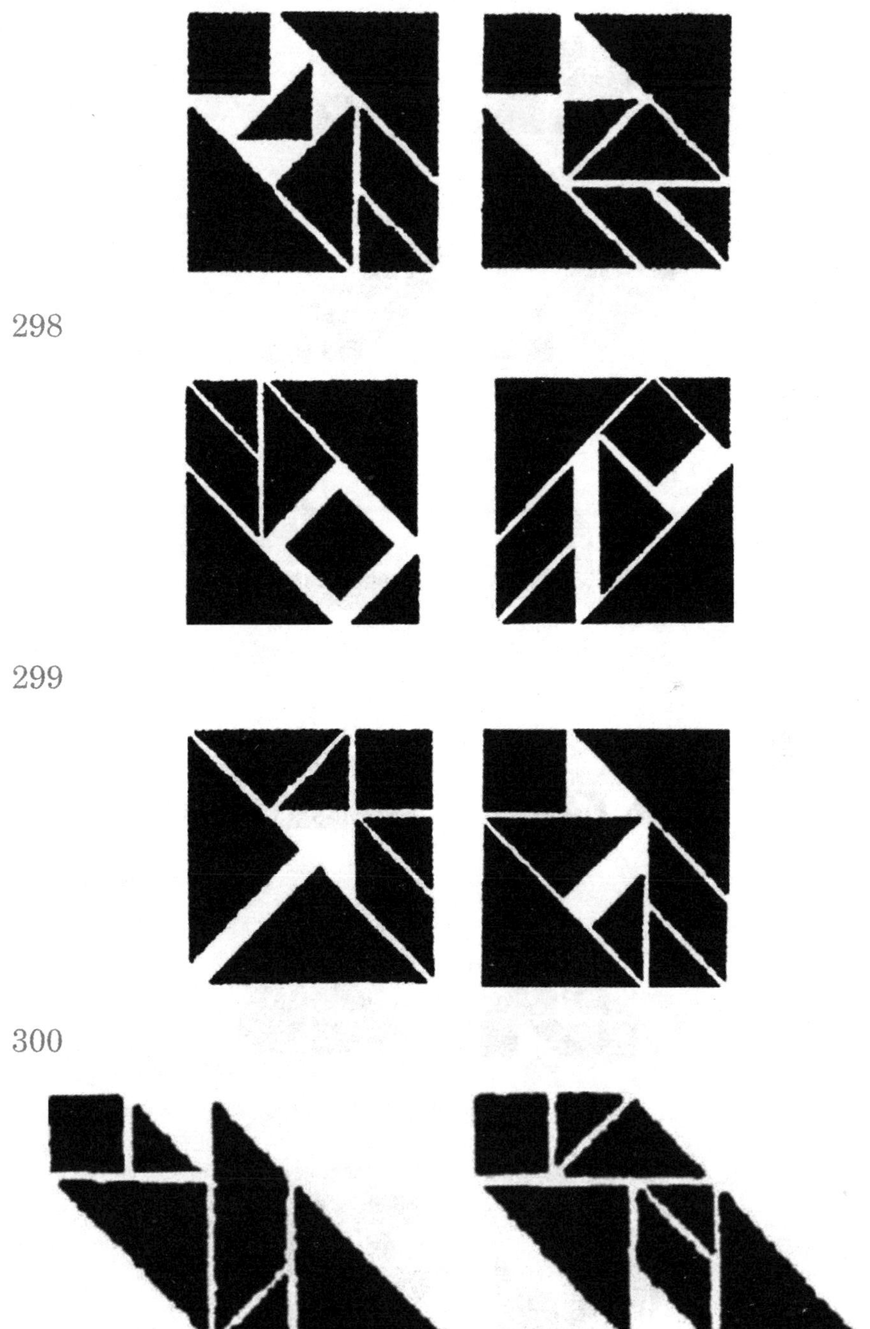

301

302

303

304

305

306

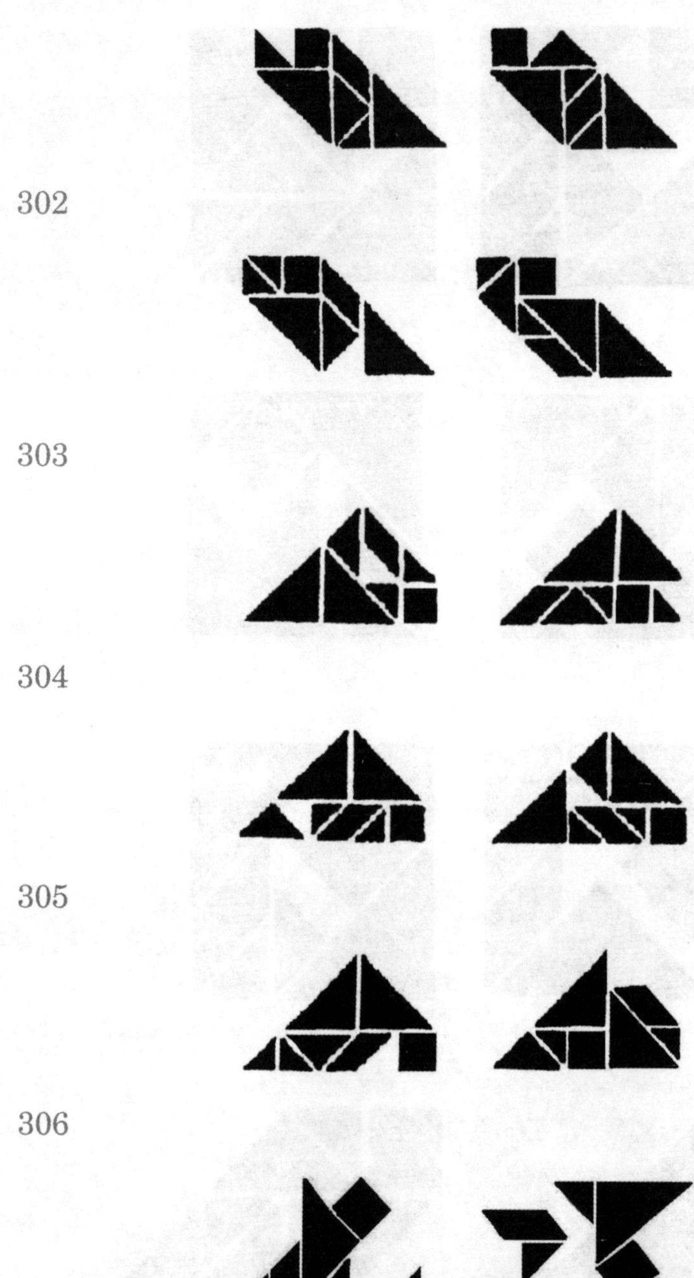

307

308

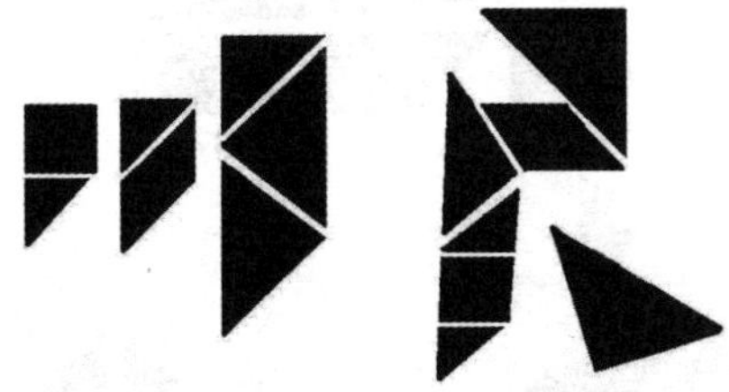

309

310

311

312

313

314

315

316

第四辑

317

I=+

318

FIVE

319

II≠I

320

4+1<7

321

117-73=44

322

4=114+1-111

2+2+7=11

323

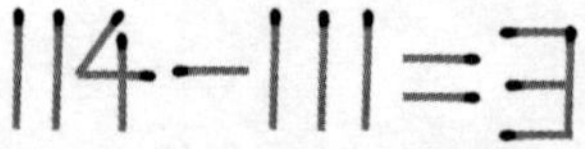

114-111=3

324 罗马数字Ⅲ - Ⅰ = Ⅱ

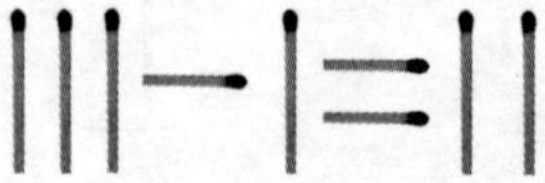

III-I=II

325 可以在一根火柴也不移动的情况下，使等式成立。只要将这个不成立的式子转过 180 度来看，就能发现这个式子变为：99=211-112，就得出了正确的等式。

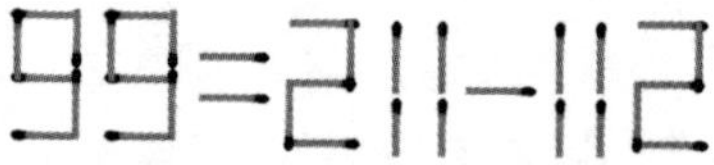

99=211-112

326

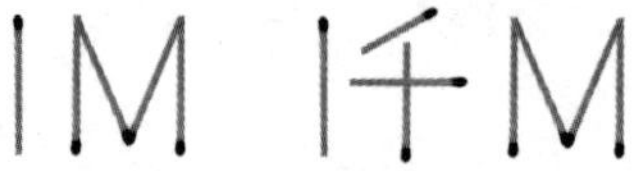

IM 1千M

（五根） （八根）

327 在做题的时候，只需考虑等式的左边，右边不用考虑。

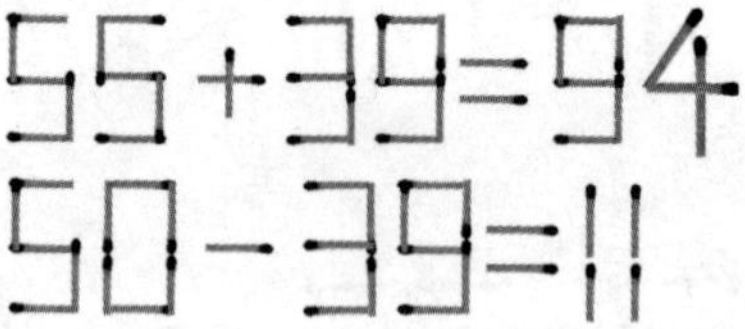

55+39=94

50-39=11

328

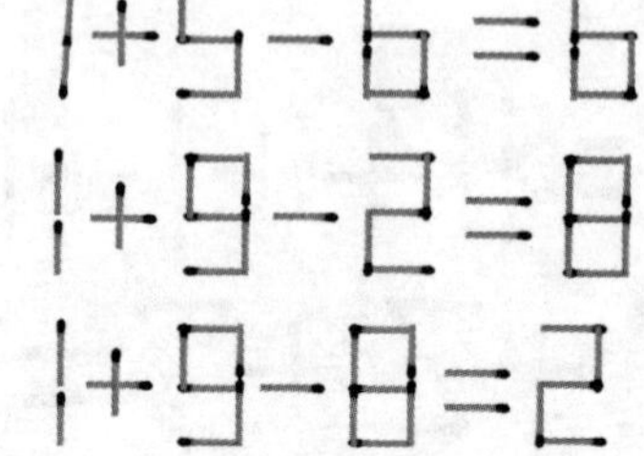

7+5-6=6

1+9-2=8

1+9-8=2

329

$$17\times1=21-4$$
$$7+7=7+7$$

330

$$2+2+7=11$$
$$14-7+4=11$$

331

$$11-11+111=111$$

332

$$11+27-17=21$$
$$22-11-4=7$$

333

$$19\times5=95$$

334

9995

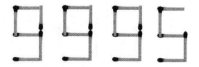

335 做题前先给火柴从左至右排序号：1–10。

（1）把 4 搬到 1 旁；7 搬到 3 旁；5 搬到 9 旁；6 搬到 2 旁；8 搬到 10 旁。

（2）7–10，4–8，6–2，1–3，5–9。

336

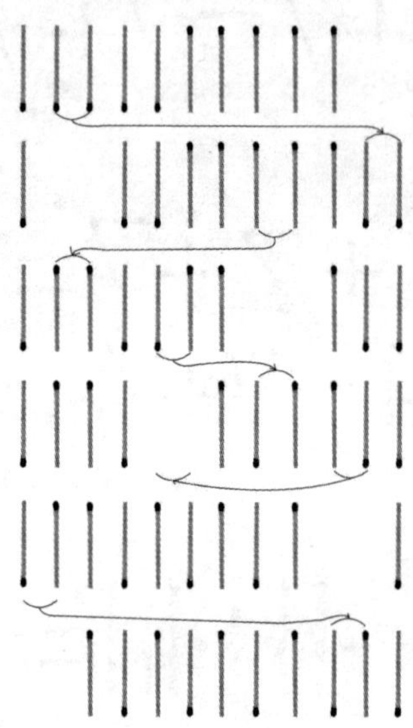

337 第 1 种

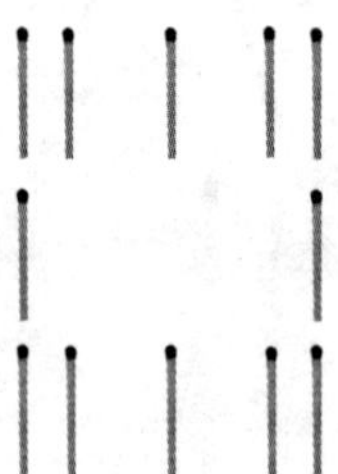

第 2 种

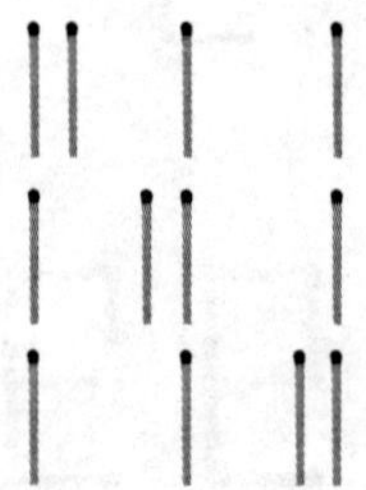

338 第1步

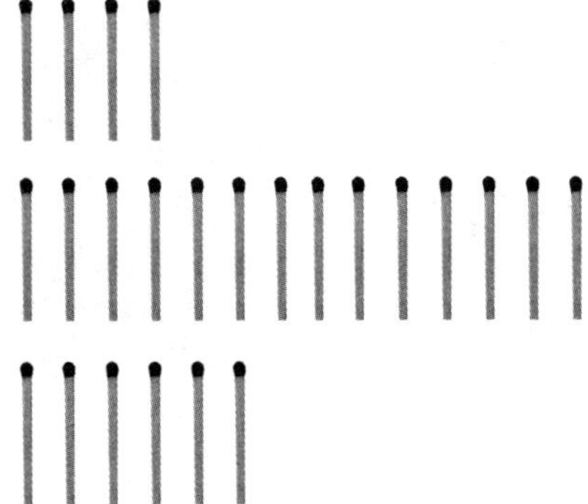

第2步

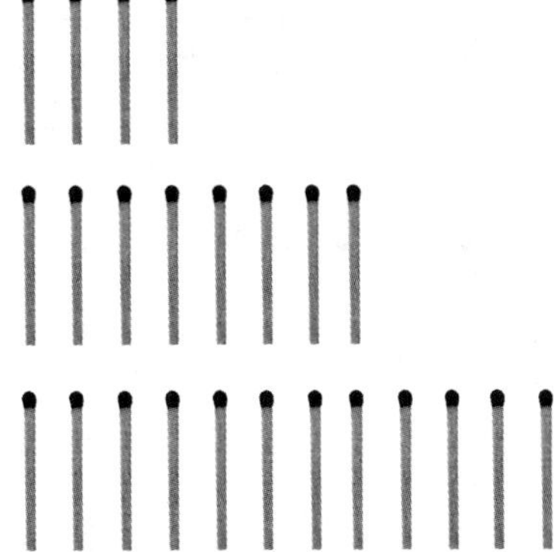

第3步

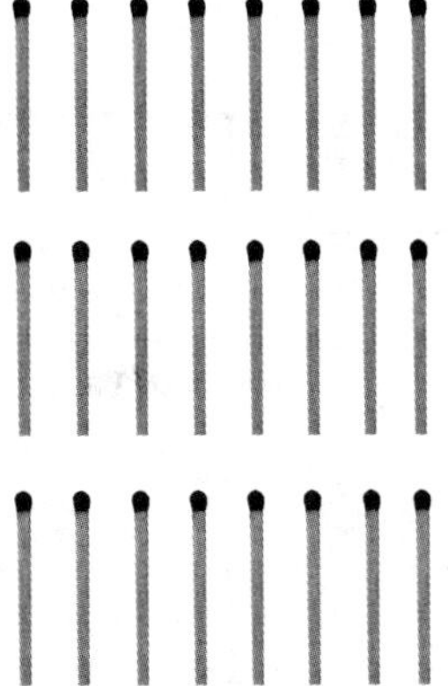

339

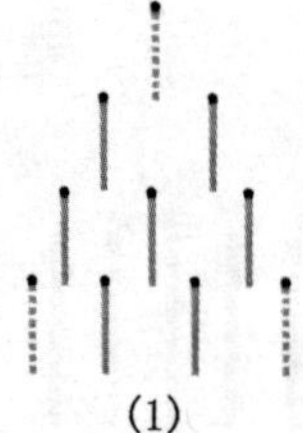
(1)

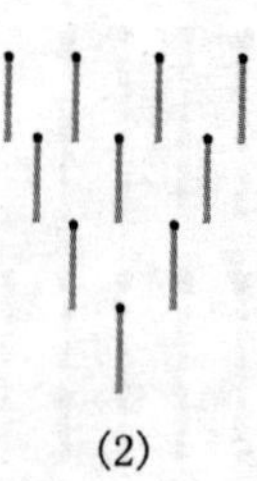
(2)

340

第一堆	第二堆	第三堆	第四堆
17	7	6	2
10	14	6	2
10	8	12	2
8	8	12	4
8	8	8	8

341

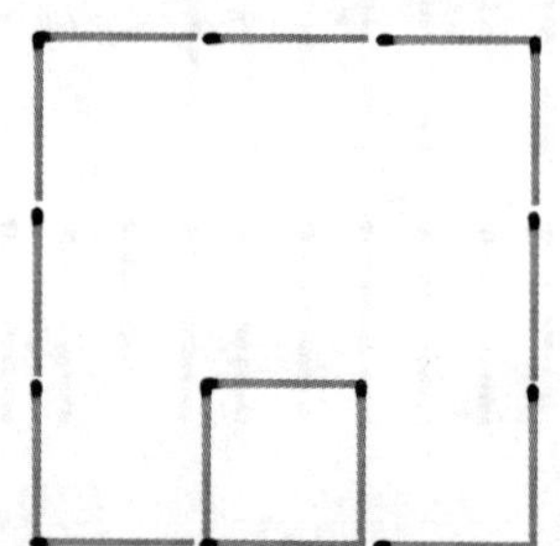

342

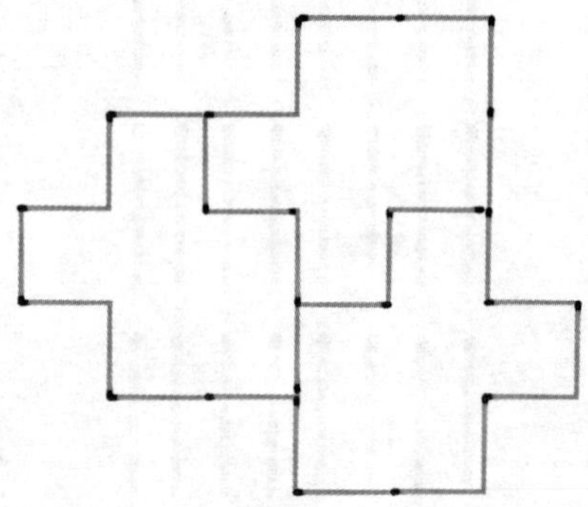

343

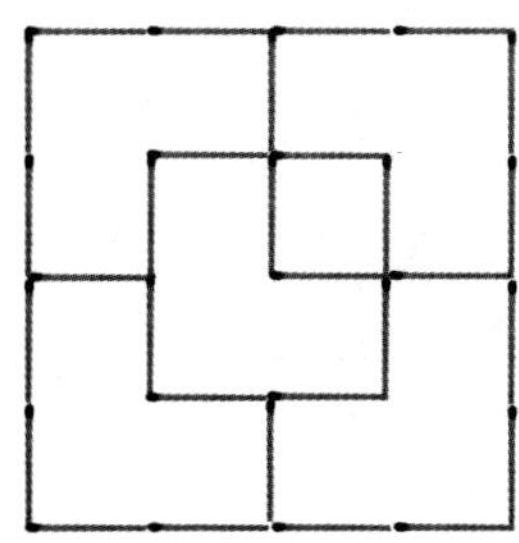

344 第 1 步

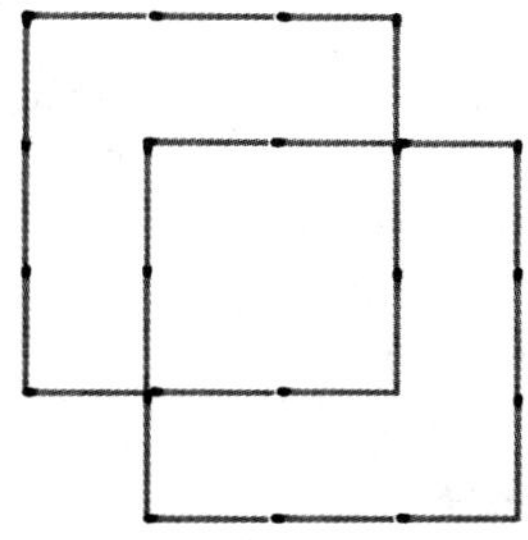

第 2 步

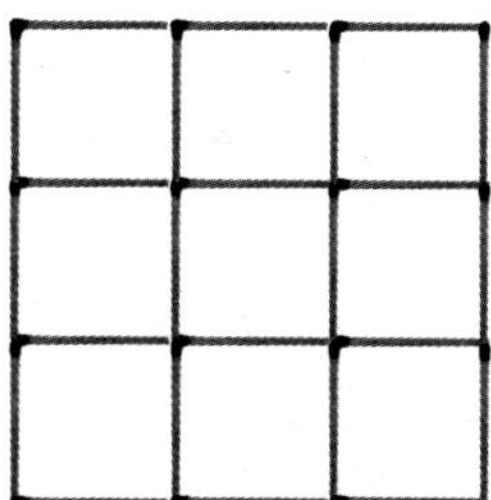

第 3 步

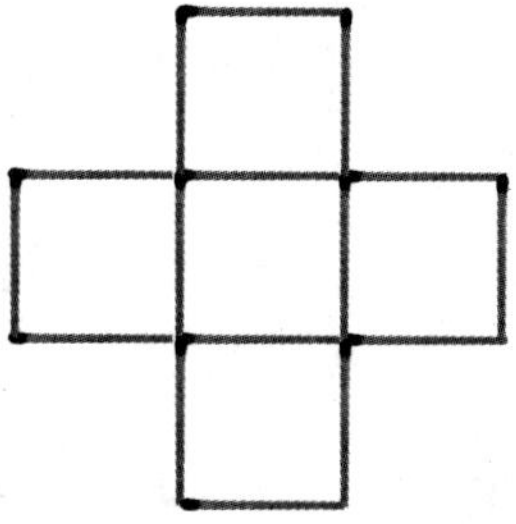

345

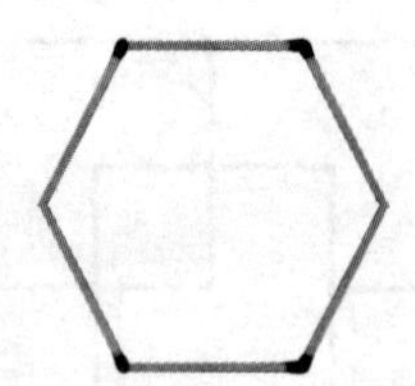

346（1）

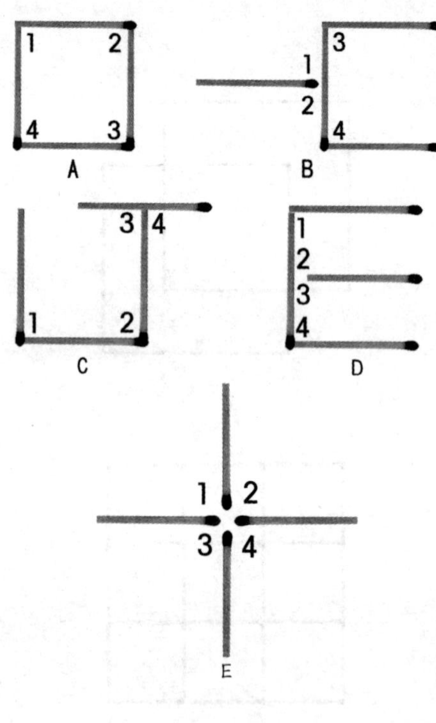

（2）

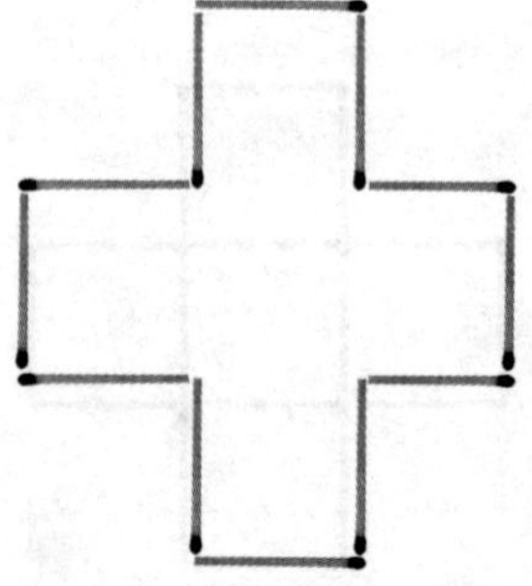

347 第1步：

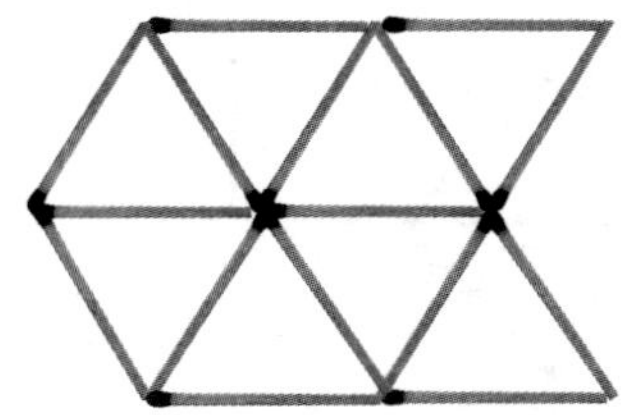

第2步：

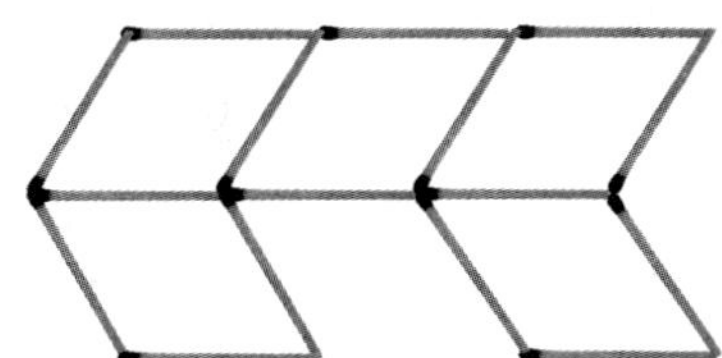

348

（1）

（2）

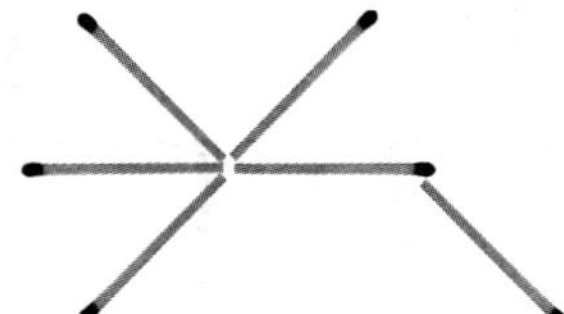

（3）

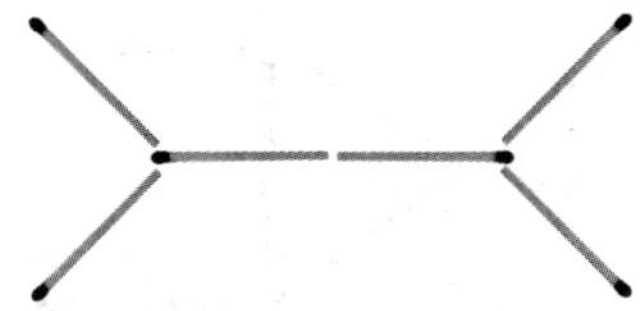

（4）

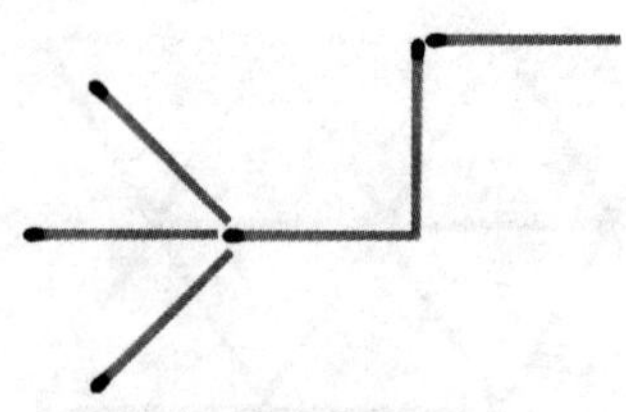

（5）

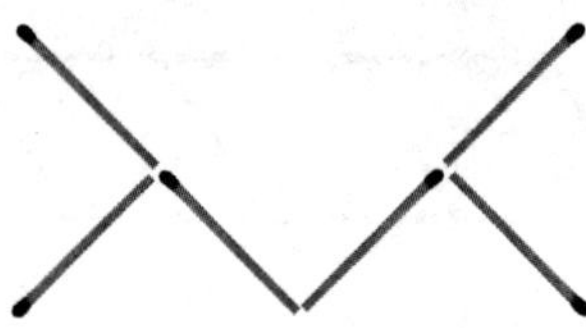

（6）

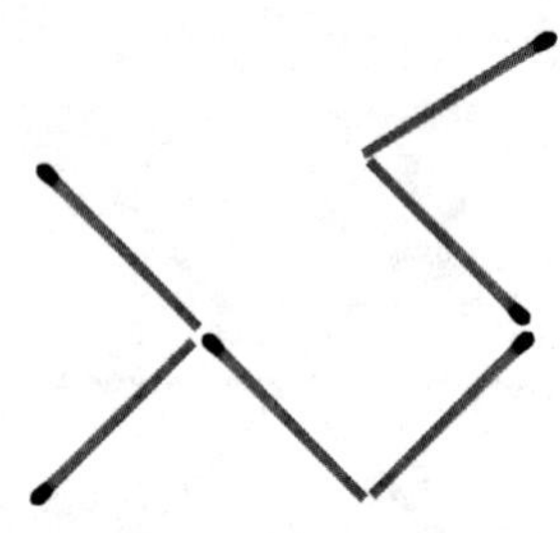

（7）

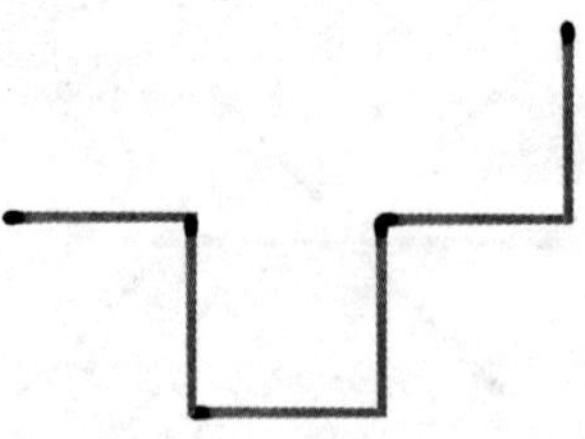

（8）

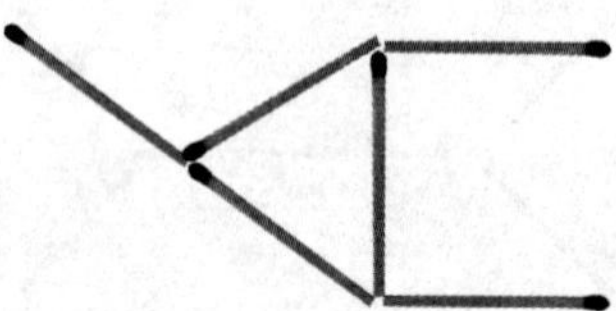

（9）

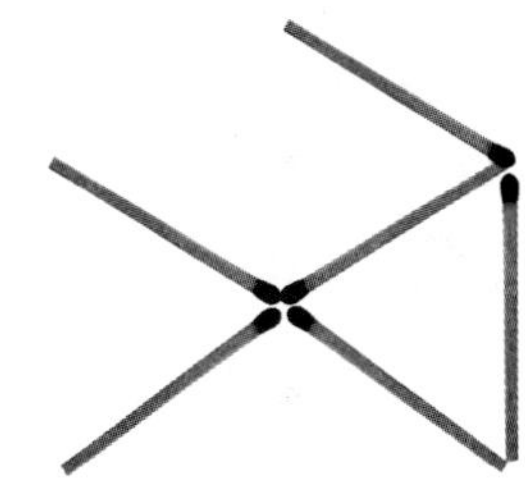

（10）

（11）

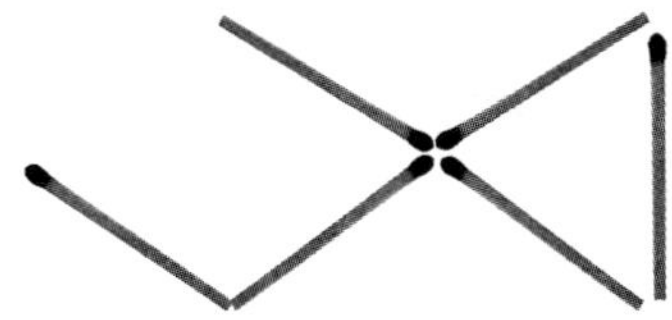

（12）

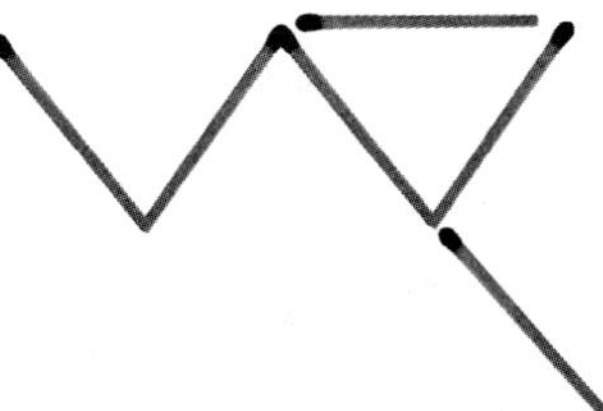

（13）

（14）

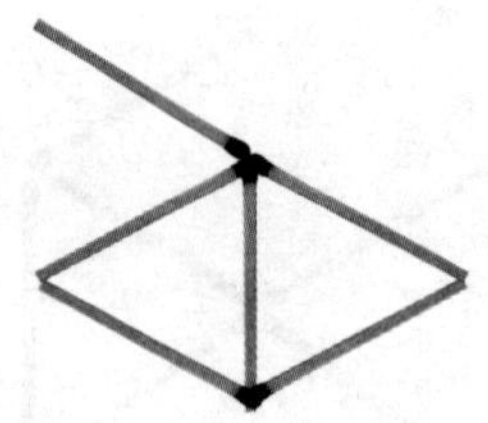

（15）

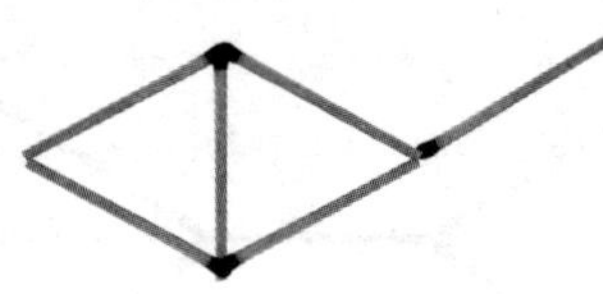

（16）

（17）

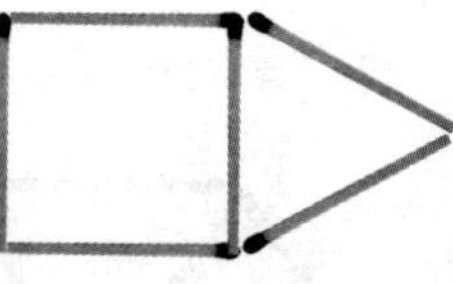

（18）

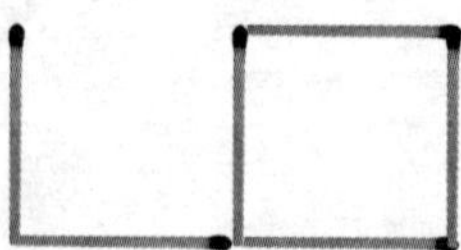

（19）

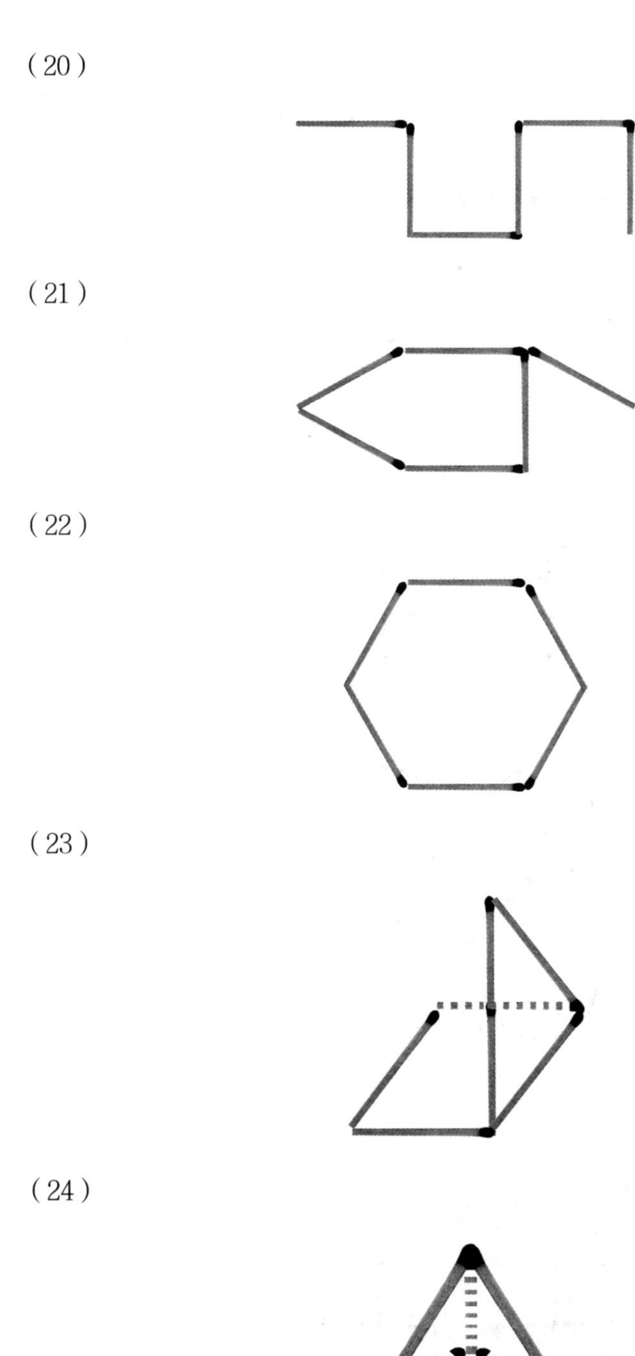
（20）
（21）
（22）
（23）
（24）

349

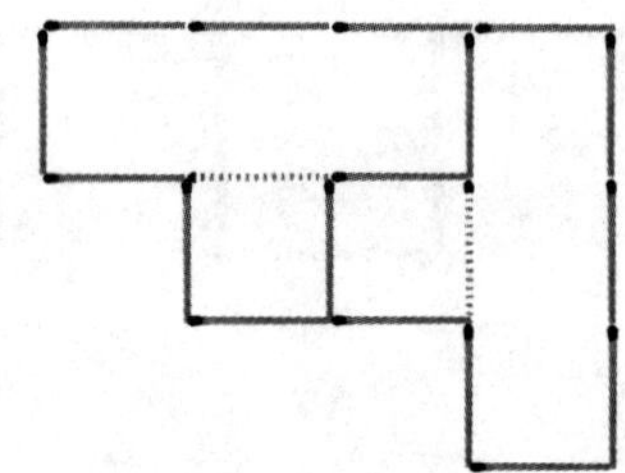

350

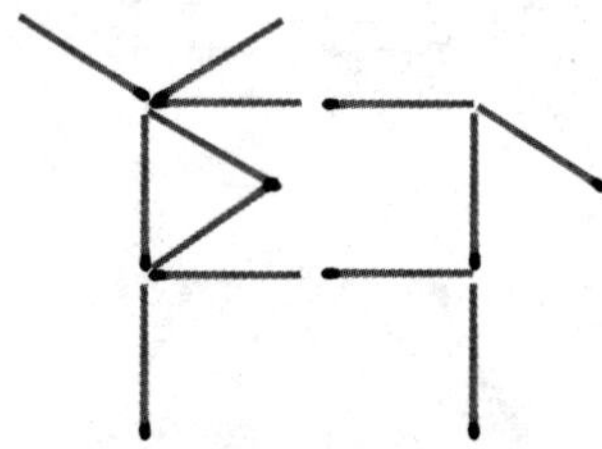

351

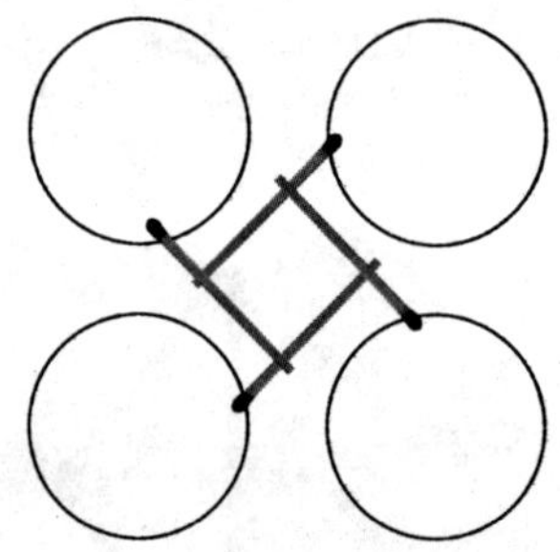

352

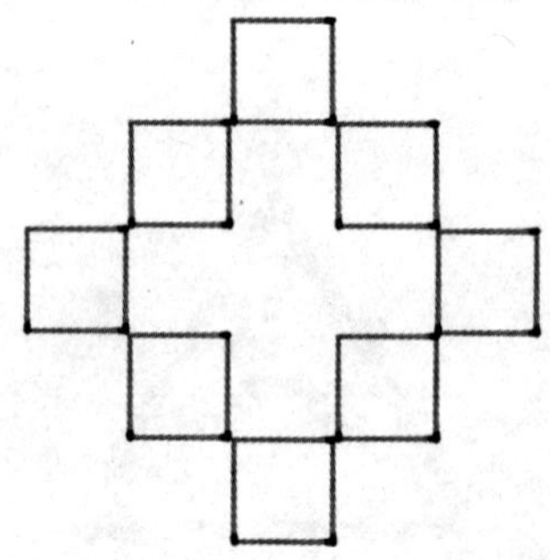

353

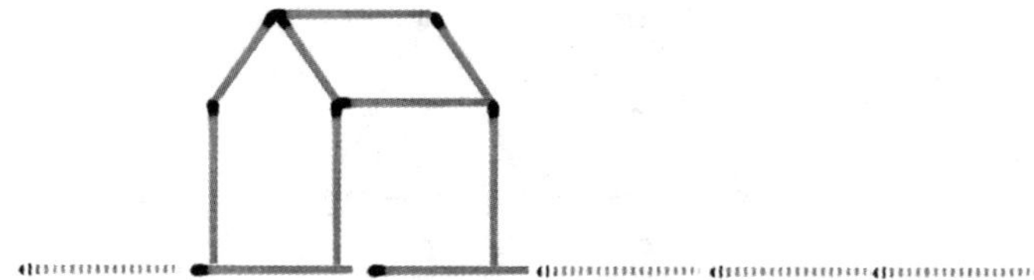

354

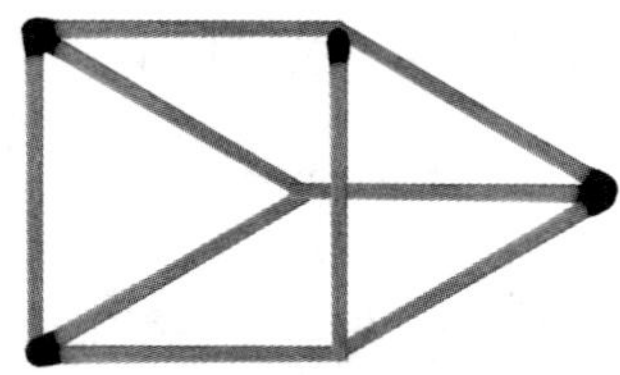

355 将减号竖放在“7”字的横上，使原来的“70”变成汉字的“加”字，即“1 加 1=2”。

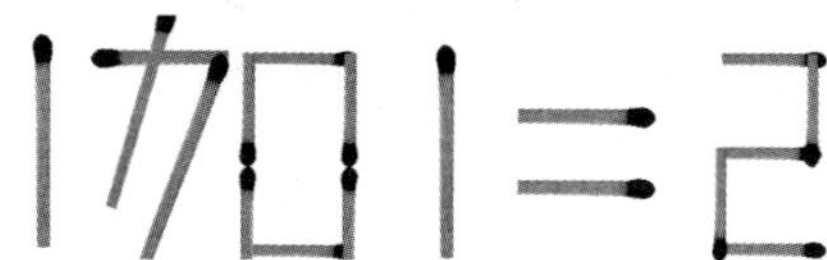

356

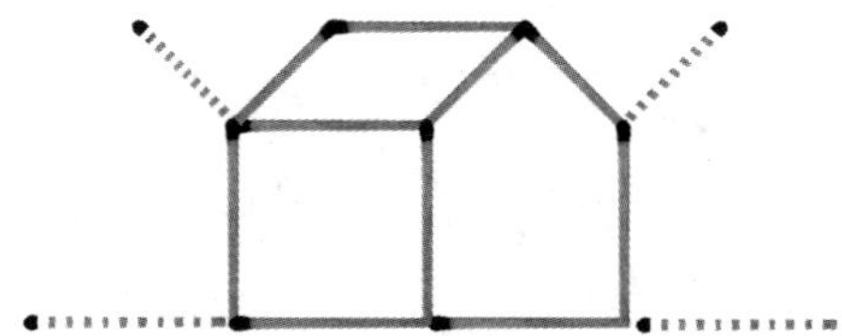

357

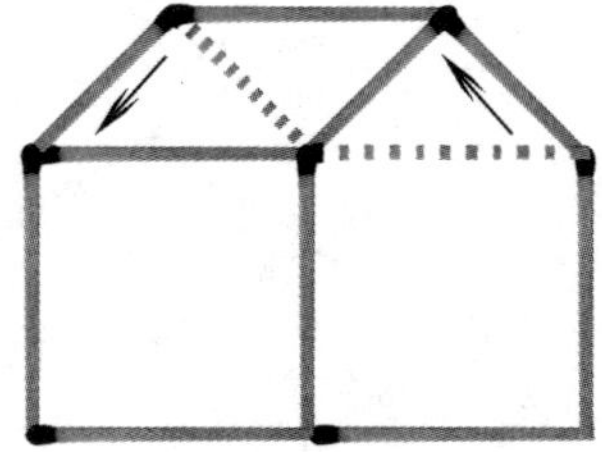

358

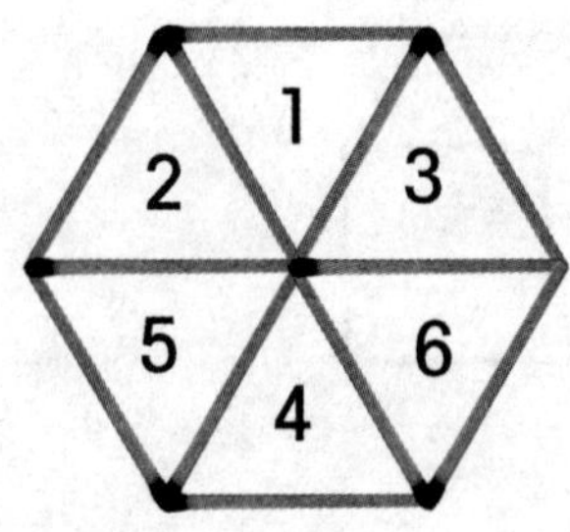

359 如把每盏灯放在火柴头的位置上就可以了。

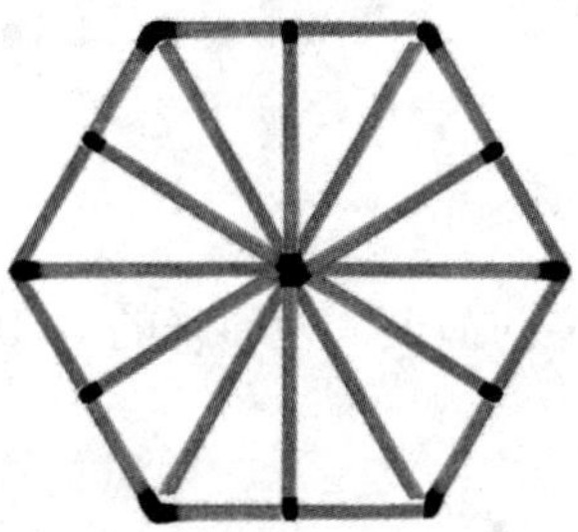

360

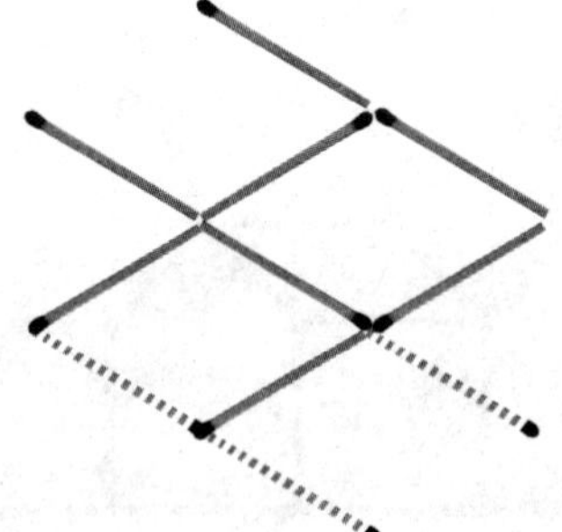

361

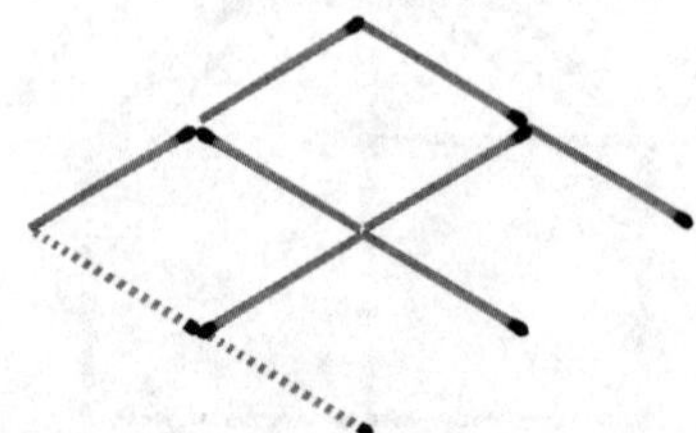

362

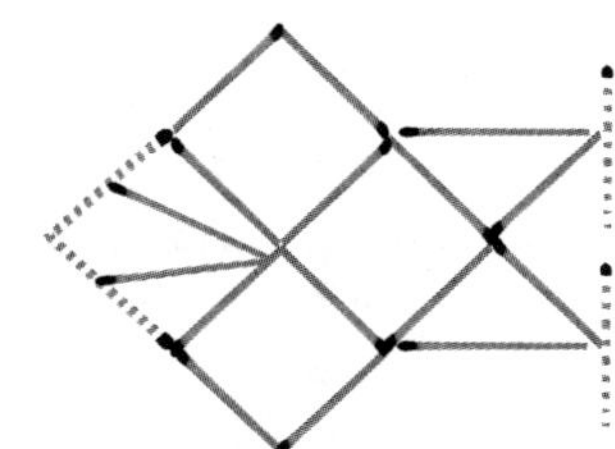

363

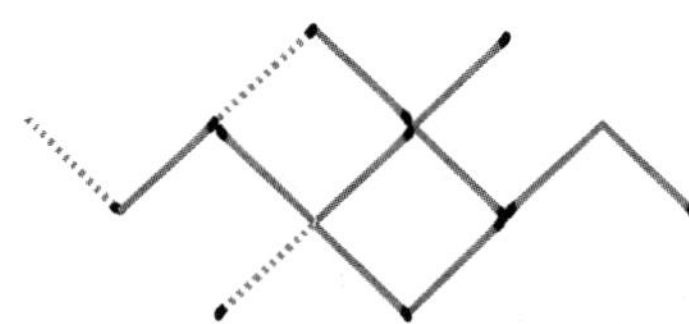

364

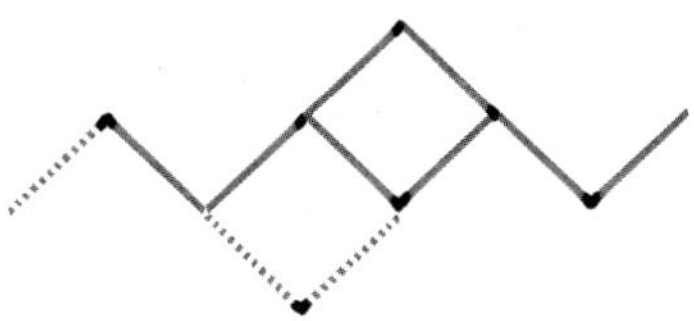

365

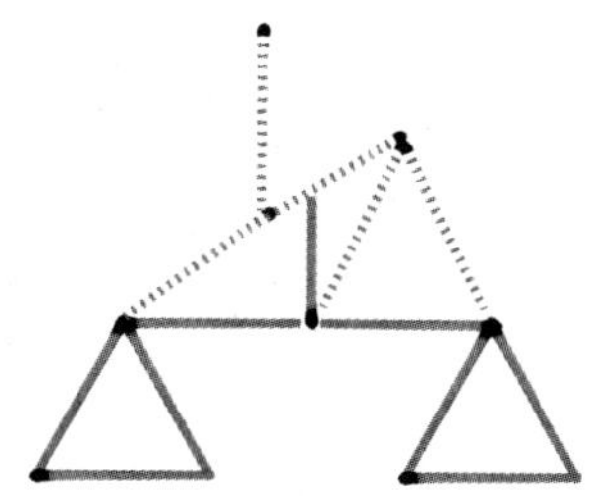

366

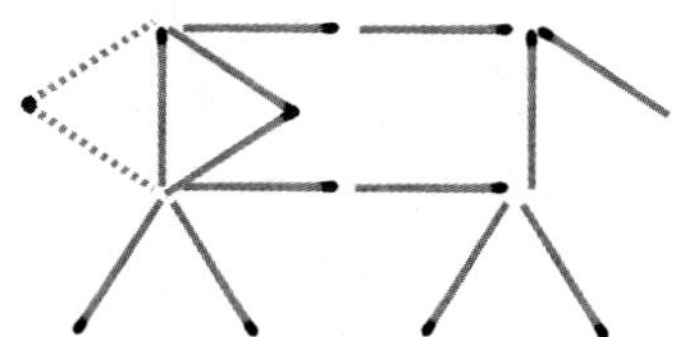

367

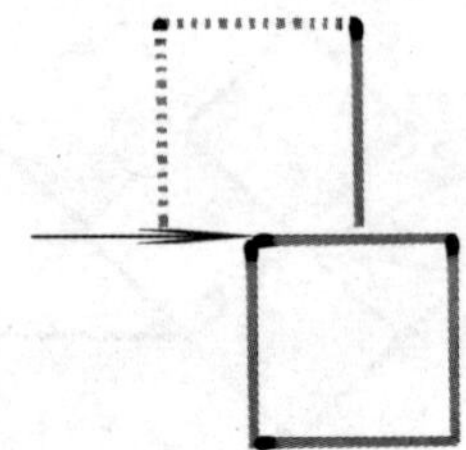

368

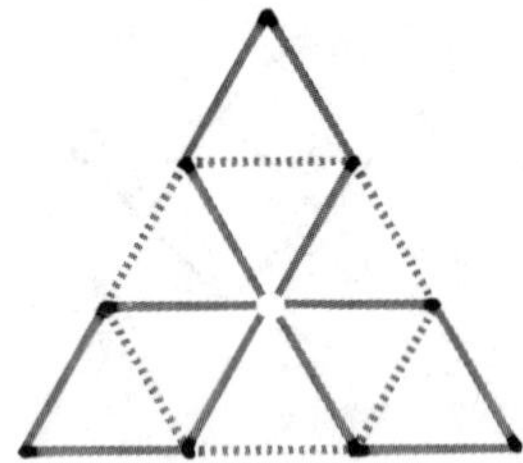

369

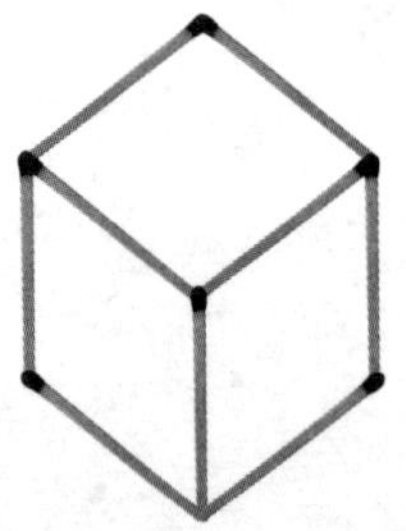

370 六角形的六个角不动，把中间的正六边形的 6 条边进行移动，组成 6 个面积相等的菱形。

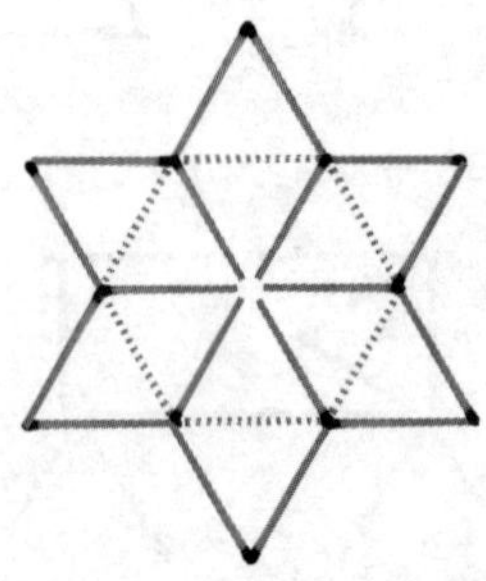

371

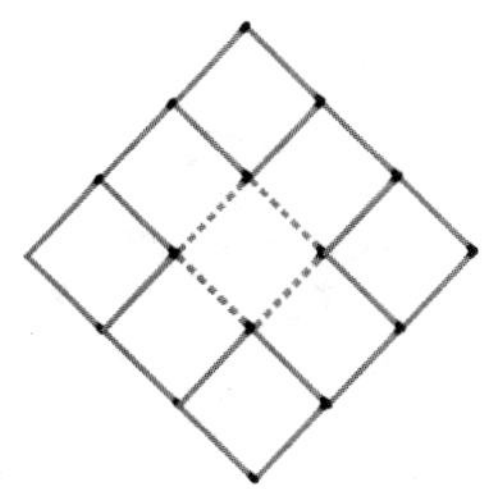

372（1）4个

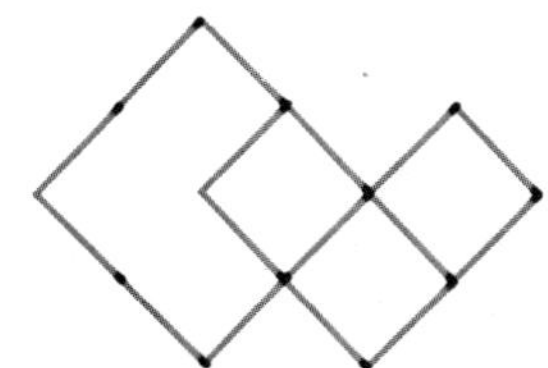

（2）5个

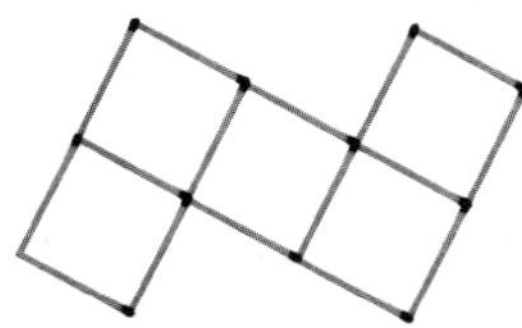

（3）6个

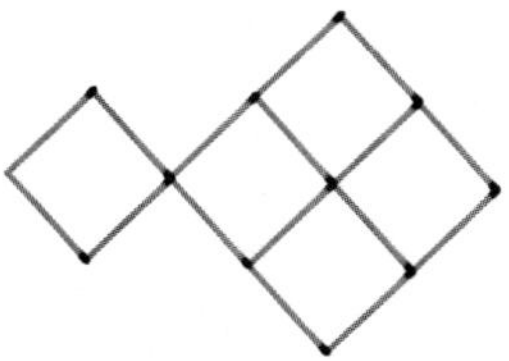

（4）7个

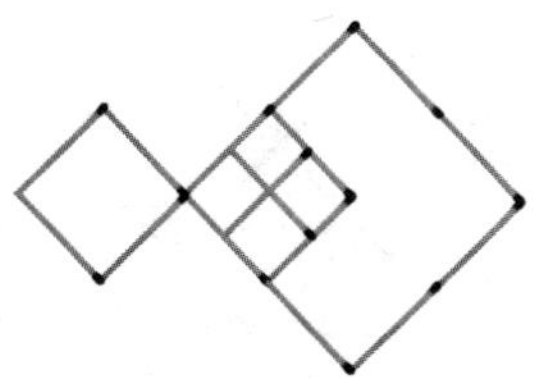

（5）8个

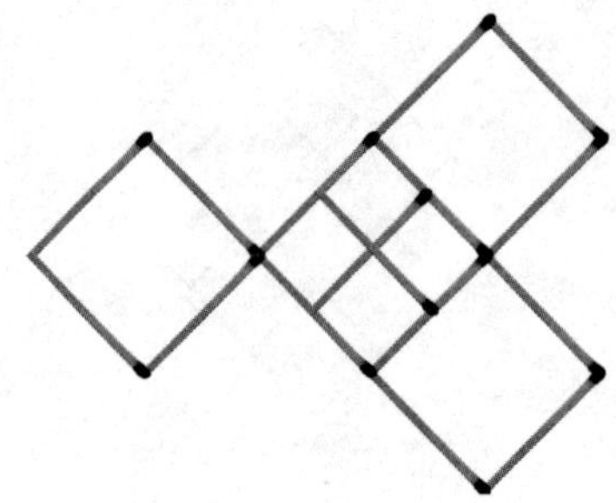

373

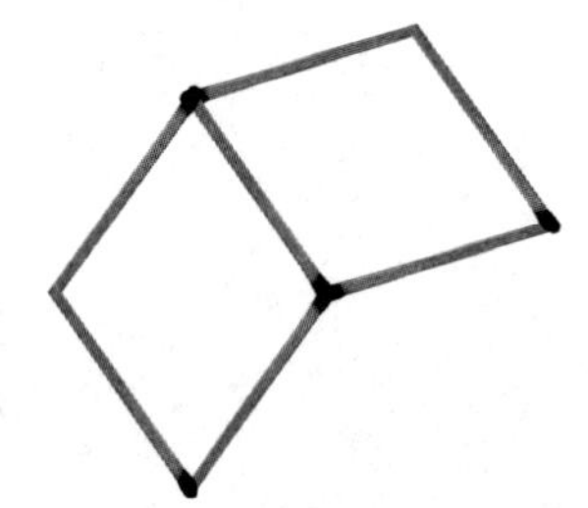

374

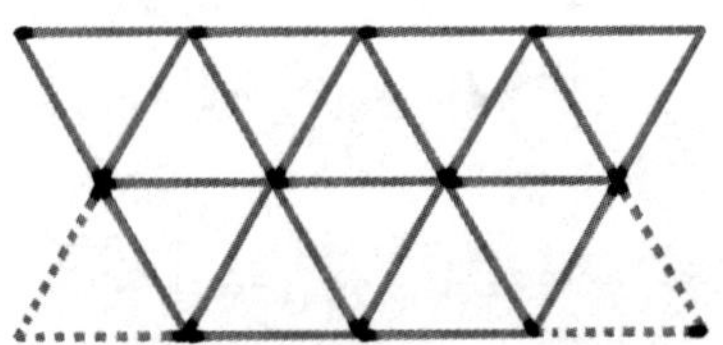

375

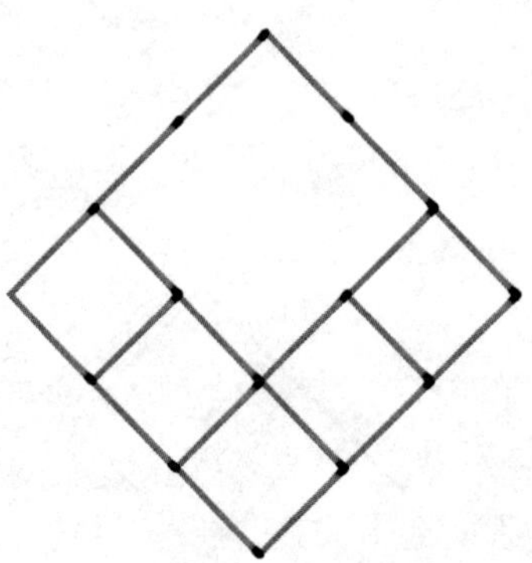

376

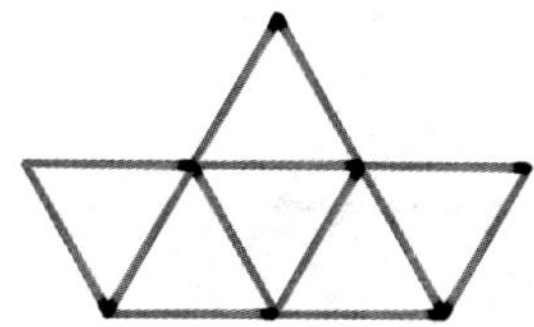

377

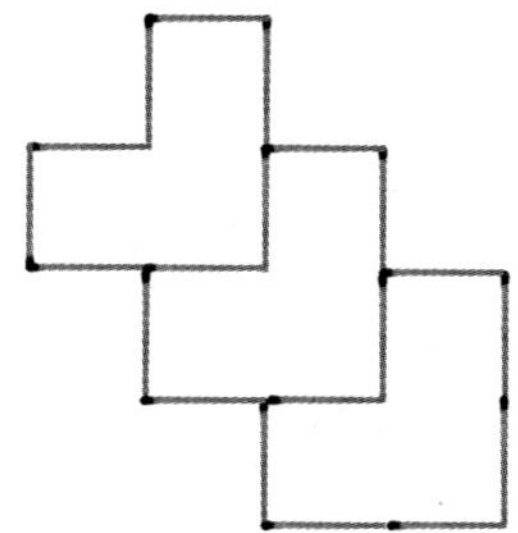

378

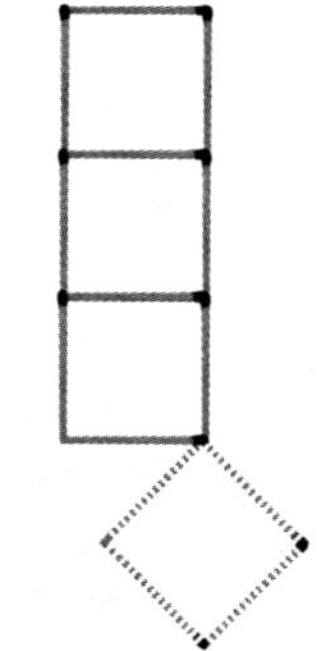

379 需要拿掉 11 根火柴。

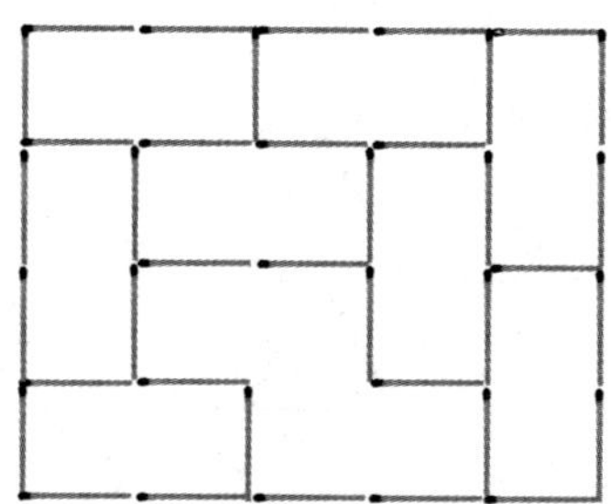

380

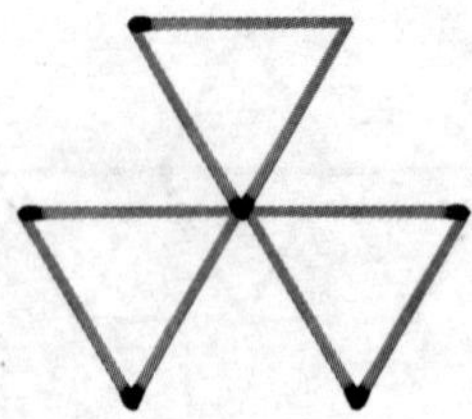

381

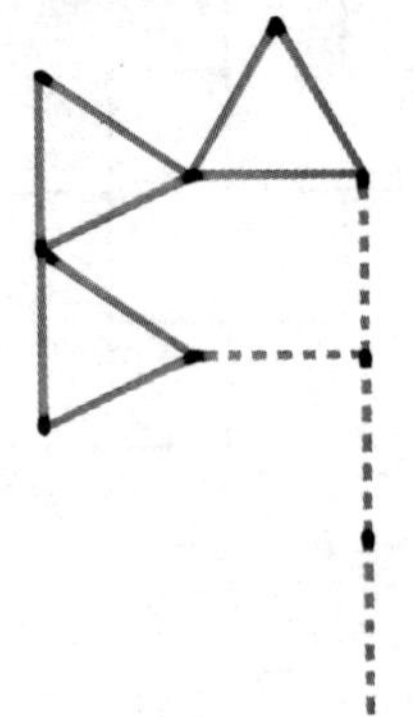

382

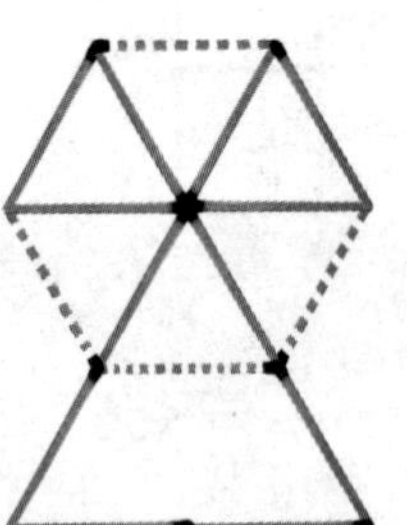

383

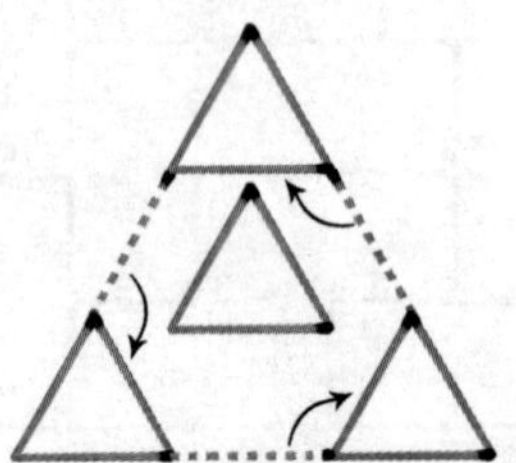

384

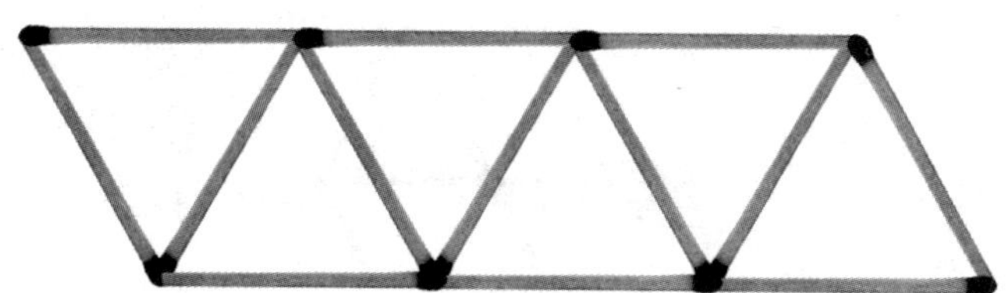

385

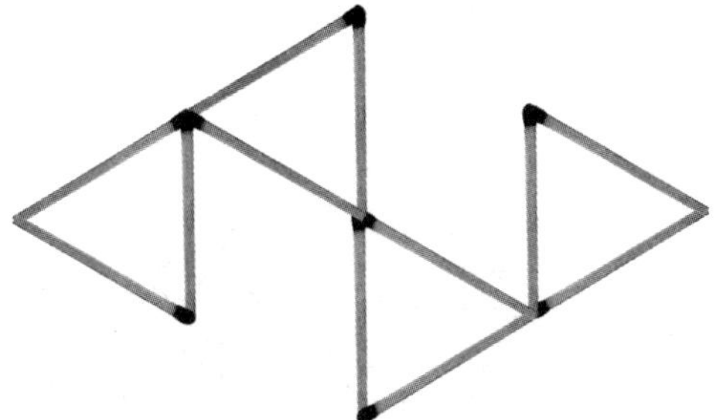

386

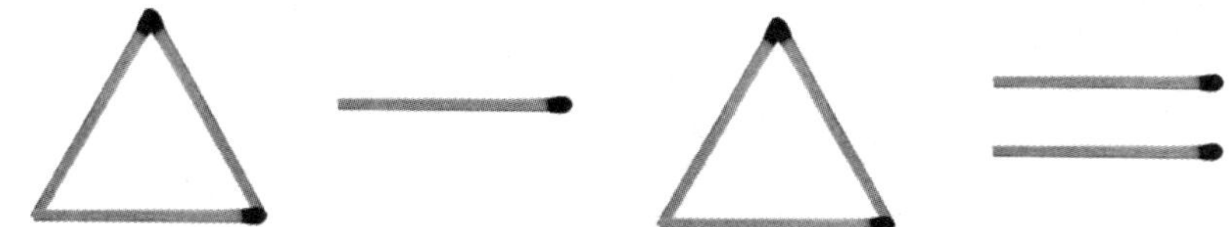

387

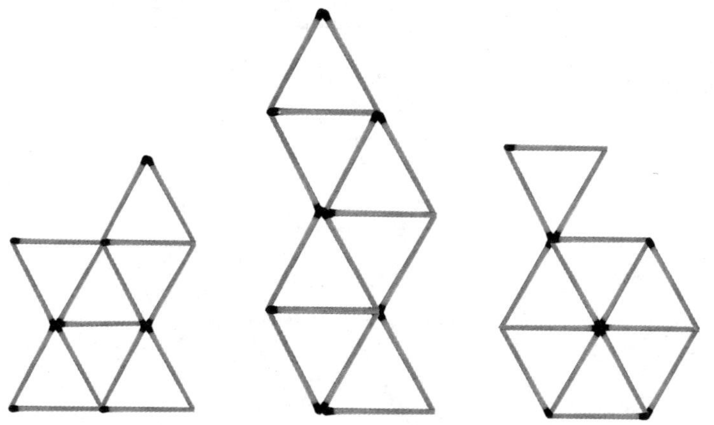

388

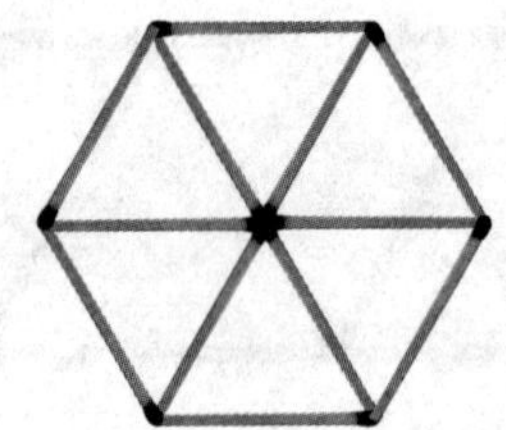

389

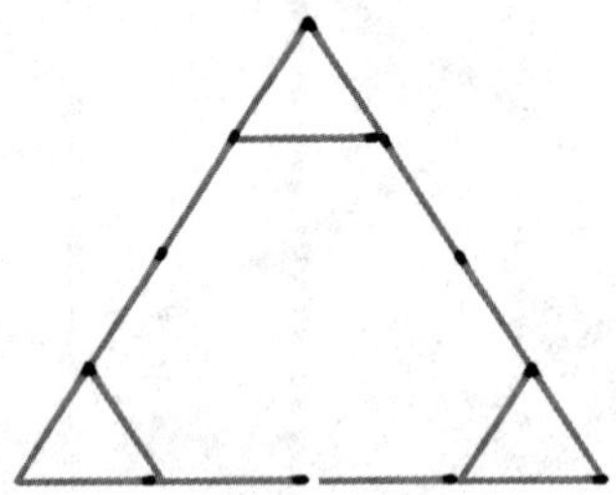

390 （1）5个

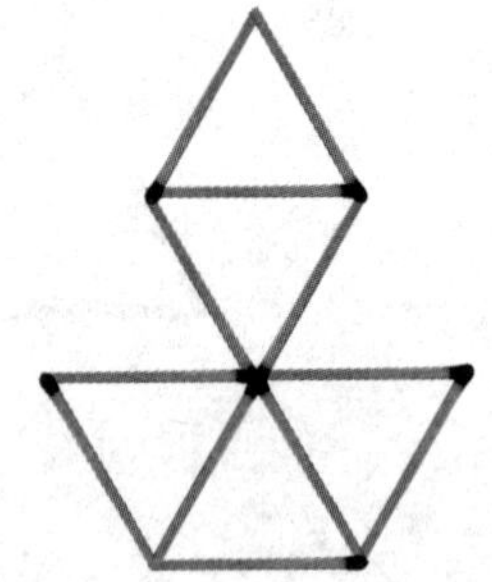

（2）4个

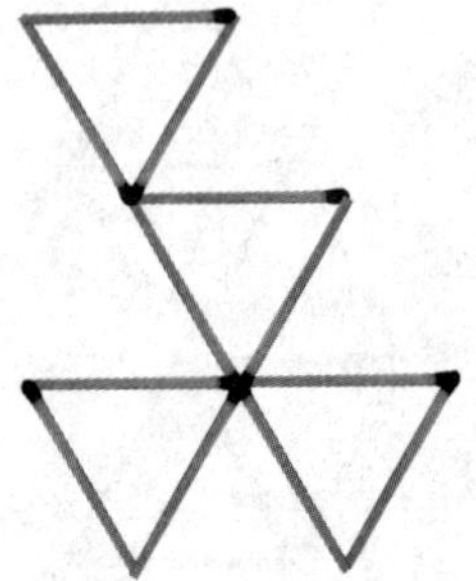

（3）3个

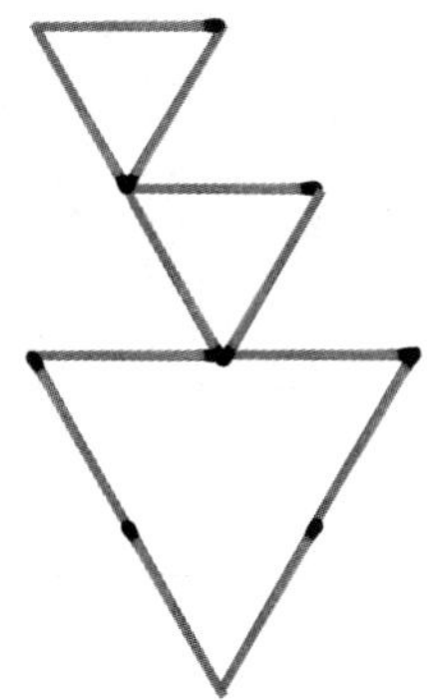

（4）2个

391

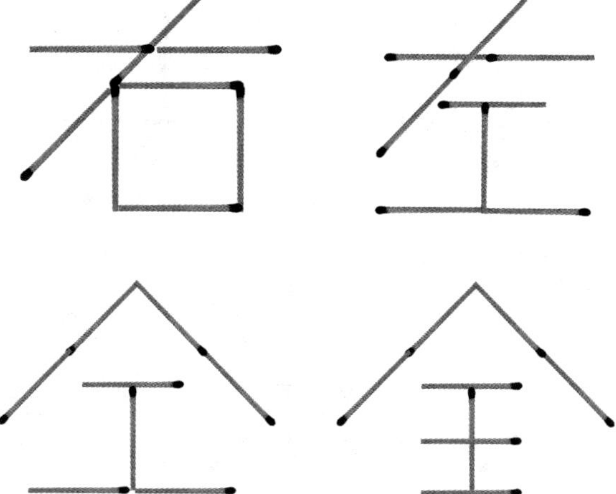

392 凹、凸。

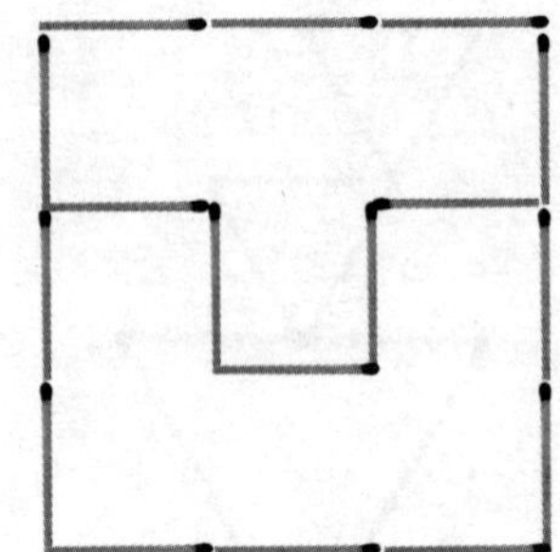

393

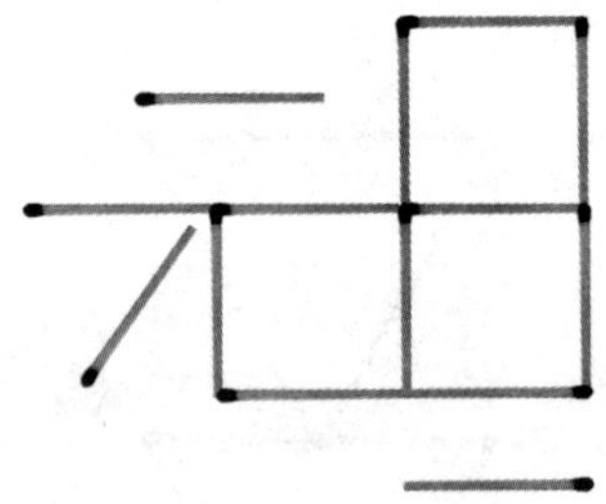

394

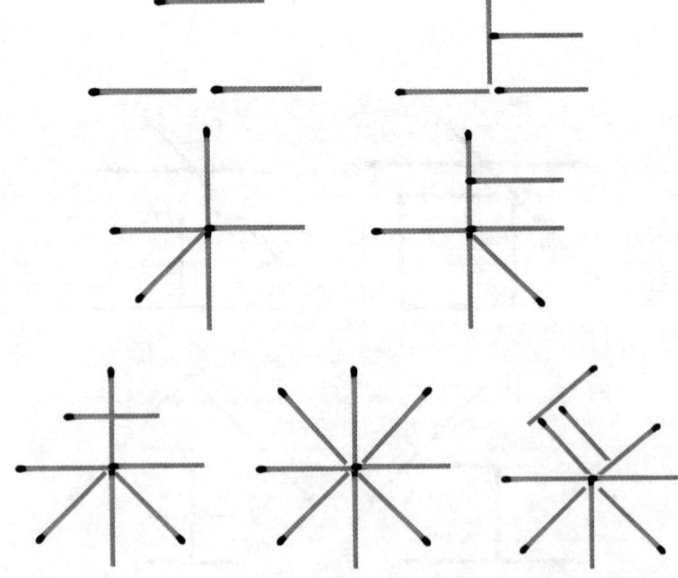

395 凶、冈、区。

396

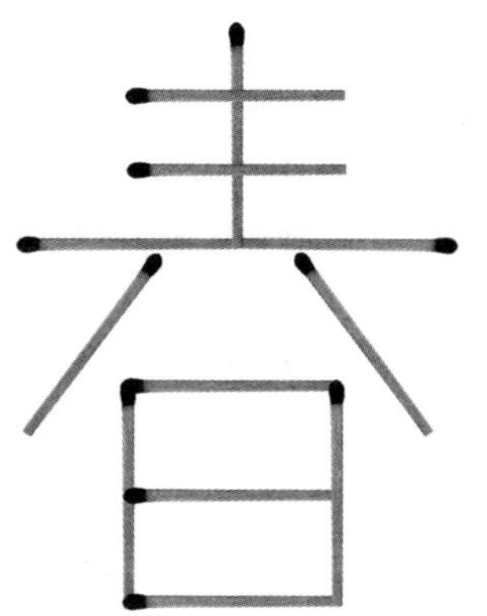

397

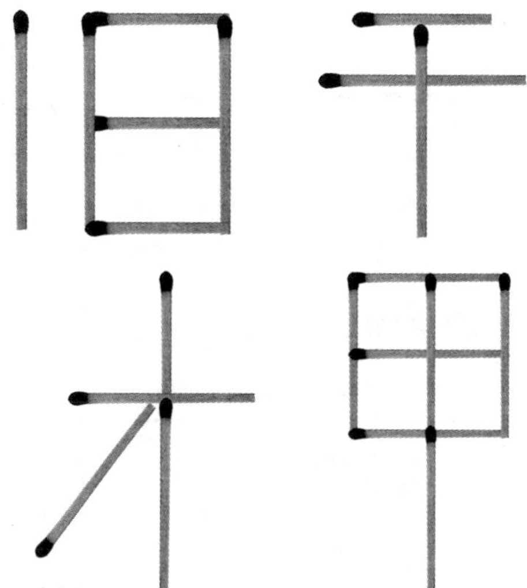

398

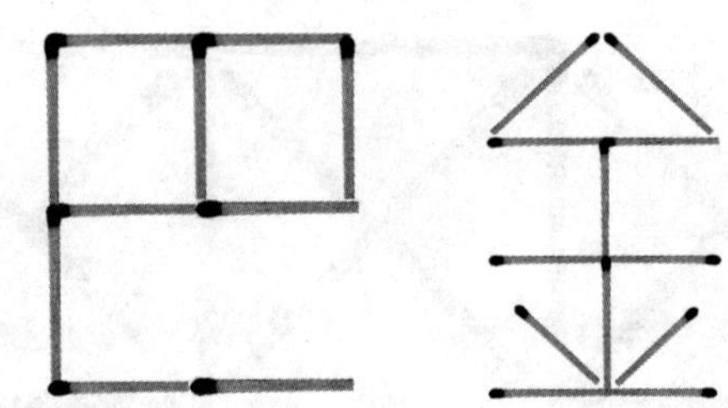

399

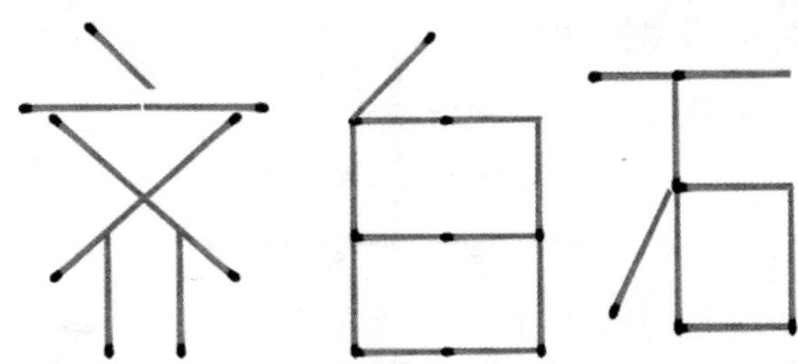

400

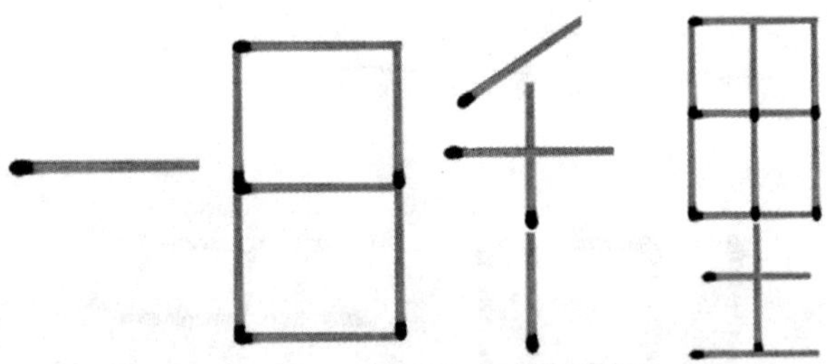

401

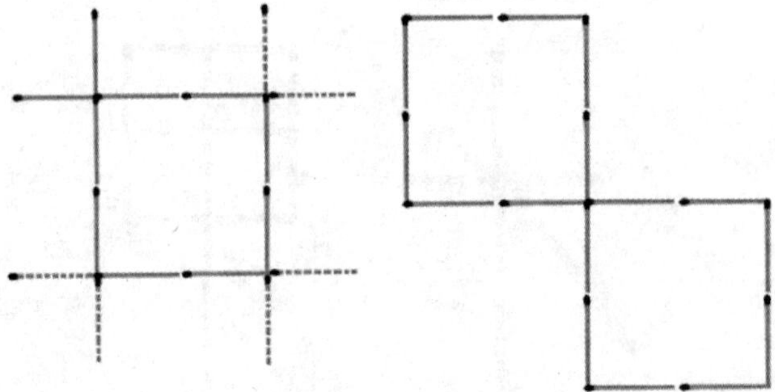

402

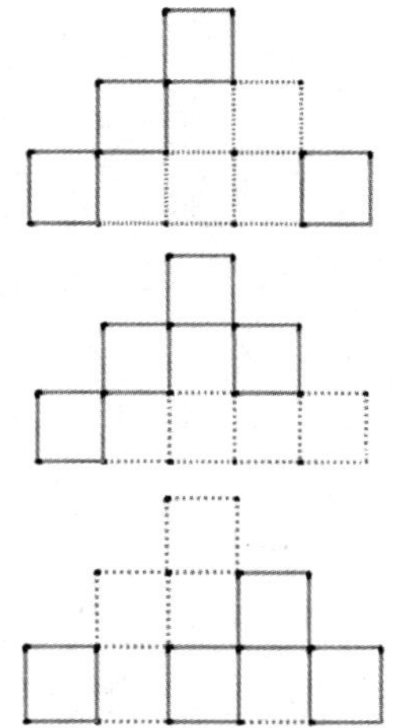

403

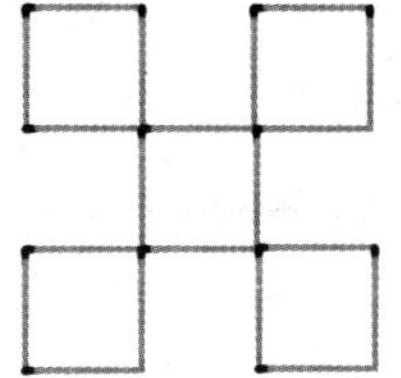

404 要想排出更多的正方形，必须使正方形互相连在一起，这样相邻的边可以互相利用并且大小一样。

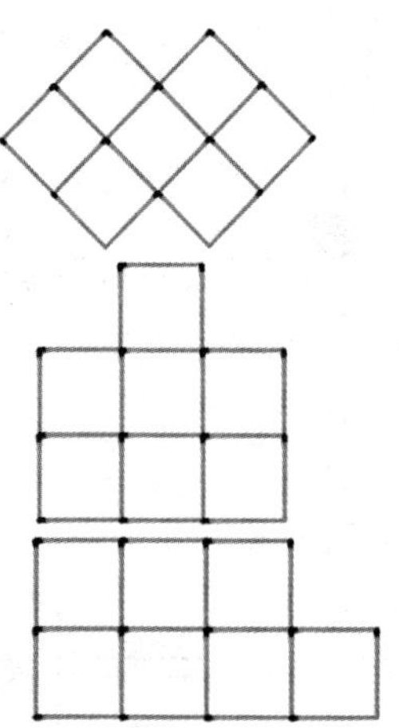

405 从第二个正方形起，往前错一错，两个正方形的两个边中间点交叉，如此类推，就得到了10个正方形。

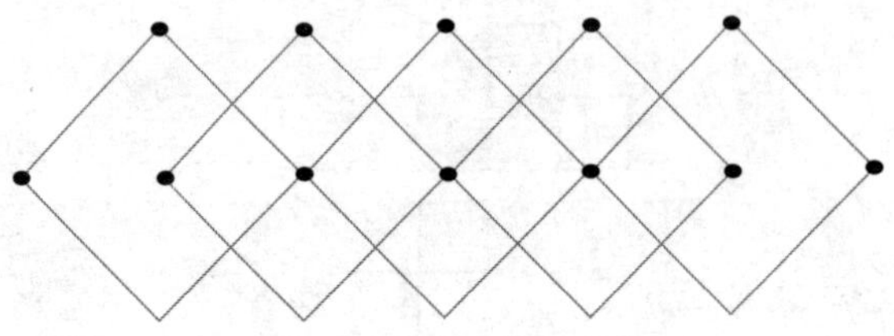

406

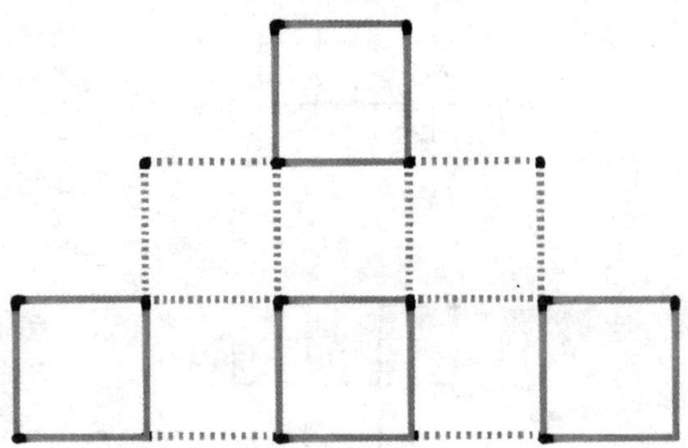

407

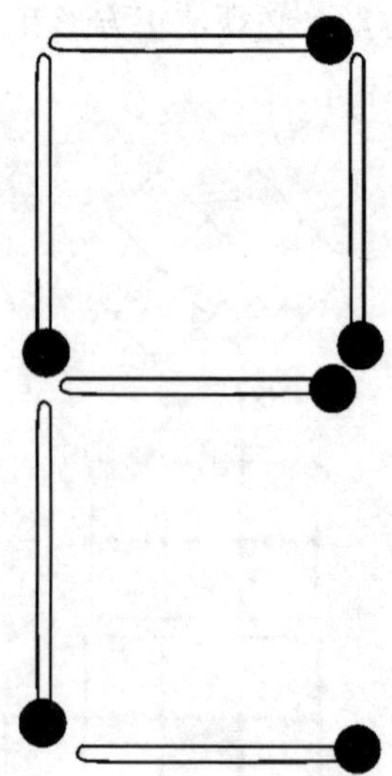

408 如图所示那样，倒过来看就是扑克牌中的“王牌 A”（一点）

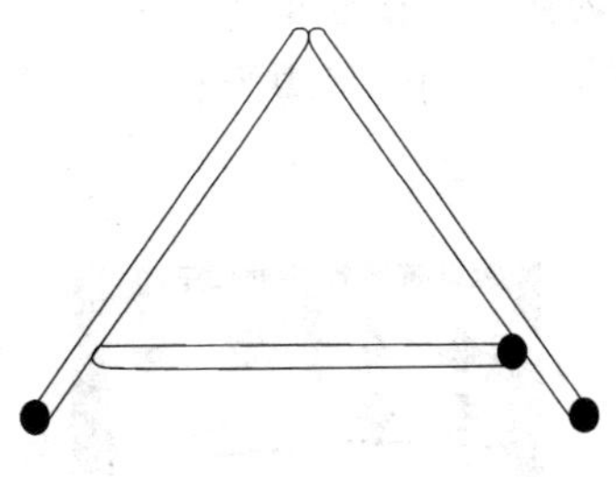

409

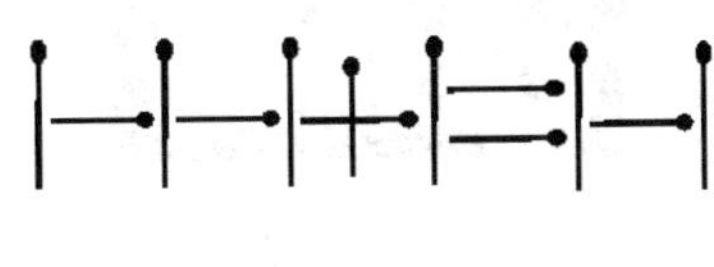

第五辑

410

A.12 个　　B.30 个

C.35 个　　D.36 个

411

A.14 个长方形 B.29 个正方形

C.11 个圆形　　D.30 个立方体

412

A. 三角形 7 个、正方形 1 个、圆形 11 个

B. 三角形 4 个、正方形 12 个、长方形 11 个、圆形 3 个

C. 三角形 18 个、正方形 16 个、长方形 10 个、圆形 2 个

413 A 圆涂黑色的面积大，C 圆涂黑色的面积小。

414 他刚刚回来，因为雨伞下面有一滩水。

415 白兔的屋子是 10 个小三角形，黑兔的屋子是 9 个小三角形，所以白兔的屋子大。

416

A：1、2、3；B：2、3、4；

C：1、3、4；D：1、2、4。

417 一样大。

418 是从后面拍的。因为亚军要在冠军的右边。

419 第 8 号彩蛋是错误的，它的编号应为 9。

420

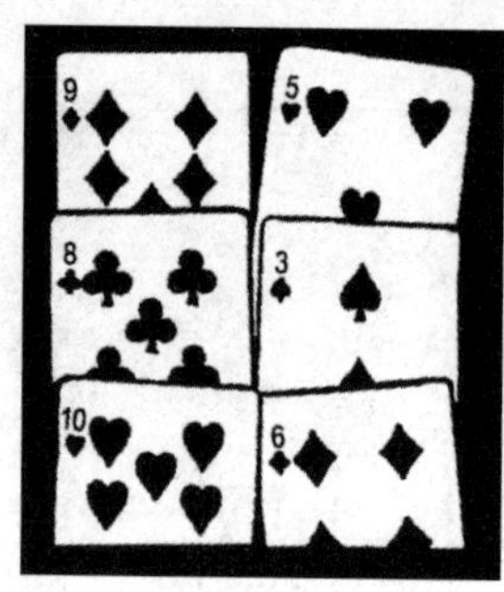

421

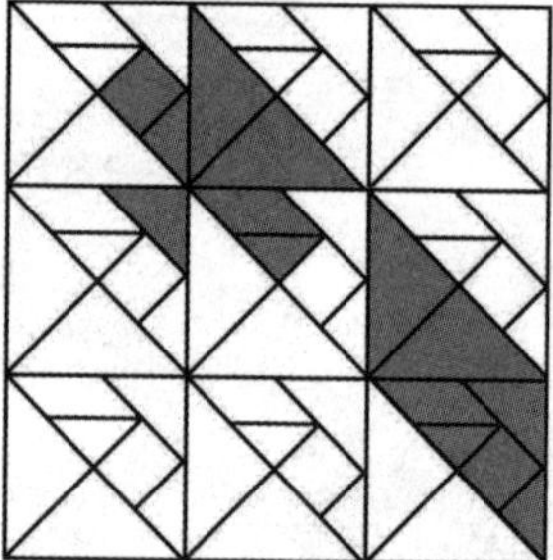

422 第 4 幅图。

423

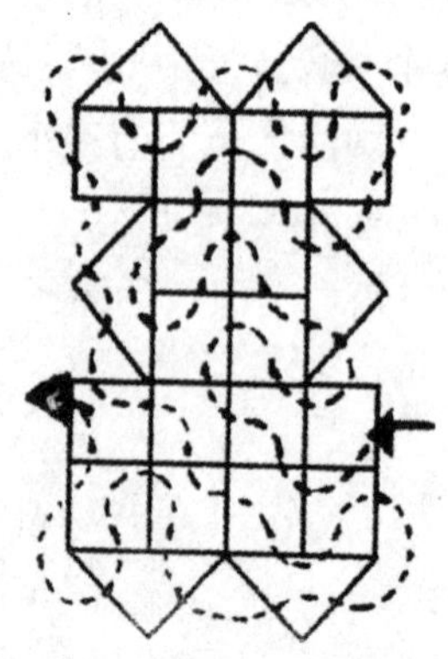

424 C、E、G、J、K、N 是赝品。

425 图 4 比较特殊。其他 3 幅图都含有 3 个正方形、3 个圆和 3 个三角形，而图 4 含有 4 个三角形。

426 两个勺子一样大。

427 一样长。

428 一样高。

429

（1）相同。

（2）相等。

（3）相等。

（4）相等。

430 20 只。

431 倒过来依然是 3 个人头像。

432 （一）E5 、（二）A2、（三）C6、（四）D5、（五）C2

433

434 2

435 不对。应该是一样大。

436 第 5 张。

437 A3、D4。

438 一样大。

439 20 个。

440 共有 8 条。

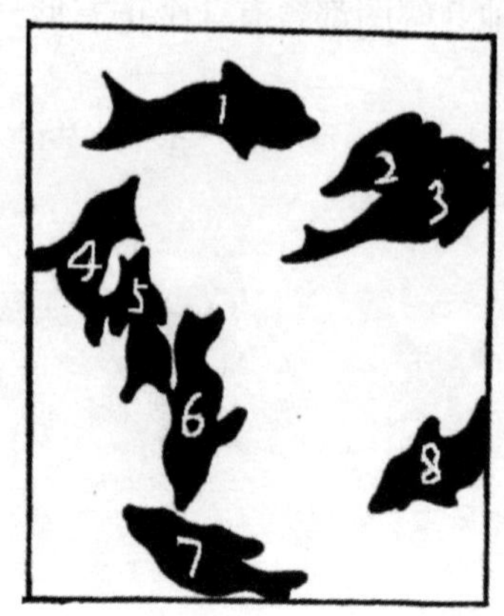

441 B。
442 B 先照的。因为 A 中掉了一颗扣子，先拍 B 照片时扣子还未掉。
443 2。
444 1 和 11，4 和 8，5 和 7。
445 鱼头在右。
446 1 和 8，3 和 6，5 和 4，7 和 2。
447 有由动物组成的“艺术”二字。
448 3、1、4 相拼，6、2、5 相拼。
449 4 种动物是猪、青蛙、鸡、鸭。
450 1B、3A、7F、9A。
451 B4、E3、F1、F5。
452 5、6。
453 一样大。
454 4。
455 小梁先到，因为他顺风。
456 第 4 行的第 4 个与第 5 行的第 1 个相同。
457 一样大。
458 1、2 一样长；3、4 一样大。
459 1 和 6。
460 同样大。

461 B 是真的。因为 A 的分针过长，在表盘上是走不过去的。
462 A 最低，C 最高。因为风筝放得越高，风筝线越松。
463 61 个。
464 右边的灯亮着，因为影子在左边。
465 一样重。
466 E 是多余的。
467 分别在 D4、G5、H3、B6、C9 位置上。
468 左边是先射的。因为右边枪孔周围裂痕扩散受限制。
469

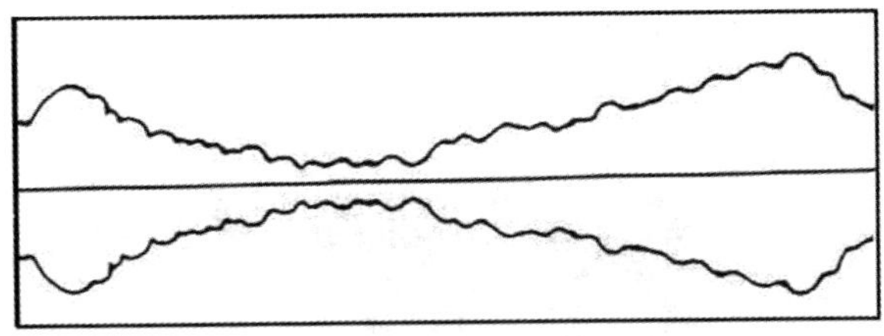

470 形状 A。

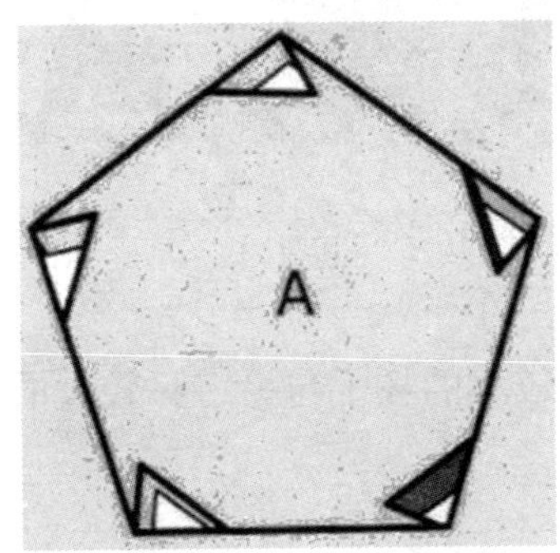

471 （1）门既向里开又向外开；
（2）房顶方向和房身方向不一致；
（3）门前台阶旁的树叶很奇怪，究竟是在门前的地上还是在门旁的树上长着呢？
472 A。
473 有一个巨人在听朗诵。只要把该图按顺时针方向旋转 90 度，就可以看到这张巨人的脸。

474 总共有 4 个人。两个听众（颜色深的），两个说话的人（颜色浅的）。
475 图中一共有 13 个小方块 A，13 个方块 B，12 个方块 C，12 个方块 D。一共有 50 个方块。

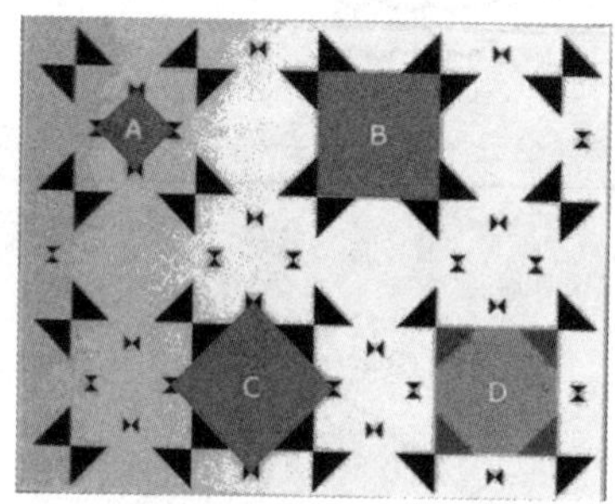

476 深灰色的线是笔直且相互平行的。
477 是一分钱硬币。
478 其实有两只杯子，较小的杯子与另一只较大的杯子平行排列，并排放置的。
479

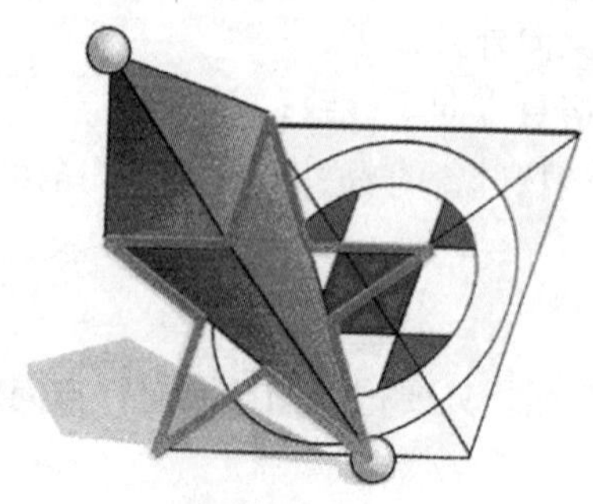

480

481

482 A 塔和 B 塔一样高。

483

484 它可以倒置。

485 可以装得下所有的箱子。

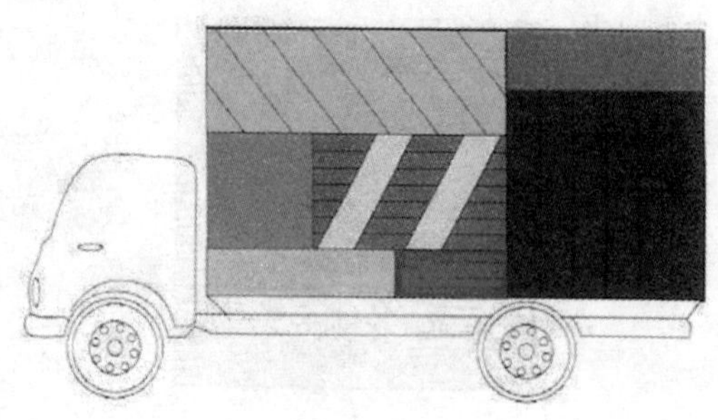

486 在图的中间位置，还隐藏了一个女士的脸。

487 把图向顺时针方向旋转 90 度即可。

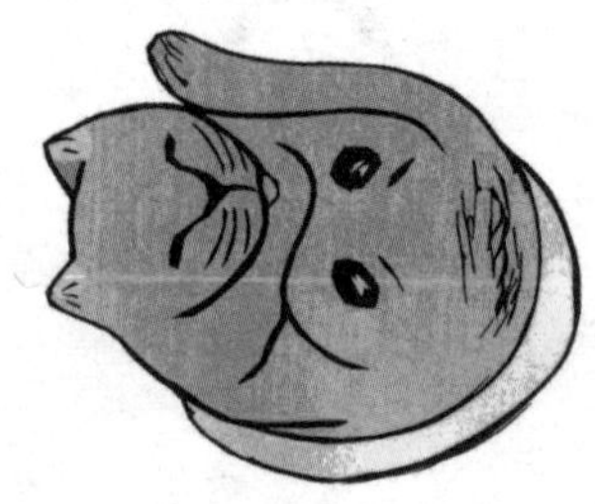

488 是笔直而且相互平行的。弯曲的视觉效果的产生是由于背景中的圆圈所引起的。

489 是笔直并且相互平行的。弯曲效果的产生是由于背景中交叉的线所引起的。

490 圆盘仅是一个螺旋形图，而不是同心圆。

491 图 B 是完全相同的。

492 所有线段都一样长。

493 B、C 能连成一条直线。

494 右边的 3 个 4 稍微大一些，所有 8 的线条都是一样粗的，但是左边的 3 个 8 上下颠倒了。

495 一样长。

496 A、B 一样长。

497 一样长。

498 不能套进去。

499 两条弧线一样长。
500 A 和 B 一样长。
501 B 图中的线条长。
502 A 图和 B 图的箭头长度一样。
503 答案如图 1。

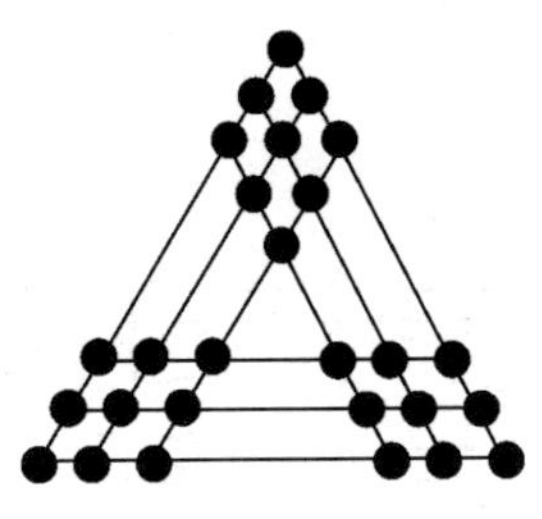

图 1

504 题目的答案只有一个，在图 2 上。为避免在试求答案时毫无头绪，可以用下面的方法来试：在第 2 直行的方格中放星时，应根据第 1 直行的方格中那颗星的位置，尽量把星放得低，同时遵照条件：只能把星放在白方格内；在第 3 直行的方格中放星时也应尽可能把星放在最低的白方格内，依此类推；总之后直行方格中放的星，应根据前直行方格中那颗星的位置尽量放得低。如果在这一直行中已没有地方可以放时，那么可以把前直行中的星的位置往上挪，挪的格数要尽可能少（但始终要遵守题目的条件）；如果往上挪的星再没有地方好挪了时，索兴就把它拿掉，再把它之前的直行中的星往上挪，依此类推，然后继续放余下的星；只要逢到右直行中已没有位置可以放星的时候，就应该遵照上述规定：将左直行中已经放好的星往上挪。

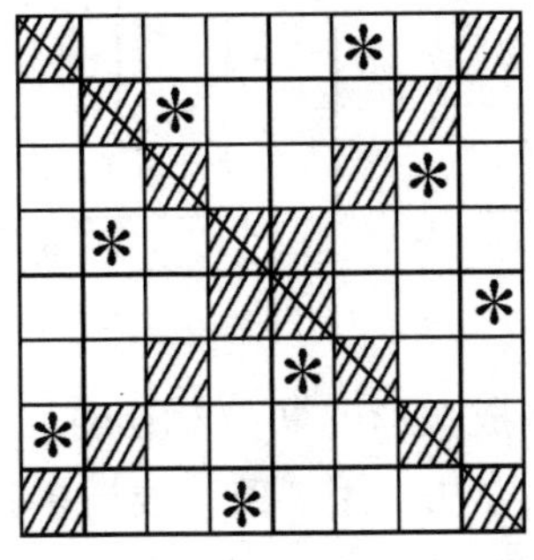

图 2

505 设最初的空圈是1号圈。每一步用两个数字表示：前面的数字表示起步的圈号，后面的数字表示止步的圈号。答案如下：9－1；10－8；21－7；7－9；22－8；8－10；6－4；1－9；18－6；3－11；16－18；18－6；30－18；27－25；24－26；28－30；33－25；18－30；31－33；33－25；26－24；20－18；23－25；25－11；6－18；9－11；18－6；13－11；11－3；3－1。

506 切割线用虚线表示在图 3 上。

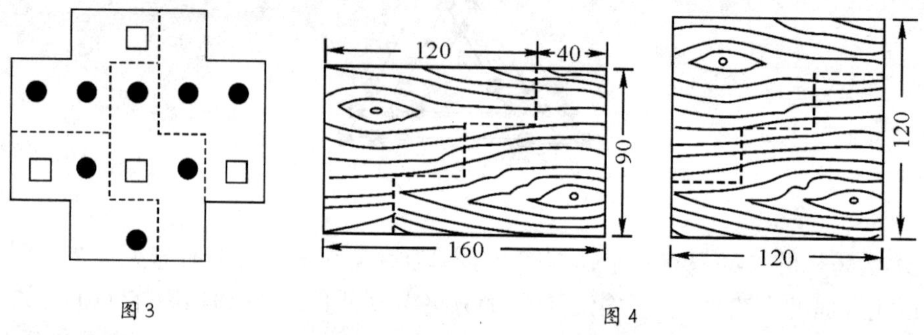

图 3

图 4

507 如图 4。

508 取 3 块正方形的中心点分别为 b、c、d，再取 ED 与 DC 的中心 a、e。然后，照 abcde 线截割（图 5–1）。将截下的部分与剩余的部分拼接在一起（见图 5–2），就能得到我们要求的方框。根据同样的题目条件，还能找到另外的截线。

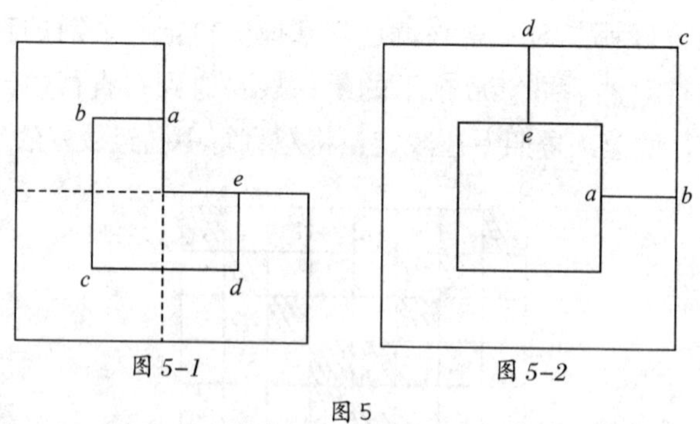

图 5–1

图 5–2

图 5

509 不能简单地将磁铁画成弧形就算了（图 6a）。若不让磁铁的图形有立体感，那么随你想尽什么办法，用 2 条直线最多只能把马蹄铁截成 5 段。如图 6b 中的磁铁图形是切合实际的，并已表示出可以把它截成 6 段。

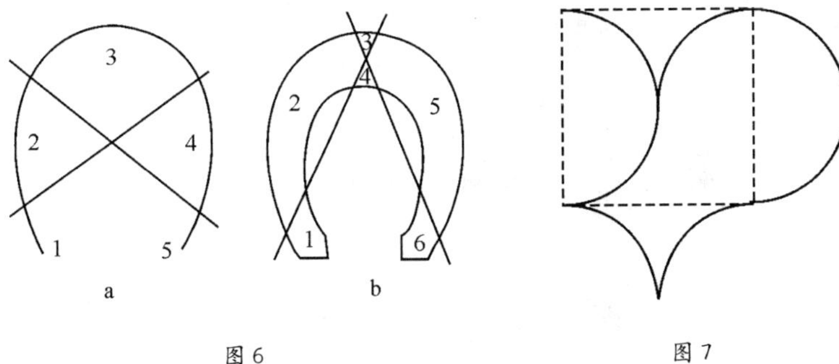

图 6　　图 7

510 答案在图 7 上。

511 答案在图 8 上。

512 设△ABC（图 9）为需要翻面又仍要保持形状的那块毛皮的图形。BD ⊥ AC。假定 E 和 F 是 BC 和 AB 边上的中点，那么毛皮匠应该按 DE 和 DF 线分割△ABC 块，再将割开的每块在原来位置上翻个面然后缝好。这样的话，毛皮块△ABC 就可以翻过面来了，并且仍能保持原来的形状。我们可以用几何定理来证明这个方法。直角三角形中与斜边垂直的中线等于 1/2 斜边。DF 和 DE 正好是直角△ADB 和△BDC 的中线，因此 DF=AF=FB 和 DE=BE=CE。由此△FBE ≌△FDE，而△AFD 和△DEC 是等腰三角形。也就是说，如果将等腰△AFD 和△DEC 以它们的高为轴心翻个面，再将四边形 FBED 以 FE 为轴心翻个面，那么几个图形仍以原来的形状处在原来的位置上。还可以用别的方法来解。但这里用的是最简单的解法。

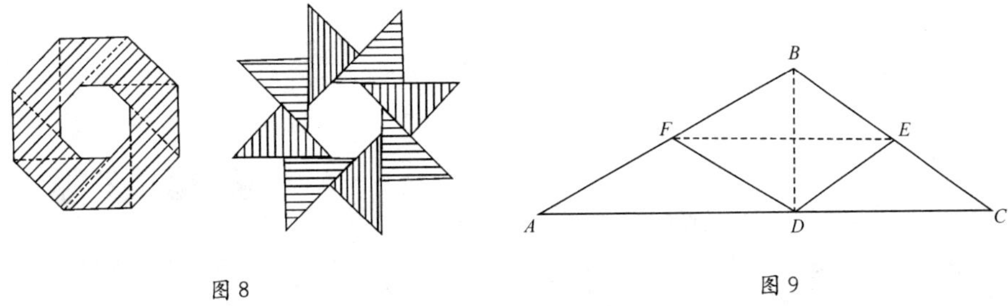

图 8　　图 9

513 解这道题，不能局限在一个平面上，譬如说，不能把 7 个三角形都放在桌面上。必须“向空间发展”，搭成像图 10 上那样，带公共底的两个棱锥体。

514 10cm。如图（图 11）对角线 AC 和另一条对角线 BD 等长，而 BD 正好是圆的半径，所以，答案就是 10cm。

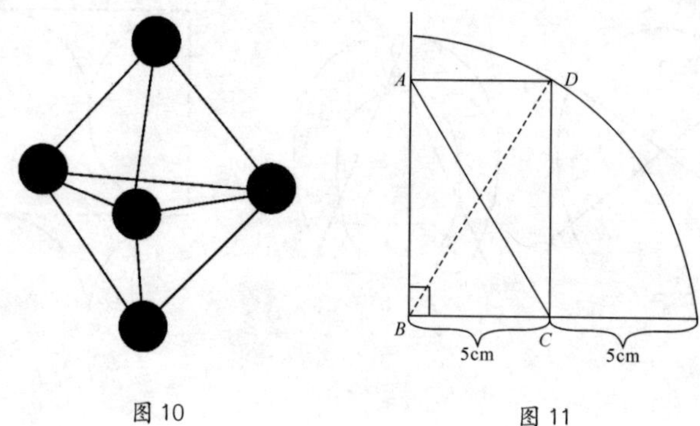

图 10　　图 11

515 如图 12。

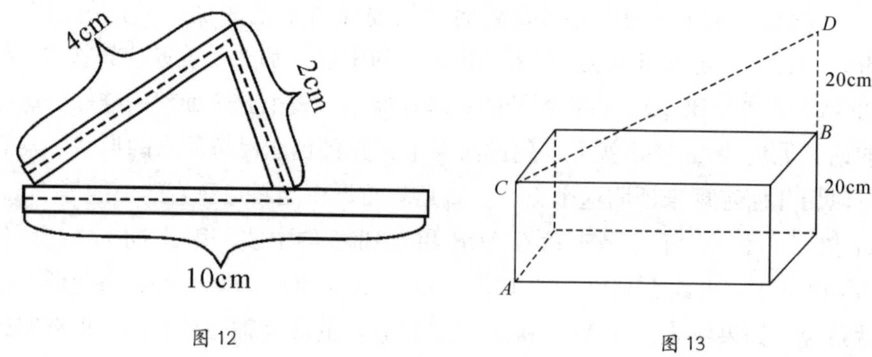

图 12　　图 13

516 从 B 点垂直放一根长 20cm 的木棒，再量 CD 的长度便可得知答案（如图 13）。

517 如图 14。

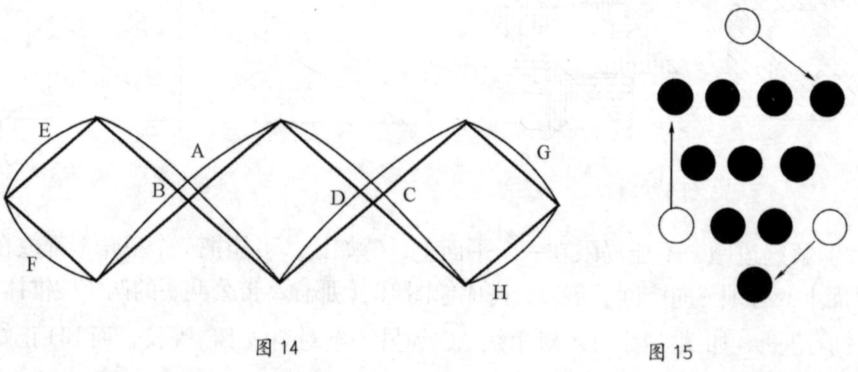

图 14　　图 15

518 按照图 15 的方法排列。

519 如图 16。只要让中间凹进去，就可以画出一条通过四边的直线。

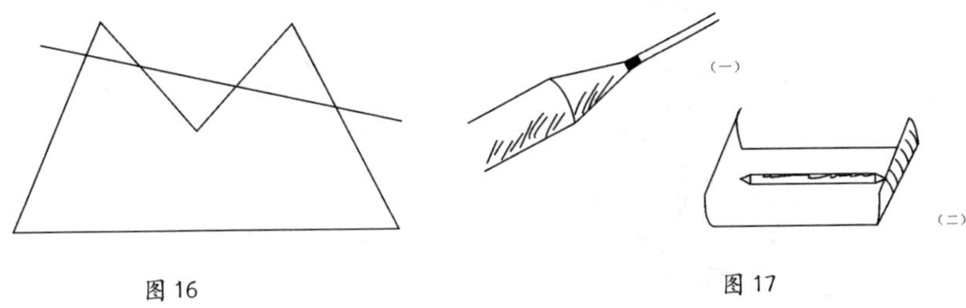

图 16

图 17

520 如图（图 17）所示，有两种方法可以用一支铅笔一次画出两条线。第一种是把铅笔削成图（一）的模样，就可以画出有间隔的两条线；第二种是像图（二）一样，用两端削尖的铅笔，在左右两端的纸上同时画一条线。

521 如图 18。

$6\frac{1}{3}$	$7\frac{1}{3}$	$2\frac{1}{3}$
$1\frac{1}{3}$	$5\frac{1}{3}$	$9\frac{1}{3}$
$8\frac{1}{3}$	$3\frac{1}{3}$	$4\frac{1}{3}$

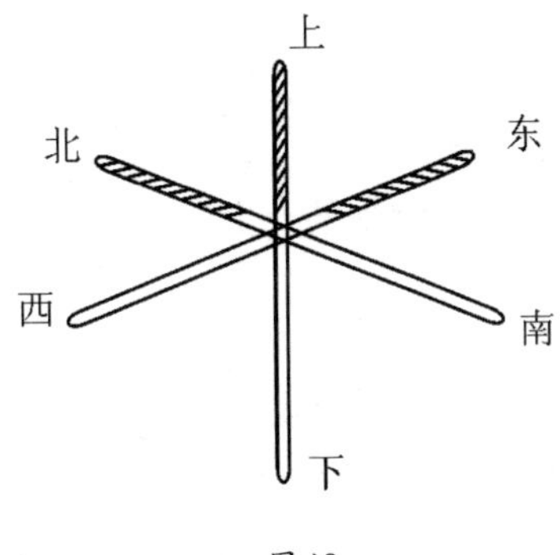

图 18

图 19

522 如图 19。

523 如图 20。

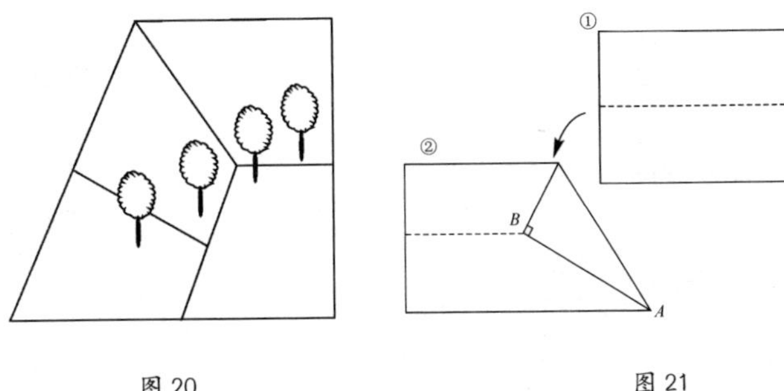

图 20

图 21

524 如图21所示，将长方形对折后摊开，再将B角折向原对折的中线折痕处。

525 如图22所示，只要考虑把线画出9个圆之外，就能发现只需1个转折角就可以一笔通过所有的圆。

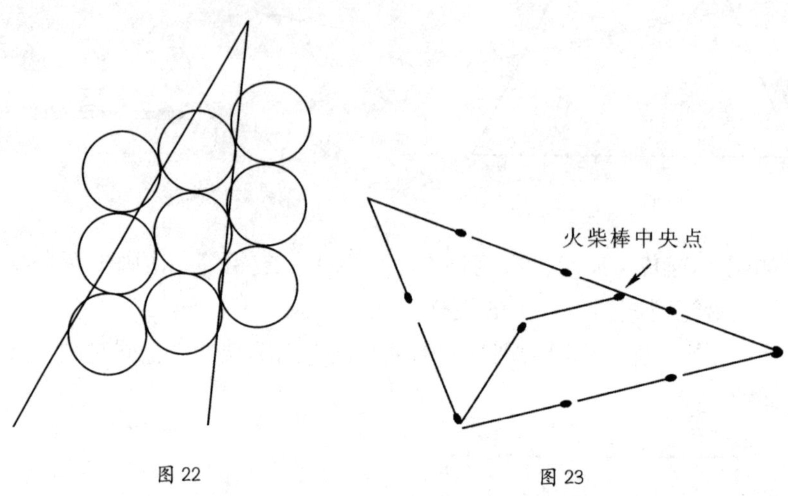

图22　　图23

526 如图23所示。

527 如图24中所示的点上。

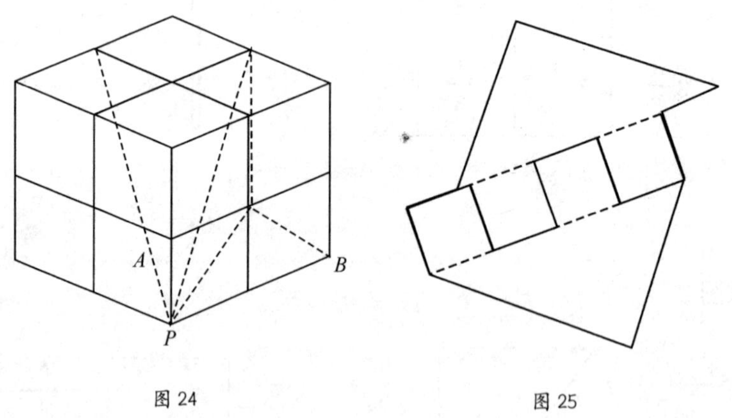

图24　　图25

528 如图25所示划分即可。

529 D。

530 1条。用图26所示的方法。

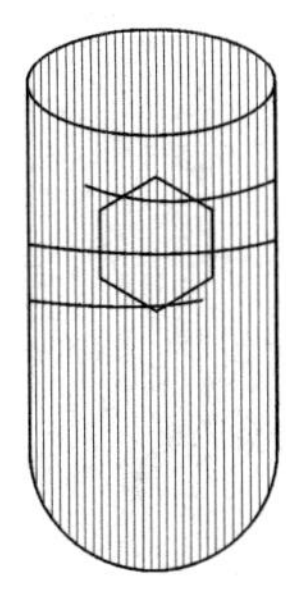

图 26

531 如图 27。他只要作出一个立体的四面体(B 为顶点，ACD 为底面)就行了。

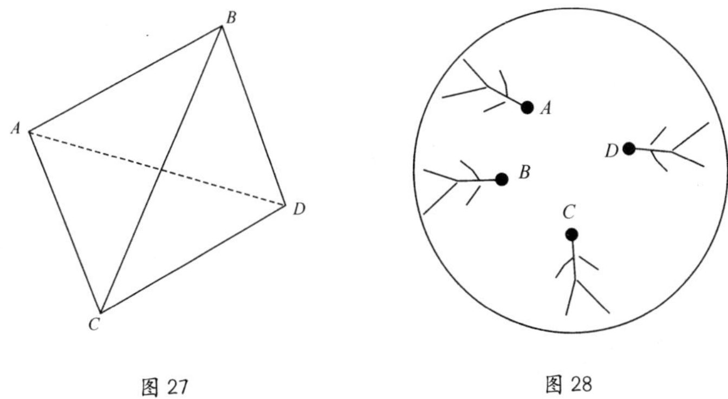

图 27 图 28

532 把外角分成三等分就行了。

533 有。如图 28 所示，在太空船里作业就是一例。

534 不对。像图 29 的这个画法，才是最大的。

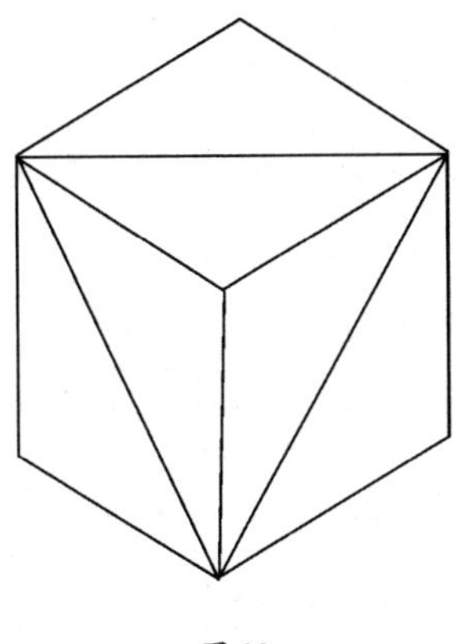

图 29